Fachrechnen für Bauzeichner

Studiendirektor Dipl.-Ing. Rolf Cremmer, Aachen
Studiendirektor Dipl.-Ing. Frank Dippel, Aachen
Oberstudienrätin Renate Galla, Cadenberge
Studiendirektor Dietrich Richter, Rendsburg
Schulrat Stephan Ruscheck, Bad Segeberg

2., überarbeitete und erweiterte Auflage
mit 470 Bildern, 63 Tabellen, 165 Beispielen
und 374 Aufgaben

B. G. Teubner Stuttgart 1995

Die Deutsche Bibliothek – CIP-Einheitsaufnahme

Fachrechnen für Bauzeichner / Rolf Cremmer ... – Stuttgart :
NE: Cremmer, Rolf
[Hauptbd.]. Mit 63 Tabellen, 165 Beispielen und 374 Aufgaben.
– 2., überarb. und erw. Aufl. – 1995

ISBN 978-3-519-15614-7   ISBN 978-3-322-94101-5 (eBook)
DOI 10.1007/978-3-322-94101-5

Das Werk einschließlich aller seiner Teile ist urheberrechtlich geschützt. Jede Verwertung in anderen als den gesetzlich zugelassenen Fällen bedarf deshalb der vorherigen schriftlichen Einwilligung des Verlages.
© B. G. Teubner Stuttgart 1995

Gesamtherstellung: Passavia Druckerei GmbH Passau
Umschlaggestaltung: Peter Pfitz, Stuttgart

Liebe Schülerinnen und Schüler,

zur Bauzeichnerausbildung gehören auch mathematisch-technische Fachkenntnisse, die wir Ihnen mit diesem Buch vermitteln. Dazu haben wir uns bemüht, das nötige Fachwissen übersichtlich und verständlich darzustellen. Formeln und Regeln sind einprägsam zusammengefaßt und hervorgehoben. Durchgerechnete Beispiele erleichtern Ihnen das Verstehen der Rechengänge. Bilder, Bauzeichnungen und Konstruktionsdetails veranschaulichen die vielen praxisnahen, z.T. projektorientierten Aufgaben.

Der Abschnitt 1 enthält auch Geometrie, denn die geometrischen Grundkonstruktionen sind Voraussetzungen für die Zeichenarbeit. Weil an die mathematischen Kenntnisse der Bauzeichner(innen) schon aufgrund der vielseitigen Ausbildung erhöhte Anforderungen gestellt werden, haben wir im Abschnitt 2 die Zahlen- und Koordinatensysteme sowie die einfache Funktion und ihre Darstellung aufgenommen. In Abschnitt 10 wurde bereits die neueste Wärmeschutzverordnung III (I/1995) berücksichtigt.

Unser Ziel ist es, Ihnen mit diesem Buch einen guten, zuverlässigen Helfer zu schaffen. Deshalb sind wir für Kritiken und Anregungen von Ihnen und von unseren Kollegen dankbar.

Frühjahr 1995   Die Verfasser

Inhaltsverzeichnis

				Seite
1	Geometrie	1.1	Geometrische Grundkonstruktionen	7
		1.2	Flächensätze am rechtwinkligen Dreieck	14
		1.3	Strahlensätze	16
2	Mathematische Grundlagen	2.1	Zahlensysteme	18
		2.2	Koordinatensysteme	19
		2.3	Funktionen	21
		2.3.1	Lineare Funktion	21
		2.3.2	Potenzfunktion	24
		2.3.3	Winkelfunktion (Trigonometrische Funktion)	25
		2.3.4	Winkelfunktionen-Kleinrechner	27
3	Statische Berechnungen	3.1	Lastannahmen nach DIN 1055	31
		3.2	Auflagerberechnung	33
		3.2.1	Auflagerkräfte bei Trägern auf zwei Stützen	34
		3.2.2	Auflagerkräfte bei Einfeldträgern mit Kragarm	37
		3.2.3	Auflagerkräfte bei Trägern auf zwei Stützen mit gleichmäßig verteilter Last	38
		3.2.4	Auflagerkräfte bei Trägern auf zwei Stützen mit Teilstreckenlast	39
		3.2.5	Auflagerkräfte bei Trägern auf zwei Stützen mit Kragarm und gemischter Belastung	42
		3.3	Druckfestigkeit von Trägerauflagern	44
		3.4	Berechnen der Querkräfte und Momente	45
		3.4.1	Träger auf zwei Stützen mit einer Einzellast F	46
		3.4.2	Träger auf zwei Stützen mit Gleichstreckenlast q	47
		3.4.3	Träger auf zwei Stützen mit Gleichstreckenlast q und Einzellast F	49
		3.5	Spannungsnachweis	51
		3.5.1	Druckspannung	51
		3.5.2	Knickspannung	53
		3.5.3	Zugspannung	54
		3.5.4	Schubspannung	56
4	Planungsdaten und Kalkulationsgrundlagen	4.1	Planungsdaten	57
		4.1.1	Grundflächenzahl GRZ und Geschoßflächenzahl GFZ	57
		4.1.2	Wohn- und Nutzflächenberechnung nach DIN 283	60
		4.1.3	Berechnen des umbauten Raumes nach DIN 277	63
		4.2	Kalkulationsgrundlagen	69
		4.2.1	Lohnkosten	69
		4.2.2	Nettolohn–Bruttolohn	70

				Seite
4	**Planungsdaten und Kalkulationsgrundlagen,** Forts.	4.2.3	Leistungslohn	73
		4.2.4	Gemeinkosten	75
		4.3	Kalkulation	75
5	**Vermessung**	5.1	Winkligkeit von Gebäuden	80
		5.2	Höhenmessung	84
6	**Grundbau und Gründungen**	6.1	Bodenaushub für Baugruben	91
		6.2	Fundamentberechnungen – Bodenspannungen	97
		6.2.1	Streifenfundamente	97
		6.2.2	Einzelfundamente	100
7	**Holzbau**	7.1	Spannung, Festigkeit, Schub- und Abscherkraft	103
		7.2	Holzverbindungen und -verbindungsmittel	105
		7.2.1	Versatz	105
		7.2.2	Nagelverbindungen	106
		7.3	Dachflächen	109
8	**Mauerwerk**	8.1	Grundlagen der Massenberechnung und des Baustoffbedarfs	113
		8.2	Abrechnung nach Flächenmaß/Raummaß	116
		8.3	Natursteinmauerwerk	123
		8.4	Mauerbogen	124
		8.5	Druckspannungen und Schlankheit	129
9	**Beton- und Stahlbetonbau**	9.1	Massenberechnung Beton	132
		9.2	Massenberechnung Betonschalung	136
		9.3	Güteprüfung des Betons	143
		9.3.1	Wasserzementwert	143
		9.3.2	Konsistenz	145
		9.3.3	Druckfestigkeit	147
		9.4	Betonstahlberechnungen	150
		9.4.1	Bewehrungsplan, Stahlauszug, Stahlliste und Massenermittlung	150
		9.4.2	Massenermittlung von Betonstahlmassen	161
		9.4.3	Umrechnen von Bewehrung	170
10	**Wärmeschutzberechnungen**	10.1	Grundlagen	174
		10.2	Wärmeschutznachweis für Gebäude	187
		10.2.1	Nachweise	187
11	**Treppen**	11.1	Gerade Treppen	196
		11.2	Gewendelte Treppen	201
12	**Innenausbau**			211

			Seite
13	**Wasserentsorgung**		215
14	**Straßenbau**	14.1 Berechnungen zum Straßenentwurf	224
		14.2 Massen- und Materialberechnung	233
		14.3 Berechnen des Materialbedarfs	243
		14.4 Aufmaß und Abrechnung von Flächen	248
15	**Zusammengesetzte Aufgaben/Übungsaufgaben**		252
Sachwortverzeichnis			257

> Hinweise auf DIN-Normen in diesem Werk entsprechen dem Stand der Normung bei Abschluß des Manuskriptes. Maßgebend sind die jeweils neuesten Ausgaben der Normblätter des DIN Deutsches Institut für Normung e.V., die durch den Beuth-Verlag, 10787 Berlin, zu beziehen sind. – Sinngemäß gilt das gleiche für alle in diesem Buch angezogenen amtlichen Richtlinien, Bestimmungen, Verordnungen usw.

1 Geometrie

Für den Bauzeichner sind Geometriekenntnisse besonders wichtig. Deshalb steht dieser Abschnitt am Anfang unseres Buches. Neben dem reinen Zeichnen nimmt das Konstruieren einen großen Raum im Berufsalltag ein. Daher sollen hier noch einmal die wesentlichen geometrischen Grundkonstruktionen dargestellt werden.

1.1 Geometrische Grundkonstruktionen

Strecken halbieren (Mittelsenkrechte errichten). Um eine Strecke $\overline{AB}$ zu halbieren, schlägt man mit einem Radius R, der größer als $\overline{AB}/2$ ist, erst einen Kreisbogen um A und anschließend um B. Die Verbindung der Schnittpunkte S_1 und S_2 halbiert die Strecke $\overline{AB}$ (1.1).

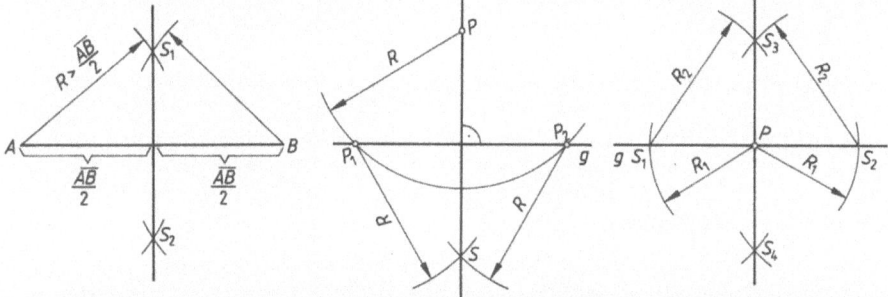

1.1 Streckenhalbierung 1.2 Lot fällen 1.3 Senkrechte errichten

Lot fällen (Senkrechte errichten). Durch den Punkt P soll eine Senkrechte auf der Geraden g errichtet werden. Dazu schlagen wir um P einen Kreisbogen, der g in zwei Punkten (P_1, P_2) schneidet. P_1 und P_2 wählen wir als neue Mittelpunkte und bilden mit dem gleichen Radius einen Schnittpunkt S auf der anderen Seite von g. Die Verbindung von S nach P ergibt die Senkrechte (das Lot) auf die Gerade (1.2).

Senkrechte errichten. Im Punkt P auf einer Geraden errichtet man eine Senkrechte, indem man mit dem Radius R_1 einen Kreis um P schlägt, der die Gerade in S_1 und S_2 schneidet. Diese Schnittpunkte bilden die neuen Mittelpunkte für Kreisbögen mit dem Radius R_2 ($R_2 > R_1$). Die Verbindung der neuen Schnittpunkte S_3 und S_4 ist die Senkrechte auf der Geraden g (1.3).

Strecken teilen. Für die gleichmäßige Teilung einer Strecke $\overline{AB}$ verwendet man einen Hilfsstrahl, der von A (oder B) aus in die erforderliche Anzahl n gleicher Teile geteilt wird (Zirkelkonstruktion). Nun verbindet man den Endpunkt P_n mit B (bzw. A) und zeichnet Parallelen durch die Punkte P_1 bis P_{n-1}. Die Schnittpunkte S_1 bis S_{n-1} ergeben die gleichmäßige Streckenteilung (1.4).

Konstruieren von Parallelen. Die Parallele g' zur Geraden g durch den Punkt P finden wir durch Konstruktion einer Raute, deren eine Seite ein Teilstück von g ist. Mit dem Radius R schlagen wir einen Kreisbogen so um P, daß er g in einem Punkt S_1 schneidet. Um S_1 schlagen wir mit dem gleichen Radius einen weiteren Kreisbogen, der g abermals, diesmal in S_2 schneidet. Um S_2 wird mit dem gleichen Radius ein Bogen geschlagen, der den ersten Kreisbogen in S_3 schneidet. Die Verbindung von P und S_3 ergibt die Parallele g' zu g (1.5).

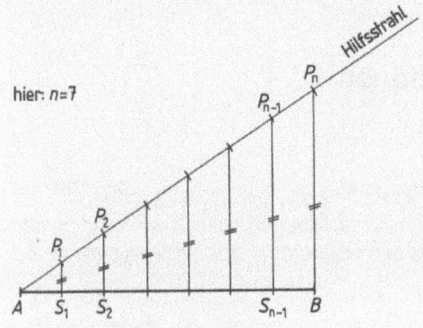

1.4 Streckenteilung 1.5 Parallele konstruieren

Winkel halbieren. Ein Winkel wird mit Hilfe dreier Kreisbögen gleichen Radiusses halbiert. Dazu schlägt man um einen Scheitelpunkt M des Winkels einen beliebigen Kreisbogen, der die Winkelschenkel in den Punkten S_1 und S_2 schneidet. Um S_1 und S_2 schlägt man wieder Kreisbögen, deren Schnittpunkt S_3 – verbunden mit M – die Winkelhalbierende ergibt (1.6). Entsprechend wird auch ein rechter Winkel halbiert.

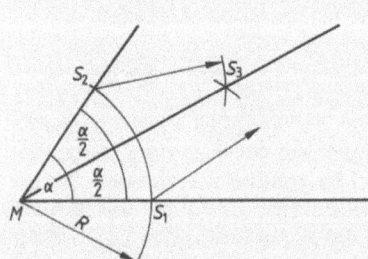 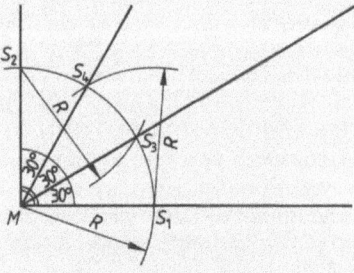

1.6 Winkelhalbierung 1.7 Dritteln eines rechten Winkels

Dritteln eines rechten Winkels. Ein rechter Winkel läßt sich durch einen Hilfsradius R in drei gleiche Winkel (30°) teilen. Um den Scheitelpunkt M des 90°-Winkels schlagen wir dazu einen Kreisbogen, der die Winkelschenkel in S_1 und S_2 schneidet. Mit dem gleichen Radius schlagen wir Bögen um S_1 und S_2, deren Schnittpunkte S_3 und S_4 – verbunden mit M – die gewünschte Drittelung des rechten Winkels ergeben (1.7).

Entsprechend lassen sich auch alle anderen Winkel in 30°-Schritten konstruieren. Nimmt man die eben beschriebene Winkelhalbierung hinzu, ist auch die Konstruktion beliebiger Winkel in 15°-Schritten möglich.

Winkel übertragen. Ein Winkel wird an eine andere Stelle übertragen durch Konstruieren eines beliebigen Kreisbogens und der daraus folgenden Sehnenlänge. Um S des gegebenen Winkels schlägt man einen Bogen mit dem Radius R. Den gleichen Bogen schlagen wir um den Scheitelpunkt A des neuen Winkelstandorts mit dem Schnittpunkt S_1. Nun greifen wir im Ursprungswinkel die Sehnenlänge s ab und zeichnen um S_1 einen Bogen, der den Winkelbogen in S_2 schneidet. Die Verbindung von A und S_2 ist der gesuchte Winkelschenkel (**1.8**).

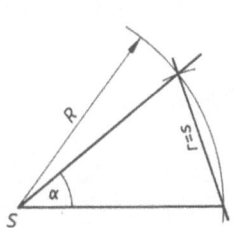
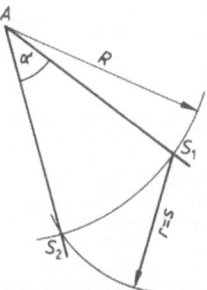

1.8 Winkelübertragung

Mittelpunkt für einen Kreisbogen konstruieren. Zur Mittelpunktkonstruktion dienen zwei beliebige Sehnen s_1 und s_2. Auf ihnen werden die Mittelsenkrechten errichtet. Der Schnittpunkt beider Mittelsenkrechten ergibt den gesuchten Kreismittelpunkt M (**1.9**).

Verbinden von 3 Punkten mit einem Kreisbogen (Segmentbogenkonstruktion). Um die drei Punkte A, B und C mit einem Kreisbogen verbinden zu können, müssen wir den Mittelpunkt M suchen. Wir finden ihn, indem wir die Strecken $\overline{AC}$ und $\overline{BC}$ als Sehnen s_1 und s_2 des gesuchten Kreisbogens betrachten. Weitere Konstruktion wie beim Mittelpunkt (**1.10**).

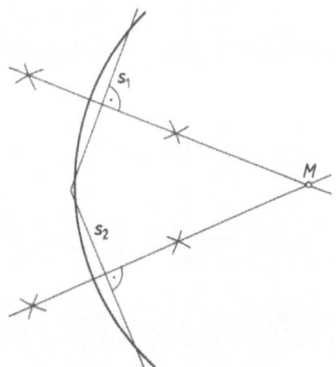
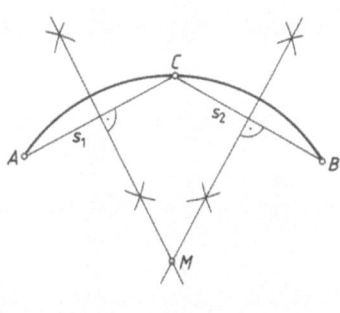

1.9 Konstruktion des Kreisbogen-Mittelpunkts

1.10 Segmentbogenkonstruktion

Kreisbogenverbindung 1. Zwei verschieden große Kreise sollen durch einen Kreisbogen mit dem Radius R verbunden werden (**1.11a**). Zum Verbinden der beiden Kreise mit den Radien R_1 und R_2 ist ein neuer Mittelpunkt für den Radius

Planfigur

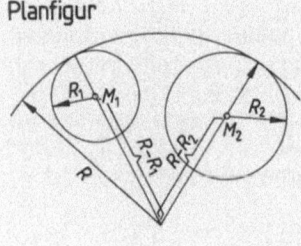
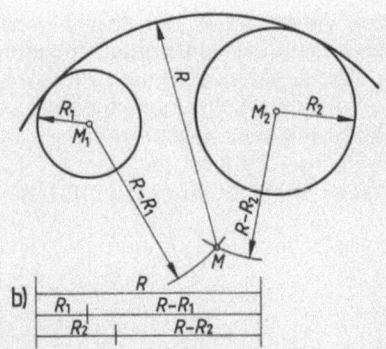

a)   b)

1.11 Kreisbogenverbindung

R zu bestimmen. Da die Bogenanfänge an beiden Kreisen unbekannt sind, konstruieren wir M mit Hilfe der vorhandenen Mittelpunkte M_1 und M_2. Wie die Planfigur **1.11**a zeigt, finden wir M, indem wir um M_1 einen Bogen mit dem Radius $(R - R_1)$ und um M_2 einen mit dem Radius $(R - R_2)$ schlagen. Um den gefundenen Schnittpunkt M schlagen wir einen Bogen mit dem Radius R (**1.11**b).

Kreisbogenverbindung 2. Auch hier bestimmen wir den Mittelpunkt für den neuen Bogenradius R. Wir denken uns die Punkte P_1 und P_2 des Bogenanschlusses. Da wir wieder die Kreismittelpunkte M_1 und M_2 als Ausgangspunkte für die Konstruktion des Kreismittelpunkts M brauchen, ergeben sich für die Mittelpunktfindung von M_1 aus der Radius $(R + R_1)$ und von M_2 aus der Radius $(R - R_2)$. Der Schnittpunkt beider Bögen ist der Mittelpunkt M, um den wir einen Kreisbogen schlagen (**1.12**).

Planfigur

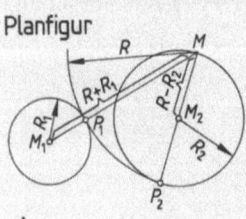
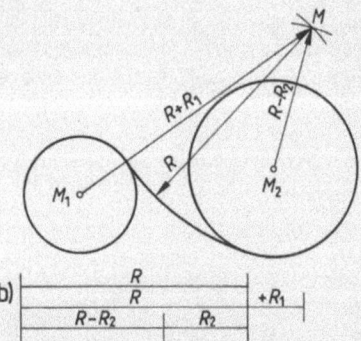

a)   b)

1.12 Kreisbogenverbindung

S-förmiger Bogenanschluß zwischen zwei Parallelen. Vom Punkt P_1 einer Geraden g soll ein S-förmiger Bogen mit dem Radius R zu einer parallelen Geraden konstruiert werden (**1.13**a). Wir wissen, daß der Radius senkrecht auf der Tangente eines Kreises steht, und zeichnen in P_1 einen rechten Winkel. Ein Bogenschlag mit R um P_1 ergibt den Mittelpunkt M_1. Der Wendepunkt der Krümmung liegt von M_1 und dem noch zu findenden Mittelpunkt M_2 jeweils um $1R$, also von M_1 um $2R$ entfernt. Andererseits liegt M_2 senkrecht unter dem gedachten Anschlußpunkt P_2 im Abstand von R. M_2 finden wir durch Konstruktion einer Parallelen zu g' im Abstand R einerseits und durch einen Bogen um M_1 mit dem Radius $2R$ andererseits. Der Wendepunkt des S-Bogens liegt auf der Verbindungsstrecke $\overline{M_1 M_2}$ (**1.13**b).

Planfigur

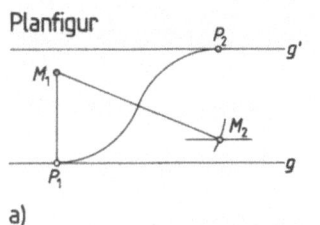
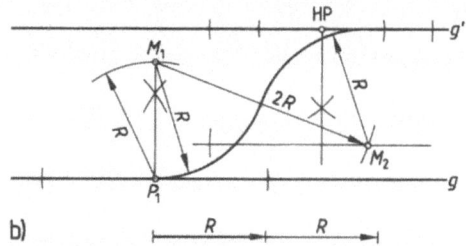

a) b)

1.13 S-förmiger Bogenanschluß zwischen 2 Parallelen

Winkel ausrunden. Ein beliebiger Winkel soll mit einem gegebenen Radius R ausgerundet werden. Für die kreisbogenförmige Ausrundung brauchen wir den Mittelpunkt M des Kreisbogens sowie die Anfangspunkte P_1 und P_2 auf den Winkelschenkeln s_1 und s_2. Dabei sind die Schenkel s_1 und s_2 Tangenten am Ausrundungskreis. M bestimmen wir durch die Konstruktion von Parallelen zu s_1 und s_2 im Abstand R. Der Schnittpunkt ist der Mittelpunkt M des Ausrundungsbogens. P_1 und P_2 findet man durch Fällen des Lotes auf die Schenkel s_1 und s_2 durch den Punkt M (1.14).

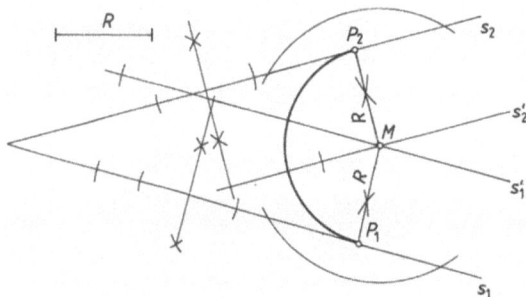
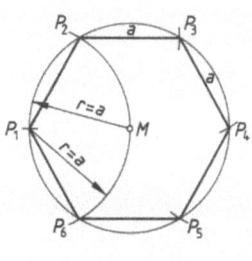

1.14 Winkel ausrunden   **1.15** Sechseckkonstruktion

Sechseck konstruieren. Ein gleichmäßiges Sechseck mit der Seitenlänge a wird aus einem Kreis mit dem Radius a konstruiert. Dazu zeichnen wir den Kreis mit dem Radius a, wählen darauf einen Punkt P_1 und schlagen von hier aus einen Kreisbogen. So erhalten wir zwei weitere Eckpunkte P_2 und P_6 des Sechsecks. Von P_2 und P_6 aus schlagen wir wieder Kreisbögen mit dem Radius a und bekommen P_3 und P_5. Ein Bogenschlag um P_3 oder P_5 liefert den letzten Eckpunkt P_4 des Sechsecks (1.15).

Achteck konstruieren. Um ein gleichseitiges Achteck in ein gegebenes Quadrat mit der Seitenlänge a einzuzeichnen, konstruiert man zunächst die Diagonalen des Quadrats. Dann schlägt man mit dem Radius der halben Diagonale Viertelkreise um die vier Eckpunkte des Quadrats. Dabei ergeben sich auf jeder Quadratseite zwei Schnittpunkte, die die 8 Ecken des Achtecks bilden (1.16).

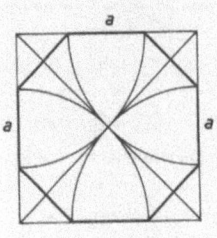
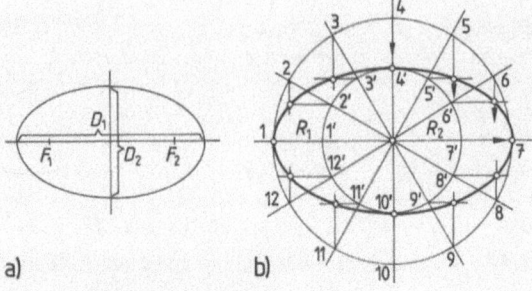

1.16 Achteckkonstruktion   1.17 Ellipsenkonstruktion

Ellipsenkonstruktion 1. Eine Ellipse entsteht z. B. durch einen schräg geführten Kegelschnitt. Sie hat zwei verschiedene Durchmesser D_1 und D_2 sowie zwei Brennpunkte F_1 und F_2 (1.17a). Ebenso erscheint eine Kreisfläche, die um eine ihrer Achsen x oder y gedreht wird, bei gleicher Betrachtungsweise als Ellipse. Zur Konstruktion zeichnen wir zwei konzentrische Kreise mit den Radien R_1 und R_2. Diese Kreise teilen wir in möglichst viele Segmente ein (hier 12). Die Ellipsenpunkte finden wir, indem wir die äußeren Punkte des Kreises (1 bis 12) senkrecht nach unten projizieren und gleichzeitig die inneren Punkte des kleineren Kreises (1' bis 12') horizontal nach außen verschieben. Die gefundenen Schnittpunkte sind Ellipsenpunkte (1.17b).

Ellipsenkonstruktion 2 (Näherung). Mit Hilfe der beiden Krümmungskreise läßt sich eine Ellipse annähernd genau konstruieren. Dazu brauchen wir wieder die Durchmesser D_1 und D_2, die wir auf den x- und y-Achsen abtragen. So erhalten wir die Punkte A, B, C und D. Dann zeichnen wir ein Rechteck unter Verwendung der Punkte A und C sowie des Achsenmittelpunkts 0. Die neu gefundene Ecke des Rechtecks bezeichnen wir mit E. Von A nach C ziehen wir die Diagonale des Hilfsrechtecks. Nun fällen wir von E aus das Lot auf die Diagonale und darüber hinaus. Es schneidet die x-Achse in M_1 und die y-Achse in M_2. Mit dem Radius $\overline{M_1 A}$ ziehen wir die Kreisbögen um beide Mittelpunkte M_1 bzw. M_1'. Mit dem Radius $\overline{M_2 C}$ schlagen wir Bögen um M_2 bzw. M_2'. Wo die Kreisbögen auseinanderklaffen, verbinden wir von Hand unter Ausgleich der Krümmung (1.18).

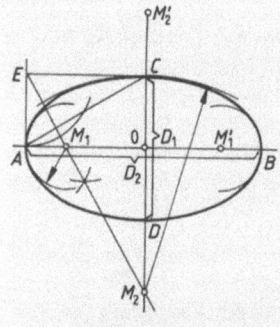
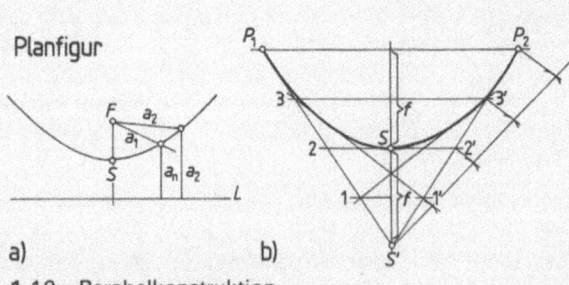

1.18 Ellipsenkonstruktion (Näherung)   1.19 Parabelkonstruktion

Parabel konstruieren (Schnellkonstruktion). Eine Parabel entsteht durch einen parallel zur Mantellinie des Kegels geführten Schnitt (**1.19a**). Jeder Punkt der Parabel hat den gleichen Abstand vom Brennpunkt F wie von der Leitlinie L. Die Parabel läßt sich genügend genau durch eine Tangentenhilfskonstruktion bestimmen, wenn eine Hauptachse, die Durchbiegungstiefe f (Stich) sowie die Breite b mit den Endpunkten P_1 und P_2 bekannt sind. Auf der Hauptachse trägt man zweimal den Stich ab, um den Hilfspunkt S' zu erhalten. S' verbindet man mit P_1 und P_2. Beide Verbindungslinien teilt man in 4 gleiche Teile und verbindet die Hilfspunkte 1 mit 3', 2 mit 2' und 3 mit 1'. Das gefundene Tangentennetz erlaubt es, die Parabel einzubeschreiben (**1.19b**).

Aufgaben

1. Teilen Sie eine 14,7 cm lange Strecke in 8 gleiche Teile ein.
2. Halbieren Sie die 30°- und 60°-Winkel des Zeichendreiecks.
3. Zeichnen Sie ein Dreieck aus den Seitenlängen $a = 5,5$ cm, $b = 6,3$ cm, $c = 7,8$ cm. Konstruieren Sie den Schnittpunkt der Mittelsenkrechten. Er ist der Mittelpunkt des Umkreises. Zeichnen Sie diesen Umkreis.
4. Konstruieren Sie ein Dreieck aus den Seiten $a = 4,5$ cm, $b = 6,7$ cm und $\gamma = 90°$. Zeichnen Sie dann zwei Winkelhalbierende, um den Mittelpunkt des Inkreises zu finden. Fällen Sie das Lot von M auf eine Dreieckseite. Es bildet den Radius des zu zeichnenden Inkreises.
5. Bestimmen Sie den Schwerpunkt S eines durch zwei Winkel und die anliegende Seite gegebenen Dreiecks durch Konstruktion der Seitenhalbierenden. $\alpha = 35°$, $\beta = 82°$, $c = 6,3$ cm.
6. Zeichnen Sie einen beliebigen Kreisbogen (Glas, Teller, Kreisschablone) und konstruieren Sie seinen Mittelpunkt.
7. Eine Maueröffnung von 1,51 m Breite soll mit einem Segmentbogen überdeckt werden. Stichhöhe 25,0 cm. Konstruieren Sie den Segmentbogen im M 1:10.
8. Wählen Sie zwei Kreismittelpunkte M_1 und M_2 im Abstand von 8 cm. Zeichnen Sie die beiden Kreise mit den Radien $r_1 = 3,0$ cm und $r_2 = 3,5$ cm. Verbinden Sie die Kreise durch einen Kreisbogen mit $R = 9,0$ cm.
9. Zeichnen Sie einen 45°-Winkel mit dem Geo-Dreieck. Runden Sie den Winkel mit dem Radius $R = 3,0$ cm aus.
10. Konstruieren Sie ein gleichmäßiges Sechseck mit der Seitenlänge $a = 4,0$ cm.
11. Aus einem Quadrat mit der Seitenlänge $a = 6,0$ cm ist ein gleichmäßiges Achteck zu konstruieren.
12. Von einer Ellipse sind die beiden Durchmesser $D_1 = 10,0$ cm und $D_2 = 7,0$ cm bekannt. Konstruieren Sie die Ellipse.

1.2 Flächensätze am rechtwinkligen Dreieck

Die Berechnungen am rechtwinkligen Dreieck gehören zu den wichtigsten geometrischen Aufgaben, denn fast alle geradlinig begrenzten Flächen lassen sich durch geschicktes Zerlegen darauf zurückführen. Deshalb wollen wir die wichtigsten Sätze wiederholen. Die einheitlichen Bezeichnungen am rechtwinkligen Dreieck erkennen wir in Bild 1.20.

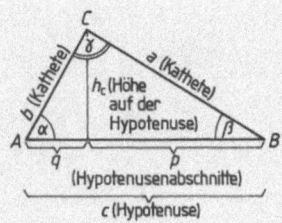

1.20 Bezeichnungen am rechtwinkligen Dreieck. Für ∡ α sind a die Gegenkathete und b die Ankathete, für ∡ β sind b die Gegenkathete und a die Ankathete

Lehrsatz des Euklid (Kathetensatz): Das Kathetenquadrat hat die gleiche Fläche wie das aus dem zugehörigen Hypotenusenabschnitt und der Hypotenusenlänge gebildete Rechteck (1.21 a).

$$a^2 = p \cdot c \qquad b^2 = q \cdot c$$

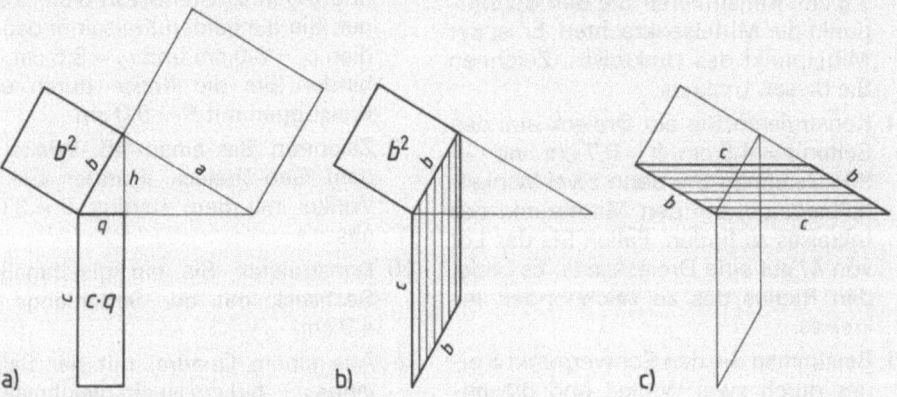

1.21 Kathetensatz des Euklid (a) mit Beweis (b und c)

Beweis: Aus dem Rechteck $q \cdot c$ bilden wir durch Scherung das Parallelogramm mit gleichem Flächeninhalt (1.21 b), dessen eine Seitenlänge gleich b ist. Aus dem Quadrat b^2 wird durch Scherung das Parallelogramm mit den Seitenlängen b bzw. c (1.21 c). Da beide Parallelogramme in den vier Seiten übereinstimmen, sind sie flächengleich.

Lehrsatz des Pythagoras. Der Flächeninhalt des Hypotenusenquadrats ist gleich der Summe der Flächeninhalte beider Kathetenquadrate (1.22). Daraus folgt in Kurzform:

$$a^2 + b^2 = c^2$$

Beweis: Rechteck $q \cdot c = b^2$, Rechteck $p \cdot c = a^2$. Folglich $a^2 + b^2 = (q+p) \cdot c = c \cdot c = c^2$ (s. Lehrsatz des Euklid).

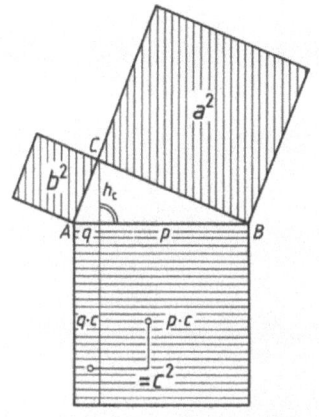

1.22   Lehrsatz des Pythagoras   1.23   Höhensatz des Euklid

Lehrsatz des Euklid (Höhensatz). Das Höhenquadrat hat den gleichen Flächeninhalt wie das aus den beiden Hypotenusenabschnitten gebildete Rechteck (1.23). Daraus folgt:

$$h^2 = p \cdot q$$

Beweis: Wir wenden für das linke oder rechte Dreieck je einmal den Lehrsatz des Pythagoras und den Kathetensatz an.

Aus dem Lehrsatz des Pythagoras finden wir $h_c^2 = b^2 - q^2$. Aus dem Kathetensatz entsprechend $b^2 = c \cdot q$. Durch Einsetzen erhalten wir:
$h_c^{2''} = c \cdot q - q^2 = q(c - q)$ und, da $c - q = p$ ist, $h_c^2 = q \cdot p = p \cdot q$

Beispiel 1   Berechnen Sie alle nötigen Maße des im System 1.24 gegebenen Dachstuhls.

Berechnen der Dachhöhe h nach dem Höhensatz:

$h^2 = p \cdot q = 4{,}80 \text{ m} \cdot 6{,}45 \text{ m}$
$h = \sqrt{30{,}96 \text{ m}^2} = \mathbf{5{,}56 \text{ m}}$

Aus h folgt $h_2 = h - h_1 =$
$5{,}56 \text{ m} - 2{,}75 \text{ m} = \mathbf{2{,}81 \text{ m}}$

Berechnen der Sparrenlängen s_1 aus dem linken und s_2 aus dem rechten Teildreieck nach Pythagoras:

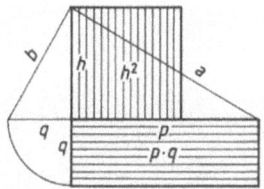

1.24

$c^2 = a^2 + b^2$
$s_1^2 = h^2 + b_1^2 = 5{,}56^2 \text{ m}^2 + 6{,}45^2 \text{ m}^2 = 30{,}06 \text{ m}^2 + 41{,}6025 \text{ m}^2$
$s_1 = \sqrt{72{,}5625 \text{ m}^2} = \mathbf{8{,}52 \text{ m}}$
$s_2^2 = h^2 = h_2^2 = 5{,}56^2 \text{ m}^2 + 4{,}8^2 \text{ m}^2$
$s_2 = \sqrt{54 \text{ m}^2} = \mathbf{7{,}35 \text{ m}}$

Die Bestimmung der Zangenlänge x und der Teillängen x_1, x_2 ist mit den Flächensätzen bei dieser Aufgabenstellung nicht möglich. Dafür braucht man die Winkelfunktionen (s. Abschn. 2) oder die Strahlensätze (s. Abschn. 1.3).

1.3 Strahlensätze

Berechnungen in der Bauwirtschaft verlangen gute Übersicht. Man kann umständlich rechnen oder mit entsprechender Kenntnis sehr schnell ans Ziel gelangen. Die Strahlensätze liefern Verhältnisgleichungen (Proportionen), die oft Rechenumwege vermeiden helfen, zumal sie nicht auf spezielle Winkel beschränkt sind.

Strahlensätze. Wenn die Schenkel eines Winkels durch zwei parallele Geraden geschnitten werden, die nicht durch den Winkelscheitelpunkt S gehen, ergeben sich diese Streckenverhältnisse (**1.25**):

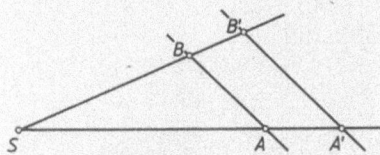

$$\overline{SA} : \overline{SB} = \overline{SA'} : \overline{SB'} = \overline{AA'} : \overline{BB'}$$
$$\overline{AB} : \overline{A'B'} = \overline{SA} : \overline{SA'} = \overline{SB} : \overline{SB'}$$

1.25 Strahlensätze

Beispiel 1. Berechnen der Zangenlänge x aus x_1 und x_2:
Fortsetzung
$h_2 : x_1 = h : b_1$ $h_2 : x_2 = h : b_2$
$2{,}81 : x_1 = 5{,}56 : 6{,}15$ $2{,}81 : x_2 = 5{,}56 : 4{,}8$
$5{,}56 x_1 = 2{,}81 \cdot 6{,}45$ $5{,}56 x_2 = 2{,}81 \cdot 4{,}8$

$$x_1 = \frac{2{,}81 \text{ m} \cdot 6{,}45 \text{ m}}{5{,}56 \text{ m}} = \mathbf{3{,}26 \text{ m}} \quad x_2 = \frac{2{,}81 \text{ m} \cdot 4{,}8 \text{ m}}{5{,}56 \text{ m}} = \mathbf{2{,}43 \text{ m}}$$

$x = x_1 + x_2 = 3{,}26 \text{ m} + 2{,}43 \text{ m} = \mathbf{5{,}69 \text{ m}}$

Wenn die Teillängen x_1 und x_2 nicht erforderlich sind, empfiehlt sich dieser Ansatz:

$h_2 : x = h : B$ $2{,}81 : x = 5{,}56 : 11{,}25$

$5{,}56 x = 2{,}81 \cdot 11{,}25$ $x = \dfrac{2{,}81 \text{ m} \cdot 11{,}25 \text{ m}}{5{,}56 \text{ m}} = \mathbf{5{,}69 \text{ m}}$

Aufgaben

1. a) Berechnen Sie die fehlenden Seiten des Grundstücks **1.26**.
   b) Wieviel m Maschendraht sind zum Einzäunen erforderlich?
   c) Wieviel Pfähle werden bei einem maximalen Pfahlabstand von 2,50 m gebraucht? (Je Ecke ein Pfahl, Pfahlabstände je Seite gleichmäßig.)

2. Berechnen Sie die fehlenden Längen am Dach **1.27**.

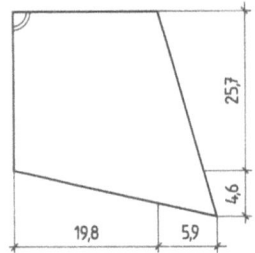

1.26 Grundstück

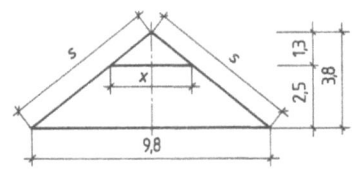

1.27 Dach

3. Bestimmen Sie den Abstand der Punkte A und B, die durch ein Hindernis getrennt sind (**1.28**).

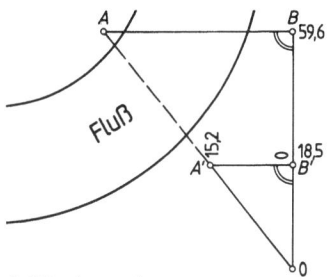

1.28 Lageplan

4. Ermitteln Sie den Grundstücksumfang und die Grundfläche anhand der Aufmaßskizze **1.29**.

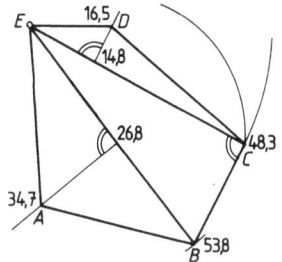

1.29 Aufmaßskizze

5. Bestimmen Sie die Gebäudehöhe mit Hilfe einer Fluchtstange (Höhe 2,0 m) und eines Maßbands, wenn die Augenhöhe 1,5 m beträgt (**1.30**).

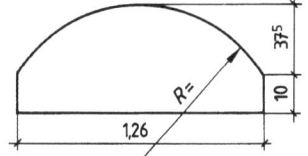

1.30 Ermitteln der Gebäudehöhe

6. Zur Herstellung eines Segmentbogens wird eine Kreisabschnittschablone von

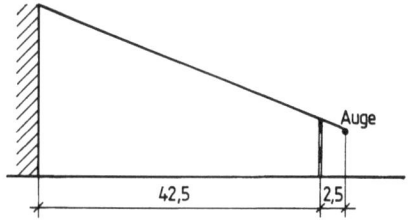

1.31 Segmentbogenkonstruktion

1,26 m Breite und 0,375 m Höhe gebraucht. Berechnen Sie den erforderlichen Radius für den Bogen (**1.31**).

7. Wie lang ist die Fallinie s bei dem Kegelstumpf **1.32**, wenn $D_1 = 9{,}0$ cm, $D_2 = 5{,}0$ cm und $h = 4{,}0$ cm sind? Welchen Radius R braucht man für die Mantelabwicklung?

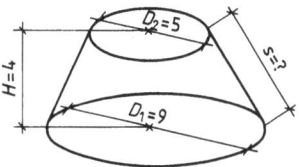

1.32 Kegelstumpf

8. Berechnen Sie die Kantenlänge s einer Sechseckpyramide mit Höhe $h = 12{,}0$ cm und Seitenlänge $a = 6{,}0$ cm.

9. Die Längen der Haupt- und Walmdachsparren sowie die wahre Länge der Gratsparren **1.33** sind zu ermitteln.

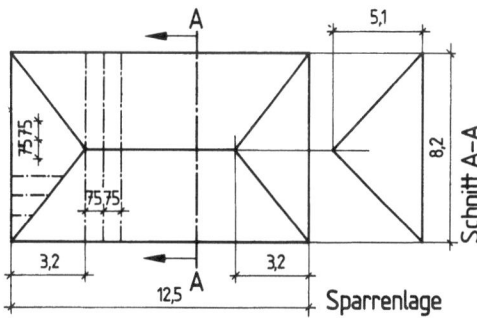

1.33 Walmdach

10. Ein Fachwerkbinder soll nach Systemzeichnung hergestellt werden. Berechnen Sie die Achsmaße aller Stäbe (**1.34**).

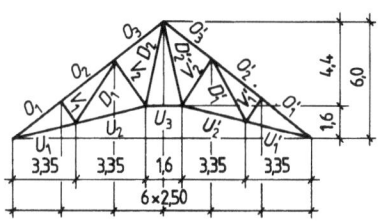

1.34 Belgischer Fachwerkbinder

2 Mathematische Grundlagen

Wegen der gehobenen Ansprüche an die Bauzeichnerausbildung reichen die im Baufachrechnen 1 besprochenen Grundlagen nicht aus, zumal wir den fortschreitenden Einsatz neuer Technologien in den Ausbildungsbetrieben berücksichtigen müssen. Die notwendigen Ergänzungen behandeln wir in diesem Abschnitt.

2.1 Zahlensysteme

Grundsätzlich sind Zahlensysteme mit beliebiger Grundzahl möglich. Beispiele hierfür liefern Länder, deren Währung oder Längenmessung (noch) auf dem Zwölfersystem beruhen. Auch bei uns hat sich in der Zeitrechnung noch das Zwölfersystem gehalten, obwohl die neuere, elektronische Zeitmessung schon nach dem Zehnersystem rechnet. Ebenso wird die Kreisteilung in 360° immer mehr von der in 400^g abgelöst. Auch die Maßordnung im Hochbau gilt noch mit ihrem Achtelmeter = 12,5 cm. Dagegen legt die Modulordnung im Fertigteilbau bereits 1 Modul = 10,0 cm fest. Die Gründe liegen darin, daß das Rechnen im Zehnersystem besonders einfach, übersichtlich und sinnvoll ist.

Das Dezimalsystem verwendet 10 Zeichen, nämlich die Ziffern 0 bis 9. Der Zahlenaufbau gibt in der letzten Stelle die Einer, in der vorletzten die Zehner, weiter die Hunderter, Tausender usw. an. Beim Schreiben der Zahl muß jede Stelle besetzt werden. Ist z. B. in der Zahl 5403 kein Zehner vorhanden, schreibt man 0 in die Zehnerstelle. 5403 ist praktisch eine Kurzschreibweise für 5 Tausender plus 4 Hunderter plus 0 Zehner plus 3 Einer. Die einzelnen Stellenwerte lassen sich aus den Zehnerpotenzen ableiten, denn $10^0 = 1$, $10^1 = 10$, $10^2 = 100$, $10^3 = 1000$ usw. Unsere Zahl 5403 läßt sich demnach als Summe von Zehnerpotenzen so schreiben: $5 \cdot 10^3 + 4 \cdot 10^2 + 0 \cdot 10^1 + 3 \cdot 10^0$ – kurz 5403.

Dualsystem. Vor allem in der Datenverarbeitung arbeitet man mit nur 2 Zeichen, nämlich 1 und 0. Um damit rechnen zu können, braucht man ein Zahlensystem, bei dem sich die Stellenwerte aus den Zweierpotenzen ergeben, also aus $2^0 = 1$, $2^1 = 2$, $2^2 = 4$, $2^3 = 8$, $2^4 = 16$, $2^5 = 32 \ldots 2^{10} = 1024$ usw. Die Schreibweise unserer Zahl 5403 ergibt eine Summe aus Zweierpotenzen, wobei die Ziffern 1 und 0 als Faktor für die Potenz einzuhalten sind. Wir finden schrittweise:

```
  1 · 2¹²           = 4096  Rest 1307      +0 · 2⁵
 +0 · 2¹¹                                  +1 · 2⁴ = +  18 = 5392  Rest 11
 +1 · 2¹⁰ = +1024   = 5120  Rest  283      +1 · 2³ = +   8 = 5400  Rest  3
  0 · 2⁹                                   +0 · 2²
 +1 · 2⁸  = + 256   = 5376  Rest   27      +1 · 2¹ = +   2 = 5402  Rest  1
 +0 · 2⁷                                   +1 · 2⁰ = +   1 = 5403  Rest  0
 +0 · 2⁶
```

In der dualen Schreibweise lautet unsere Zahl also 1010100011011.

Aufgaben

1. Schreiben Sie folgende Zahlen als Summe von Zehnerpotenzen
   a) 127
   b) 1368
   c) 6721
   d) 9083
   e) 12600
   f) 3480926

2. Schreiben Sie diese Zahlen als Dualzahlen.
   a) 11
   b) 37
   c) 100
   d) 129
   e) 624
   f) 2500

2.2 Koordinatensysteme

Die Betrachtung der Koordinatensysteme soll auf die Ebene beschränkt bleiben und nur Voraussetzungen schaffen für die Darstellung von Punkten, Linien oder Flächen in der Ebene. Jeder Punkt einer Ebene läßt sich eindeutig durch die Angabe zweier Koordinaten festlegen. Im Bauwesen hat sich neben der Angabe rechtwinkliger Koordinaten die von Polarkoordinaten durchgesetzt.

Das rechtwinklige Koordinatensystem besteht aus zwei rechtwinklig zueinander verlaufenden Zahlenstrahlen x und y. Der Achsenschnittpunkt heißt Koordinatenursprung, die Koordinaten eines Punktes P nennt man Abszisse und Ordinate oder x- und y-Wert (**2.1**).

Die Achsen teilen die Ebene in 4 Quadranten ein. Alle Punkte im I. Quadranten haben positive x- und y-Werte, im II. Quadranten negative x-Werte und positive y-Werte, im III. Quadranten negative x- und y-Werte, im IV. Quadranten positive x- und negative y-Werte. Die Maßstäbe von x- und y-Achse können, müssen aber nicht einheitlich sein.

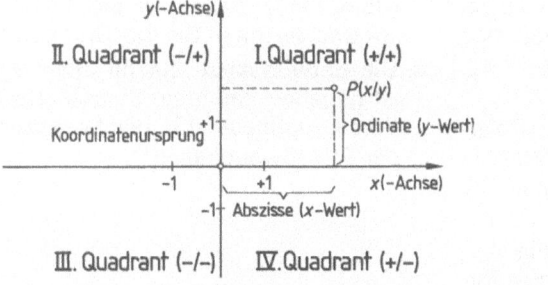

2.1 Rechtwinkliges Koordinatensystem   2.2 Polarkoordinatensystem

Beim Polarkoordinatensystem werden Punkte in der Ebene durch ihren Abstand r zum Pol (= Radius) und ihren Winkel φ, bezogen auf eine Polarachse, angegeben (φ = griech. phi). Ein Punkt P hat demnach im Polarkoordinatensystem die Koordination r und φ, wobei φ positiv ist, wenn entgegen dem Uhrzeigersinn (mathematischer Drehsinn) gerechnet wird (**2.2**).

Mit Polarkoordinaten lassen sich Daten in den Computer besonders einfach eingeben (CAD), indem man von einem Punkt zum anderen vorgeht. Dabei wird jeder neu gefundene Punkt als Pol für den weiter zu findenden betrachtet. D. h., man rechnet mit Relativkoordinaten (im Gegensatz zu Absolutkoordinaten).

Beispiel Mittels CAD soll ein Garagengrundriß (hier nur Außenkanten) anhand der Entwurfsskizze **2.3** gezeichnet werden.

Lösung Zuerst legen wir einen Eckpunkt fest (hier A). Absolutkoordinaten gibt man mit x Komma y ein, z. B. 50.0, 25.5. Das Komma trennt die x- von der y-Koordinate, das mathematische Komma wird als Punkt geschrieben.

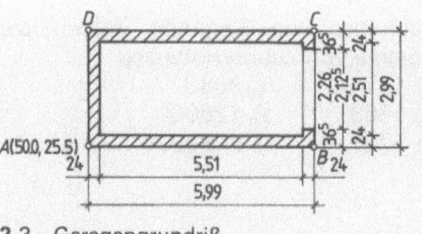

2.3 Garagengrundriß

Dann geben wir Relativkoordinaten an: @ 5,99 < 0. Auf dem Bildschirm entsteht die Außenlinie $\overline{AB}$. Das Zeichen @ (sprich Klammeraffe) besagt, daß es sich um Relativkoordinaten handelt. Weiter geben wir ein @ 2,99 < 90, und es erscheint die Linie $\overline{BC}$. Wir geben ein @ 5,99 < 180, und es erscheint die Außenkante $\overline{CD}$.

Nun können wir mit dem „Schließbefehl" oder über eine abermalige Relativkoordinateneingabe mit @ 2,99 < 270 die Außenkante fertigstellen.

Manchmal ist es nötig, Koordinaten eines Systems in ein anderes umzurechnen. Dazu brauchen wir die Winkelfunktionen am rechtwinkligen Dreieck (s. Abschn. 2.3.3).

Aufgaben

1. Stellen Sie folgende Punkte in einem rechtwinkligen Koordinatenkreuz dar: P_1 (4/5), P_2 (−2/3), P_3 (−3/−1,5), P_4 (2,5/−3,5).

2. Stellen Sie diese Punkte in einem Polarkoordinatensystem dar: P_1 (5,0/30°), P_2 (3,2/−45°), P_3 2,0/135°) und P_4 (4,5/−120°).

3. Die Eckpunkte eines geradlinig begrenzten Grundstücks wurden mit folgenden Koordinaten eingemessen: E_1 (0/0), E_2 (14,3/1,9), E_3 (29,7/21,6), E_4 (23,1/34,8), E_5 (0/26,2).
Zeichnen Sie ein geeignetes Koordinatenkreuz und tragen Sie die Grundstücksfläche ein.

4. Ein Grundstück wurde nach dem Polarverfahren neu vermessen. Dabei ergaben sich die Eckpunkte P_1 (0/0°), P_2 (24,9/0°), P_3 (29,1/47°) und P_4 (35,6/111°). Tragen Sie die Eckpunkte auf und zeichnen Sie das Grundstück.

5. Die Entwurfsskizze **2.4** für einen Kiosk ist gegeben. Ermitteln Sie die relativen Polarkoordinaten für die Konstruktion der Außenwandkanten.

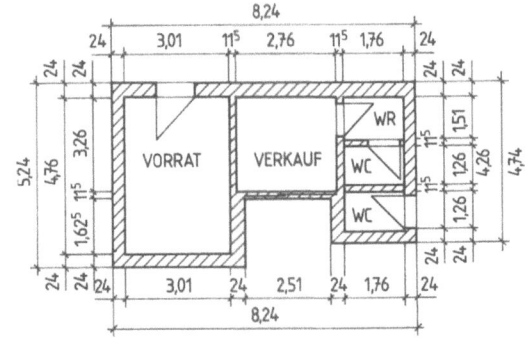

2.4 Kiosk (M 1 : 200 m, cm)

2.3 Funktionen

Relationen geben Zuordnungsvorschriften an. Unter **Funktionen** versteht man eindeutige Relationen. Funktionen sind Mengen von geordneten Zahlenpaaren (x/y). Die Menge der Elemente, die in den Zahlenpaaren an erster Stelle stehen (x), bezeichnet man als **Definitionsbereich**, die Menge der Elemente an zweiter Stelle (y) als **Wertebereich**.

Beispiel Ein Büroeinrichtungszentrum bietet zwei verschiedene Laufwagen-Zeichenmaschinen an.

Die Maschine A kostet 3748,– DM, die Maschine B 1998,– DM.

Zwischen beiden Fabrikaten besteht eine eindeutige Relation, denn zu A gehört der Preis 3748,– DM, zu B der Preis 1998,– DM. x Maschine kostet y DM.

Funktionen können durch Pfeildiagramme, Wertetabellen, Funktionsgleichungen oder Graphen dargestellt werden. Pfeildiagramme sind in der Bautechnik nicht üblich. Wir unterscheiden lineare, Potenz- und Winkelfunktionen.

2.3.1 Lineare Funktion

Eine lineare Funktion ist vorhanden, wenn der Funktionsgraph mit gleichbleibender Steigung verläuft, also eine Gerade bildet. Es gibt unendlich viele lineare Funktionen, deren Graphen durch den Koordinatenursprung verlaufen (**2.5**a). Ebenso unendlich ist aber die Zahl der linearen Funktionen, deren Graphen nach oben oder unten verschoben sind (**2.5**b).

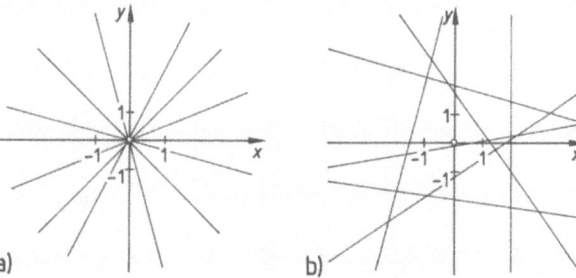

2.5
Lineare Funktionen mit Graphen
a) durch den Koordinatenursprung,
b) nach oben oder unten verschoben

Beispiel 1 Ein Bleistift kostet 1,50 DM. Wir bezeichnen den Preis von x Bleistiften mit y DM und finden für jede beliebige Anzahl x (Wertebereich ist die Menge der natürlichen Zahlen) den Preis y nach der Gleichung

y DM $= 1{,}50$ DM $\cdot x$ oder allgemein $y = 1{,}5$ DM $\cdot x$.

Die Gleichung $y = 1{,}5 x$ legt also die Funktion $x \to 1{,}5 x$ fest (lies x Pfeil $1{,}5 x$). Eine andere Schreibweise dafür ist $x = f(x)$.

Beispiel 1, Fortsetzung Wir stellen die Wertetabelle auf.

x	0	1	2	3	4	5
y = 1,5x	0	1,5	3,0	4,5	6,0	7,5

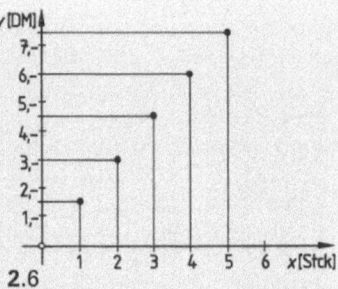

2.6

Nun zeichnen wir die Bildpunkte der Zahlenpaare in ein Koordinatenkreuz ein (**2.6**). Die Lösungsmenge ergibt in diesem Fall keine Gerade, da der Wertebereich auf die natürlichen Zahlen beschränkt ist – 2,6419 Bleistifte gibt es nicht!

Beispiel 2 Eine Tonne Stahl kostet frei Baustelle 2200,– DM. Wir stellen die Funktionsgleichung auf: y = 2200 DM · x. Der Wertebereich ist die Menge der positiven reellen Zahlen. Die Wertetabelle zeigt:

x	1	2	3	4	5
y = 2200x	2200	4400	6600	8800	11 000

In diesem Fall können wir beliebig viele positive Zahlenpaare bilden, so daß der Graph eine Gerade ergibt, die durch den Nullpunkt verläuft (**2.7**).

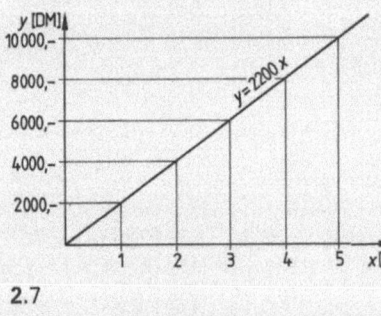

2.7

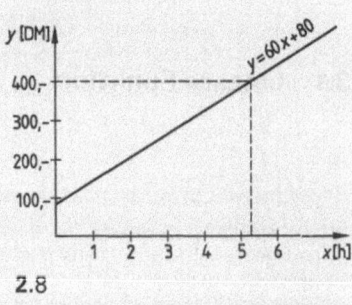

2.8

Beispiel 3 Für Ihren defekten Fotokopierer brauchen Sie den Kundendienst. Eine Monteurstunde kostet 60,– DM. Hinzu kommt für An- und Abfahrt eine einheitliche Pauschale von 80,– DM.

Wiederum stellen wir die Funktionsgleichung auf. Dazu sind zwei Angaben erforderlich:

a) Der Stundenlohn bildet die lineare Steigung, weil 1 Stunde 60,– DM, 2 Stunden 120,– DM, 5 Stunden 300,– DM usw. kosten.

b) Hinzu kommt die unabhängig von der Stundenzahl gleichbleibende Pauschale von 80,– DM.

Unsere Funktionsgleichung lautet also y = 60x + 80 (**2.8**). Nachdem der Graph gezeichnet ist, können wir beliebige Zwischenablesungen vornehmen. Z. B. kosten 5,25 h ≈ 400,– DM.

Wenn also der Definitionsbereich aus der Menge der reellen Zahlen besteht, ergibt sich als Graph der Funktion eine Gerade. Ihre allgemeine Funktionsgleichung lautet:

$$y = a \cdot x$$

Soll die Gerade nach oben oder unten verschoben werden, muß die Verschiebung b mit jedem einzelnen Punkt der Geraden vorgenommen werden. Daraus folgt:

$$y = a \cdot x + b$$

Wir haben gesehen, daß zum Zeichnen der Graphen nicht alle Punkte des Wertebereichs erforderlich sind. Es genügt, wenn 2 Punkte bzw. 1 Punkt und die Steigung (Richtung) der Geraden bekannt sind.

Beispiel 4 Gegeben sind zwei Punkte, die Elemente der Geraden sind: P_1 ($-4/2$) und P_2 (10/9). Stellen Sie die Funktionsgleichung auf.

Lösung Wir zeichnen die Punkte in das Koordinatenkreuz ein und verbinden sie miteinander. Die Steigung a berechnen wir aus dem Steigungsdreieck mit $H:L$ und finden $a = 7/14 = 1/2$.
Den Abschnitt auf der y-Achse bestimmen wir mit Hilfe des Strahlensatzes über die Hilfsgröße Δy.

$7 : 14 = \Delta y : 4$
$14\,\Delta y = 28$
$\Delta y = 2$

Nun können wir b bestimmen.
$b = \Delta x + 2 = 4$
Unsere Funktionsgleichung lautet also:

$$y = f(x) = \frac{1}{2}x + 4 \quad (2.9)$$

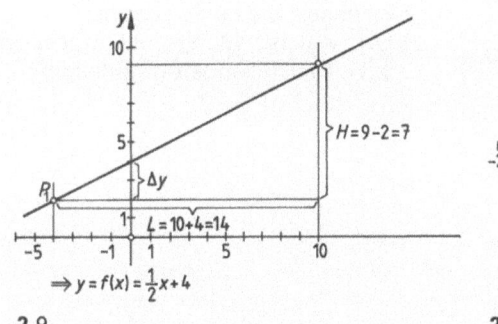

2.9   2.10

Beispiel 5 Gegeben ist die Funktionsgleichung $y = \dfrac{-3}{5} x + 1$. Zeichnen Sie den Graphen.

Lösung Wir bestimmen mit dem gegebenen Abschnitt auf der y-Achse P_1 und tragen diesen Punkt ein. Von hier aus zeichnen wir das Steigungsdreieck mit den Maßen $H = -3$ und $L = 5$. D.h., wir gehen 5 Einheiten nach rechts und 3 Einheiten nach unten (weil -3). Mit Hilfe des so gefundenen Punktes P_2 läßt sich die Gerade leicht zeichnen (**2.10**).

Aufgaben

1. Zeichnen Sie die Graphen folgender Funktionen in ein Koordinatenkreuz ein.
   a) $y = f(x) = \frac{1}{3}x$
   b) $y = f(x) = -2x$
   c) $y = f(x) = \frac{3}{7}x + 1$
   d) $y = f(x) = -x - 1$
   e) $y = f(x) = -\frac{2}{5}x + 2$
   f) $y = f(x) = -3$

2. Stellen Sie die Funktionsgleichungen der durch jeweils zwei Punkte gegebenen Graphen auf. Zeichnen Sie die Graphen in ein Koordinatenkreuz ein.
   a) $P_1(-2/0)$ $P_2(4/4)$
   b) $P_1(0/6)$ $P_2(6/0)$
   c) $P_1(-5/-5)$ $P_2(4/-2)$
   d) $P_1(-6/1)$ $P_2(9/6)$
   e) $P_1(2/8)$ $P_2(-2/2)$
   f) $P_1(6/0)$ $P_2(6/-5)$

3. 1000 Pflastersteine kosten 1200,- DM netto frei Baustelle.
   a) Geben Sie die Funktionsgleichung an.
   b) Zeichnen Sie den Graphen in einem geeigneten Maßstab.
   c) Lesen Sie ab, wieviel Sie für 3700 Steine bezahlen müssen.

4. Eine Bauzeichnerin ist teilzeitbeschäftigt. Ihre Arbeitszeit beträgt je nach Arbeitslage mindestens 20 h, höchstens 32 h in der Woche. Als Wegstreckenentschädigung erhält sie die Kosten einer Wochenkarte von 96,- DM. Ihr Stundenlohn ist 19,- DM.
   a) Geben Sie den Definitionsbereich an.
   b) Wie lautet die Funktionsgleichung?
   c) Zeichnen Sie den Graphen.
   d) Lesen Sie ab, wieviel die Zeichnerin bei 28 Arbeitsstunden einschließlich Fahrkostenentschädigung erhält.

5. An einer Großbaustelle werden 3800 bis 4500 m³ Beton gebraucht. Transportbeton kostet 78,- DM/m³, selbsthergestellter nur 76,- DM/m³. Doch müssen die Kosten für den Auf- und Abbau, den Transport und die Abschreibung der Anlage mit 8000,- DM veranschlagt werden.
   a) Geben Sie den Definitionsbereich an.
   b) Stellen Sie die Funktionsgleichungen für die Kosten von Transport- und Baustellenbeton auf.
   c) Zeichnen Sie beide Graphen.
   d) Für welche Menge ist Transport- bzw. Baustellenbeton günstiger?

2.3.2 Potenzfunktion

Wenn in einer Funktionsgleichung x in der zweiten oder höheren Potenz vorkommt, spricht man von einer Potenzfunktion. Auch Graphen von Potenzfunktionen können durch den Ursprung gehen. Dann gehorchen sie der Funktionsgleichung

$$y = a \cdot x^n,$$

wobei a die Streckung oder Stauchung ausdrückt. Sind sie nach unten oder oben verschoben, kommt der Verschiebungsfaktor b hinzu.

$$y = a \cdot x^n + b$$

Auch seitliche Verschiebungen sind möglich. Die allgemeine Form der Potenzfunktion lautet dann:

$y = a \cdot x^n + b \cdot x^{n-1} + c \cdot x^{n-2} + \cdots$

Die Graphen der Funktion können wir immer mit Hilfe der Wertetabelle zeichnen.

Beispiel 6 Zeichnen Sie den Graphen der Funktion $y = f(x) = x^2 - 2x - 3$.

Lösung Wir stellen die Wertetabelle auf.

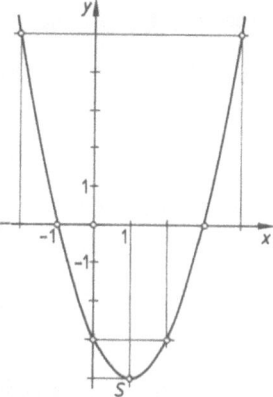

2.11

x	-2	-1	0	1	2	3	4
$y = x^2 - 2x - 3$	5	0	-3	-4	-3	0	5

Nun zeichnen wir den Graphen, indem wir die Punkte in das Koordinatensystem eintragen und miteinander verbinden (**2.11**). Das Ergebnis ist eine nach oben geöffnete Normalparabel mit dem Scheitelpunkt $S\ (1/-4)$.

Die Graphen der Potenzfunktionen 2., 4., 6. ... Geraden sind achsensymmetrisch, die der Potenzfunktionen mit ungeraden Exponenten dagegen 180° drehsymmetrisch, da bei ihnen das negative Vorzeichen des x-Wertes durch das Potenzieren erhalten bleibt.

Aufgaben

6. Stellen Sie Wertetabellen für die folgenden Funktionen auf, zeichnen Sie die Graphen alle in **ein** Koordinatenkreuz.
   a) $y = f(x) = x^2$
   b) $y = f(x) = -\frac{1}{2} x^2$
   c) $y = f(x) = 2x^2 - 4$
   d) $y = f(x) = \frac{1}{3} x^3$

7. Bestimmen Sie zeichnerisch die Schnittpunkte der beiden durch ihre Funktion gegebenen Graphen.
   a) I: $y = f(x) = -x^2 + 1$
      II: $y = f(x) = \frac{3}{4} x - \frac{3}{4}$
   b) I: $y = f(x) = \frac{1}{2} x^2 - 2$
      II: $y = f(x) = x - \frac{1}{2}$

2.3.3 Winkelfunktion (Trigonometrische Funktion)

Am rechtwinkligen Dreieck bestehen zwischen den Katheten bzw. zwischen einer Kathete und der Hypotenuse klar definierte Verhältnisse, die man als Sinus, Kosinus, Tangens und Kotangens bezeichnet.

$$\frac{\text{Gegenkathete}}{\text{Hypotenuse}} = \text{Sinus} \qquad \frac{\text{Ankathete}}{\text{Hypotenuse}} = \text{Kosinus} \qquad \frac{\text{Gegenkathete}}{\text{Ankathete}} = \text{Tangens}$$

Bezogen auf die Basiswinkel α und β lauten sie:

$$\sin\alpha = \frac{a}{c} \quad \sin\beta = \frac{b}{c} \qquad \cos\alpha = \frac{b}{c} \quad \cos\beta = \frac{a}{c} \qquad \tan\alpha = \frac{a}{b} \quad \tan\beta = \frac{b}{a} \qquad (2.12)$$

Der Kotangens (cot) ist der Kehrwert des Tangens (1/tan) und daher verzichtbar. Die Winkelfunktionen ermöglichen es, Winkelgrößen am rechtwinkligen Dreieck zu berechnen, wenn 2 Seiten bekannt sind, bzw. fehlende Seitenlängen zu ermitteln, wenn eine Seite und ein Winkel gegeben sind. Früher benutzte man dazu Tabellen, heute erhalten wir die Winkelfunktionen vom Taschenrechner.

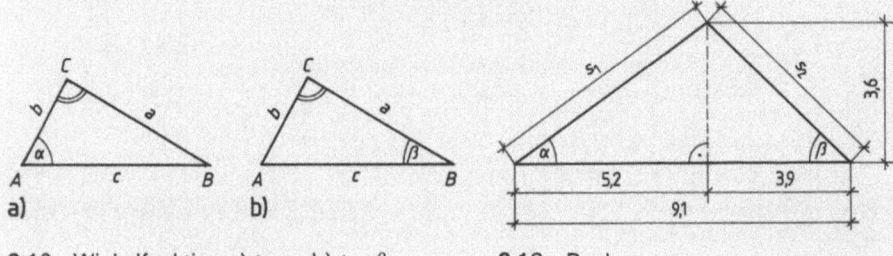

2.12 Winkelfunktion a) tan α, b) tan β   2.13 Dach

Beispiel 7   Berechnen Sie die Dachneigungswinkel α und β sowie die Sparrenlängen s_1 und s_2 (2.13).

Lösung   Wir teilen das Dachdreieck in zwei rechtwinklige Dreiecke ein. Für das linke Teildreieck finden wir:

$$\tan\alpha = \frac{GK}{AK} = \frac{3{,}6}{5{,}2} = 0{,}6923 \Rightarrow \alpha = \mathbf{34{,}695°}$$

$$\sin\alpha = \frac{GK}{H} \rightarrow \sin 34{,}695° = \frac{3{,}6\ m}{s_1}$$

$$s_1 = \frac{3{,}6\ m}{\sin 34{,}6950} = \mathbf{6{,}325\ m}$$

Für das rechte Teildreieck ergibt sich entsprechend:

$$\tan\beta = \frac{GK}{AK} = \frac{3{,}6}{3{,}9} = 0{,}923 \Rightarrow \beta = \mathbf{42{,}709°}$$

$$\sin\beta = \frac{GK}{H} \rightarrow \sin 42{,}709° = \frac{3{,}6\ m}{s_2}$$

$$s_2 = \frac{3{,}6\ m}{\sin 42{,}709°} = \mathbf{5{,}307\ m}$$

Die Graphen der Winkelfunktionen werden aus dem Einheitskreis (Kreis mit dem Radius $r = 1$) abgeleitet. Sie sind jedoch nicht Lerninhalt für Bauzeichner. Deshalb verzichten wir auf ihre Entwicklung.

Dagegen ist in Teilen des Bauwesens (z. B. in der Vermessung) die Rechnung in Neugrad (g) statt in Altgrad (°) üblich. Dabei geht man für die Winkelsumme des Kreises von 400^g statt von 360° aus. Ein rechter Winkel hat demnach 100^g = 90°. Die Umrechnung erfolgt also so:

$$1^g = 0{,}9° \quad \text{bzw.} \quad 1° = 1{,}\overline{1}^g$$

2.3.4 Winkelfunktionen-Kleinrechner

In der Praxis ist es heute üblich, Winkelfunktionen mit dem Taschenrechner zu ermitteln. Da die unterschiedlichen Fabrikate der Taschenrechner oft auch verschiedene Funktionstasten aufweisen, ist in jedem Fall die Gebrauchsanweisung sorgfältig zu lesen. Beispielhaft werden hier zwei Rechnersysteme dargestellt (**2.14** und **2.15**).

Bevor wir mit Winkelfunktionen auf dem Rechner rechnen, stellen wir die zutreffende Winkelteilung ein. Normalerweise ist der Rechner beim Einschalten auf 360°-Winkelteilung eingestellt, was im Display mit „DEG" angezeigt wird (englisch DEGREE für Grad). Nach Umschalten in die 400-gon-Teilung wird im Display „Grad" angezeigt (englisch für Neugrad).

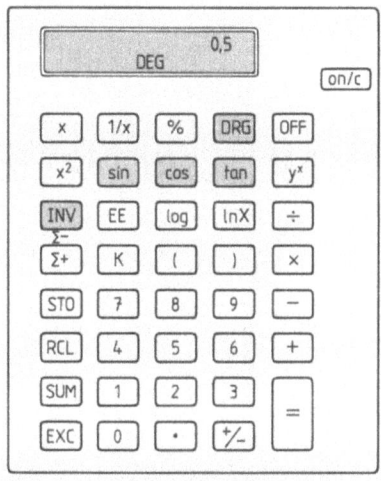

2.14 Tastenbild Kleinrechner TI 35 II

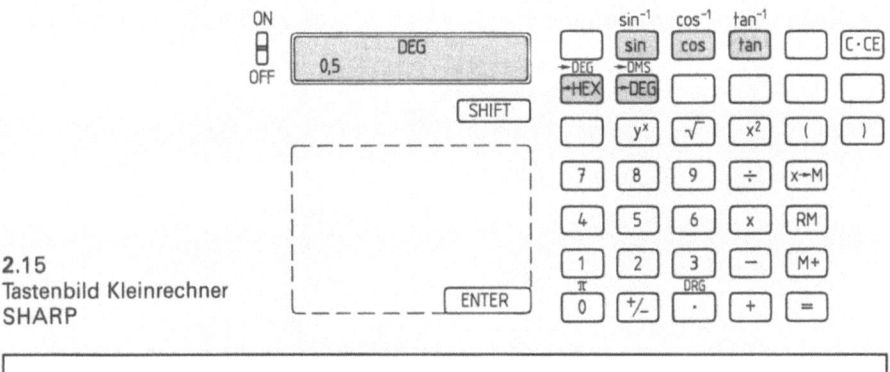

2.15
Tastenbild Kleinrechner
SHARP

DEG in der Anzeige = Winkelteilung 360°
GRAD in der Anzeige = Winkelteilung 400 gon

Das Umschalten von der 360°-Teilung in die 400-gon-Teilung geschieht entweder mit den Tasten [SHIFT] [DRG]
oder mit den Tasten [INV] [DRG] (zweimal tasten).

Beispiel 8 Gesucht wir der Sinus von 30° (Winkelteilung 360°)

1. Schritt Wenn in der Anzeige nicht DEG erscheint, [SHIFT] [DRG] oder [INV] [DRG] mehrfach drücken bis DEG erscheint.

2. Schritt Tastenfolge 30 [sin] – in der Anzeige erscheint 0,5

sin 30° = **0,5**

Beispiel 9 Gesucht wird der Winkel vom Sinus 0,5

Tastenfolge 0,5 [SHIFT] [sin] oder [INV] [sin] Ergebnis

α = **30°**

Beispiel 10 (nur für 360°-Teilung) Der Winkel 12°47′50″ soll in eine Dezimalzahl umgewandelt werden.

Tastenfolge 12,4750 [DEC]

α = **12,7972°**

Beispiel 11 (nur für 360°-Teilung) Ein Winkel von 24,2261° soll in Grad, Minuten und Sekunden umgerechnet werden.

Tastenfolge 24,2261 [SHIFT] [DMS]

Anzeige 24,1334 = **24°13′34″**

Die Funktionstasten [DEC] und [DMS] gibt es nicht bei allen Rechnern.

Beispiel 12 Sinusfunktion

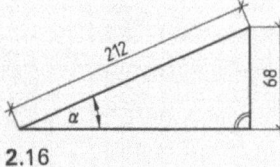

2.16

2.16 gesucht: ∡ α

$\sin \alpha = \dfrac{68 \text{ cm}}{212 \text{ cm}} = 0{,}3208$

α = **18,709°**

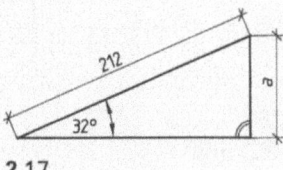

2.17

2.17 gesucht: Seite a

$\sin 32° = \dfrac{a}{212 \text{ cm}}$

a = 32° · 212 cm = 0,5299 · 212 cm

a = **112,34 cm**

Beispiel 12, Kosinusfunktion
Fortsetzung

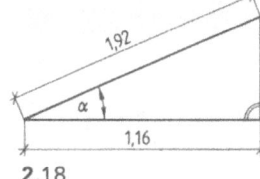

2.18

2.18 gesucht: ∢ α

$$\cos \alpha = \frac{1{,}16 \text{ m}}{1{,}92 \text{ m}} = 0{,}6042$$

$$\alpha = \mathbf{52{,}831°}$$

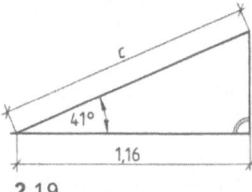

2.19

2.19 gesucht: Hypotenuse c

$$\cos 41° = \frac{1{,}16}{c}$$

$$c = \frac{1{,}16}{\cos 41°} = \frac{1{,}16}{0{,}7547} = \mathbf{1{,}537 \text{ m}}$$

Tangensfunktion (Kotangensfunktion)

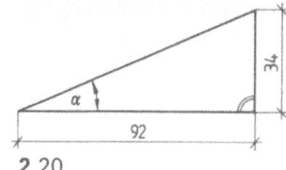

2.20

2.20 gesucht: ∢ α

$$\tan \alpha = \frac{34 \text{ cm}}{92 \text{ cm}} = 0{,}3696$$

$$\alpha = \mathbf{20{,}2836°}$$

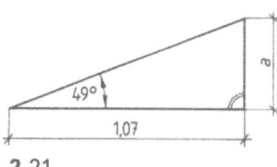

2.21

2.21 gesucht: Seite a

$$\tan 49° = \frac{a}{1{,}07 \text{ m}}$$

$$a = \tan 49° \cdot 1{,}07 \text{ m} = \mathbf{1{,}23 \text{ m}}$$

Aufgaben

8. Berechnen Sie die gesuchten Größen in den rechtwinkligen Dreiecken **2.22** a bis h.

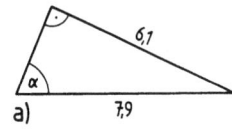
a)

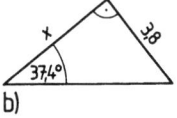
b)

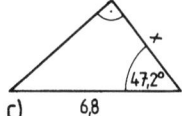
c)

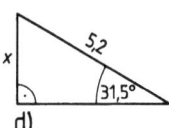
d)

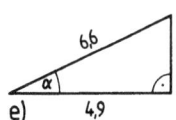
e)

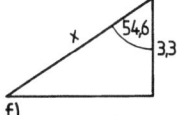
f)

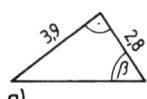
g)

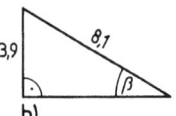
h)

2.22 Rechtwinklige Dreiecke

9. Berechnen Sie die Dachneigungswinkel **2.23**.

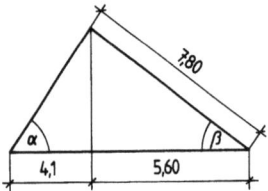

2.23 Dachneigung

10. a) Wie groß ist der Böschungswinkel α im Bild **2.24**?
    b) Wie lang ist die Böschung?

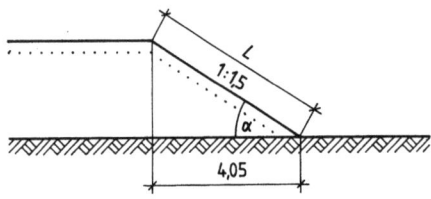

2.24 Böschung

11. Eine Straße hat 12% Gefälle. Welchem Neigungswinkel entspricht diese Angabe?

12. Der Graph der Funktion $y = f(x) = \frac{1}{4}x - 2$ hat einen bestimmten Steigungswinkel. Wie groß ist er?

13. Gegeben sind die rechtwinkligen Koordinaten eines Punktes P (6,0/4,2). Berechnen Sie ersatzweise die Polarkoordinaten (r/φ).

14. Ein Punkt ist durch einen Polarkoordinaten bestimmt: P (5,3/111°). Wie lauten seine rechtwinkligen Koordinaten?

15. Unter welchem Winkel schneiden sich die Diagonalen eines normgerechten DIN A4-Zeichenblatts?

16. Rechnen Sie folgende Winkelangaben in Neu- bzw. Altgrad um.
    a) 30°, 45°, 60°, 180°, 211°
    b) 20^g, 50^g, 105^g, 250^g, 330^g

3 Statische Berechnungen

3.1 Lastannahmen nach DIN 1055

Zum Berechnen eines Bauteils (z. B. einer Stahlbetondecke) müssen die an diesem Bauteil angreifenden Lasten bekannt sein. Wir unterscheiden ständig wirkende Lasten (Eigenlasten) und Verkehrslasten. Aus beiden Lasten ergibt sich die Gesamtbelastung eines Bauteils (**3.1**).

Tabelle 3.1 Gesamtbelastung eines Bauteils

Belastung	Dimension	Beschreibung
Eigenlast (ständige Last)	beim Flächenbauteil g in kN/m^2 bei Einzellast (z. B. Stütze) G in kN	alle unveränderlichen Lasten, z. B. Stahlbetondecke zuzüglich Estrich, Mauerwerk, Fußbodenbelag
Verkehrslast	beim Flächenbauteil (z. B. Decke) p in kN/m^2 bei Einzellast (z. B. Stützen, Pfeiler) P in kN	alle veränderlichen oder beweglichen Belastungen des Bauteils, z. B. Lagerstoffe, Schnee, Fahrzeuge, Wind, Möbel, Menschen

Die Summe der gleichmäßig verteilten Lasten bezeichnen wir mit q.
$g + p = q$
Allgemein gilt: Eigenlast + Verkehrslast = Gesamtlast

Beispiel 1 Die Gesamtlast für die Stahlbetondecke **3.2** in einem Wohnhaus ist zu ermitteln. Lastannahmen nach DIN 1055 (**3.3**).

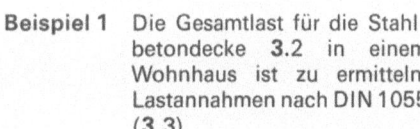
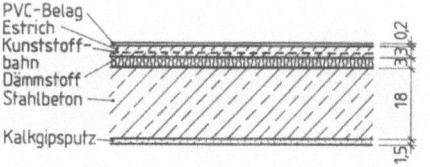

3.2 Stahlbetondecke, Aufbau (Maße in cm)

Eigenlast
PVC-Belag	$0,15\ kN/m^2 \cdot 0,2\ cm$	$= 0,03\ kN/m^2$
Estrich	$0,22\ kN/m^2 \cdot 3,0\ cm$	$= 0,66\ kN/m^2$
Kunststoffbahn		$= 0,02\ kN/m^2$
Dämmstoff	$0,01\ kN/m^2 \cdot 3,0\ cm$	$= 0,03\ kN/m^2$
Stahlbeton	$25,00\ kN/m^2 \cdot 0,18\ m$	$= 4,50\ kN/m^2$
Putz	$0,18\ kN/m^2$ (15 mm dick)	$= 0,18\ kN/m^2$
	ständige Last g	$= 5,42\ kN/m^2$

Verkehrslast
lotrechte Last für Wohnräume p		$= 1,50\ kN/m^2$
	Gesamtlast q	$= \mathbf{6,92\ kN/m^2}$

Die Lastannahmen in DIN 1055 sind in kN/m^2 je cm Einbaudicke oder in kN/m^3 oder je Schicht (Lage) angegeben (**3.3**).

Tabelle 3.3 **Lastannahmen nach DIN 1055** (Auszug)

I Eigenlasten von Baustoffen	Rechenwert in kN/m² je cm Dicke
1 Deckenplatten	
1.1 Stahlbetondecken	0,25
1.2 Gasbetondecken ($\varrho = 0{,}6$ t/m³)	0,072
2 Fußboden- und Wandbeläge	
2.1 Gußasphalt	0,23
2.2 Zementestrich	0,22
2.3 Keramische Bodenfliesen einschl. Mörtelbett	0,22
2.4 Kunststoffbeläge (z. B. PVC)	0,15
2.5 Teppichböden	0,03
3 Sperr- und Dämmstoffe	
3.1 Faserdämmstoffe	0,01
3.2 Holzwolleleichtbauplatten, 15 mm dick	0,06
25 mm dick	0,05
3.3 Korkplatten	0,012
3.4 Schaumkunststoffplatten	0,004
3.5 Kunststoffbahnen	0,02 kN/m²
4 Putze	Rechenwert in kN/m²
4.1 Gipsputz, 15 mm dick	0,18
4.2 Kalkgipsputz, 15 mm dick	0,18
4.3 Kalkzementputz, 20 mm dick	0,40
4.4 Zementputz, 20 mm dick	0,42
II Lotrechte Verkehrslasten für Deckenplatten	Rechenwert in kN/m²
1 Decken mit ausreichender Querverteilung der Lasten	1,5
2 Balkone, Laubengänge über 10 m² Grundfläche	3,5
3 Balkone, Laubengänge und Loggien bis 10 m²	5,0
4 Büroräume	2,0
5 Zufahrten und Rampen in Garagen und Parkhäusern	5,0

Aufgaben

1. Bestimmen Sie die Gesamtlast der Decke 3.4 über einem Kriechkeller.
2. Berechnen Sie die Gesamtlast für eine Geschoßdecke in einem Bürogebäude (3.5).
3. Wie groß ist die Gesamtlast je m² Grundfläche für die Rampe 3.6 innerhalb eines Parkhauses?

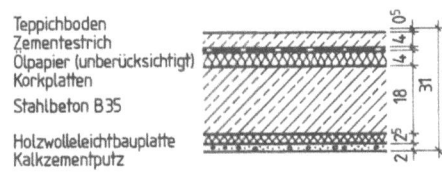

3.5 Geschoßdecke

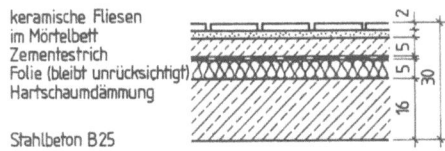

3.4 Decke über Kriechkeller

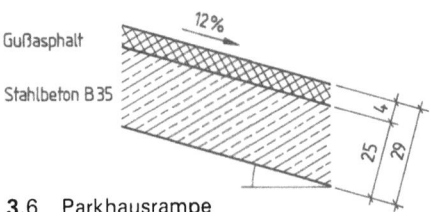

3.6 Parkhausrampe

3.2 Auflagerberechnung

Die einzelnen Bauteile eines Bauwerks übertragen die Gesamtlasten in den Baugrund. Stahlbetondecken übertragen die Lasten über Deckenauflager ins Mauerwerk. Die Deckenauflager müssen die Lasten im Gleichgewicht halten. Bei den angreifenden Lasten unterscheiden wir

- horizontale Kräfte H,
- vertikale Kräfte V,
- Momente M.

Tabelle 3.7 **Auflager**

Auflagerart	Welche Lasten werden aufgenommen?
bewegliches Auflager (3.8a)	nur vertikale Kräfte
festes Auflager (3.8b)	vertikale und horizontale Kräfte
eingespanntes Auflager (3.8c)	vertikale, horizontale Kräfte und Momente

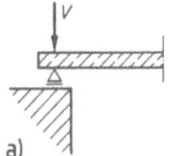 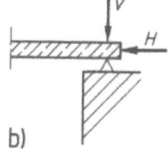 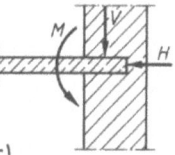

3.8 Auflagerarten
a) bewegliches Lager, b) festes Lager, c) eingespanntes Lager

Soll ein Bauteil (z. B. eine Stahlbetondecke) Lasten aufnehmen und weiterleiten, müssen die Auflager so groß sein, daß sie die übertragenden Lasten im Gleichgewicht halten – es muß Gleichgewicht herrschen.

Gleichgewichtsbedingungen
Summe (Σ) aller Vertikalkräfte = 0 $\Sigma V = 0$
Summe aller Horizontalkräfte = 0 $\Sigma H = 0$
Summe aller Momente = 0 $\Sigma M = 0$

(Gewichtskräfte und Momente s. Baufachrechnen 1, Abschn. 4.2/4.4)

Die Belastung der Träger, Balken oder Platten ist sehr vielfältig. Für uns soll es genügen, 3 verschiedene Lastfälle zu betrachten, wobei jeder Fall unter Auslassung des immer vorhandenen Eigengewichts ein rein theoretisches Denkmodell darstellt.

3.2.1 Auflagerkräfte bei Trägern auf zwei Stützen

Beim Berechnen der Auflagerkräfte eines Trägers auf zwei Stützen wird der Träger als Hebel angenommen. Den Drehpunkt wählt man wechselseitig im Auflager A und Auflager B (3.9). Da-

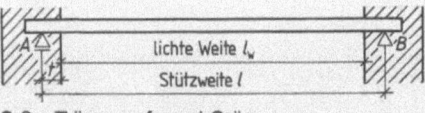

3.9 Träger auf zwei Stützen

durch wird das jeweilige Moment aus der noch unbekannten Auflagerkraft mal dem zugehörigen Hebelarm zu Null. Die linksdrehenden Momente erhalten ein negatives, die rechtsdrehenden ein positives Vorzeichen.

a) Berechnen der Stützweite l_1

Überschlägige Auflagertiefen verschiedener Bauteile

Bauteile	Auflagertiefe t in cm
Stahlbetondecke auf Mauerwerk	7
Stahlbetonbalken auf Mauerwerk	10
Stahlträger	12 bzw. = h des Trägers
Holzbalken	10

$$\text{Stützweite } l = l_w + 2 \cdot \frac{t}{2} = l_w + t = \text{lichte Weite} + \text{Auflagertiefe}$$

In der Praxis wird die Stützweite l überschlägig ermittelt: $l = 1{,}05 \cdot l_w$

Beispiel 2 Für einen Stahlbetonbalken mit der Höhe $h = 38$ cm ist die Stützweite l genau und überschlägig zu berechnen. Der Stahlbetonbalken ist beidseitig auf Mauerwerk gelagert. Die lichte Weite beträgt 4,01 m.

$l = l_w + t = 4{,}01 \text{ m} + 0{,}10 \text{ m} = \mathbf{4{,}11 \text{ m}}$ bzw. $l = 1{,}05 \cdot 4{,}01 \text{ m} = \mathbf{4{,}21 \text{ m}}$

Beispiel 3 Ein Fenstersturz (IPB 120) soll eine 2,51 m große Öffnung überdecken. Wie groß ist die Stützweite l?

$l = 2{,}51 \text{ m} + 0{,}12 \text{ m} = \mathbf{2{,}63 \text{ m}}$ bzw. $l = 1{,}05 \cdot 2{,}51 \text{ m} = \mathbf{2{,}64 \text{ m}}$

b) Berechnen der Auflagerkraft in A

Der Drehpunkt wird in Auflager B angenommen (3.10). Der Träger ist mit einer Einzellast F_1 (Stütze) belastet. Alle übrigen Lasten bleiben unberücksichtigt.

$\Sigma M = 0 \Rightarrow -F_1 \cdot b + A \cdot l = 0 \quad A = \dfrac{F_1 \cdot b}{l}$

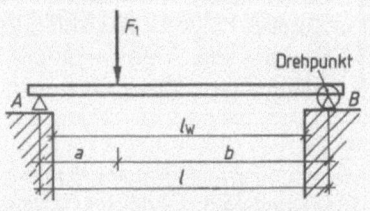

c) Berechnen der Auflagerkraft in B

Der Drehpunkt wird in A angenommen.

$\Sigma M = 0 \Rightarrow +F_1 \cdot a - B \cdot l = 0 \quad B = \dfrac{F_1 \cdot a}{l}$

3.10 Einfeldträger mit Einzellast

d) Gleichgewichtsbedingung $\Sigma V = 0$

Die Summe aller vertikalen Kräfte muß bei Gleichgewicht gleich Null sein. Die nach oben gerichteten Kräfte erhalten ein negatives, die nach unten gerichteten ein positives Vorzeichen.

$\Sigma V = 0 \Rightarrow -(A + B) + F_1 = 0 \quad A = F_1 - B \quad B = F_1 - A$

e) Die Berechnung der Auflagerkraft in einem Auflager kann auch über Differenzbildung erfolgen, wenn die Kraft im anderen Auflager bekannt ist.

Beispiel 4 Gesucht wird die Auflagerkraft in A. Die Auflagerkraft in B und die Kraft F_1 sind bekannt.

$\Sigma V = 0 \Rightarrow -A - B + F_1 = 0$
$A = F_1 - B$

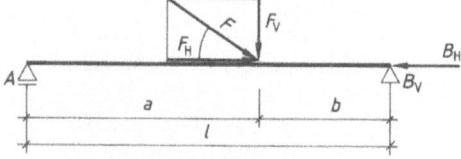

f) In dem Träger auf zwei Stützen **3.10** treten keine horizontalen Kräfte auf. Horizontale Kräfte können nur von festen Auflagern übernommen werden.

3.11 Träger auf zwei Stützen

$\Sigma H = 0$

g) Treten schräg angreifende Lasten an einem System auf, müssen wir zuerst die Kraft in Vertikal- und Horizontalanteil F_V und F_H zerlegen. Das Kräfteparallelogramm zeigt die Beziehungen zwischen F und F_V sowie F und F_H (**3.11**).

$\cos\alpha = \dfrac{F_V}{F} \Rightarrow F_V = F \cdot \cos\alpha \qquad \sin\alpha = \dfrac{F_H}{F} \Rightarrow F_H = F \cdot \sin\alpha$

Die Berechnung der Auflagerkräfte erfolgt für A und B_V wie unter b) und c) beschrieben. F_H wird voll und ganz vom Auflager B (festes Auflager) aufgenommen. Daraus folgt:

$B_H = F_H$

Beispiel 5 Für den Stahlträger mit zwei Einzellasten **3.12** sind die Auflagerkräfte A und B zu ermitteln. Das Eigengewicht des Trägers bleibt hier unberücksichtigt.

Drehpunkt in A
$-B \cdot l + F_1 \cdot 1{,}50 \text{ m} + F_2 \cdot 6{,}00 \text{ m} = 0$
$-B \cdot 8{,}00 \text{ m} + 5{,}6 \text{ kN} \cdot 1{,}50 \text{ m} + 3{,}0 \text{ kN} \cdot 6{,}00 \text{ m} = 0$
$-B \cdot 8{,}00 \text{ m} = -26{,}4 \text{ kNm}$
$B = \mathbf{3{,}3 \text{ kN}}$

Drehpunkt in B
$+A \cdot l - F_1 \cdot 6{,}5 \text{ m} - F_2 \cdot 2{,}00 \text{ m} = 0$
$+A \cdot 8{,}00 \text{ m} - 5{,}6 \text{ kN}$
$\quad \cdot 6{,}50 \text{ m} - 3{,}0 \text{ kN} \cdot 2{,}00 \text{ m} = 0$
$+A \cdot 8{,}00 \text{ m} = 42{,}4 \text{ kNm}$
$A = \mathbf{5{,}3 \text{ kN}}$

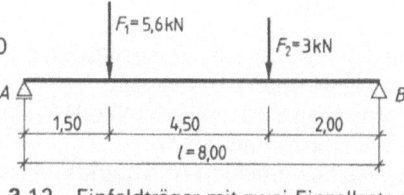

$\Sigma V = \mathbf{0}$ (Kontrolle)
$+F_1 + F_2 - A - B = 0$
$+5{,}6 \text{ kN} + 3{,}0 \text{ kN} - 5{,}3 \text{ kN} - 3{,}3 \text{ kN} = 0$
$+8{,}6 \text{ kN} - 8{,}6 \text{ kN} = 0$

3.12 Einfeldträger mit zwei Einzellasten (Maße in m)

Berechnung der Auflagerkraft in B über Differenzbildung
$+F_1 + F_2 - A - B = 0$
$B = F_1 + F_2 - A = 5{,}6 \text{ kN} + 3{,}0 \text{ kN} - 5{,}3 \text{ kN}$
$B = \mathbf{3{,}3 \text{ kN}}$

Aufgaben

1. Auf einen Stahlträger wirken die Kräfte F_1, F_2 und F_3 (**3.13**). Berechnen Sie die Auflagerkräfte in A und B.

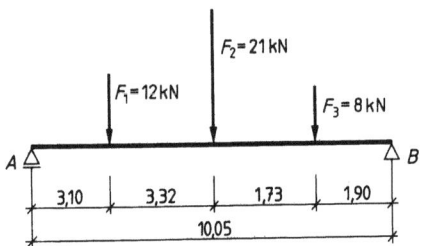

3.13 Einfeldträger mit drei Einzellasten (Maße in m)

2. Beim Einfeldträger **3.14** sind die Kraft $F = 24$ kN und die Auflagerkraft $A = 12$ kN bekannt. Berechnen Sie
   a) den Abstand x der Kraft F vom Auflager A aus,
   b) das Auflager B.
   c) Das Maß x soll ⅓ der Stützweite von 12,10 m betragen. Berechnen Sie Auflager A und B.

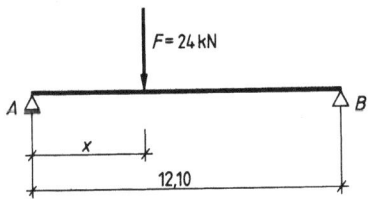

3.14 Träger auf zwei Stützen mit Einzellast (Maße in m)

3. Der Einfeldträger **3.15** ist mit der Kraft $F = 12$ kN unter 45° belastet.
   a) Wie groß sind die Vertikalkraft F_V und die Horizontalkraft F_H?
   b) Welche vertikalen Auflagerkräfte treten in A und B auf?
   c) Welches Auflager nimmt die horizontale Kraft auf?
   d) Wie groß ist die horizontale Auflagerkraft?

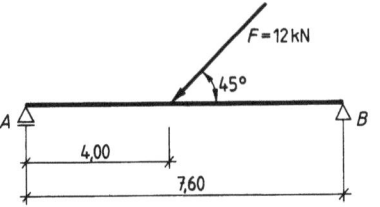

3.15 Träger mit Schräglast (Maße in m)

4. Berechnen Sie zum Einfeldträger **3.16** die Auflagerkräfte A und B
   a) bei der vorgegebenen Belastung,
   b) bei Wegfall der Einzellast F_5,
   c) bei Verminderung der Einzellasten F_1 und F_2 um 10%.

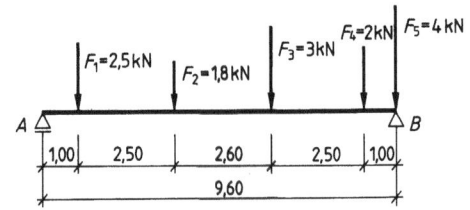

3.16 Einfeldträger mit fünf Einzellasten (Maße in m)

5. Der Stahlträger **3.17** ist mit einer vertikalen Einzellast F_2 und einer Einzellast F_1 unter 60° Neigung gegen die Trägerachse belastet. Berechnen Sie
   a) die Summe aller Vertikalkräfte F_V,
   b) die vertikalen Auflagerkräfte in A und B,
   c) die vom Auflager B aufzunehmende Horizontalkraft.

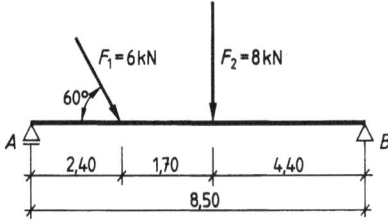

3.17 Einfeldträger mit vertikaler und schräger Einzellast (Maße in m)

3.2.2 Auflagerkräfte bei Einfeldträgern mit Kragarm

Beim Berechnen eines Trägers auf zwei Stützen mit Kragarm wird für die Ermittlung der Auflagerkraft A der Träger als zweiseitiger Hebel angenommen, wobei der Drehpunkt in B liegt. Beim Berechnen der Auflagerkraft B liegt der Drehpunkt in A (einseitiger Hebel). Auch hier gelten die Gleichgewichtsbedingungen

$\Sigma H = 0$ $\qquad\qquad \Sigma V = 0 \qquad\qquad \Sigma M = 0$

Beispiel 6 Die Auflagerkräfte für den Träger auf zwei Stützen mit Kragarm sind zu berechnen (3.18). Der Träger ist mit Einzellasten belastet. Das Eigengewicht des Trägers bleibt wiederum unberücksichtigt.

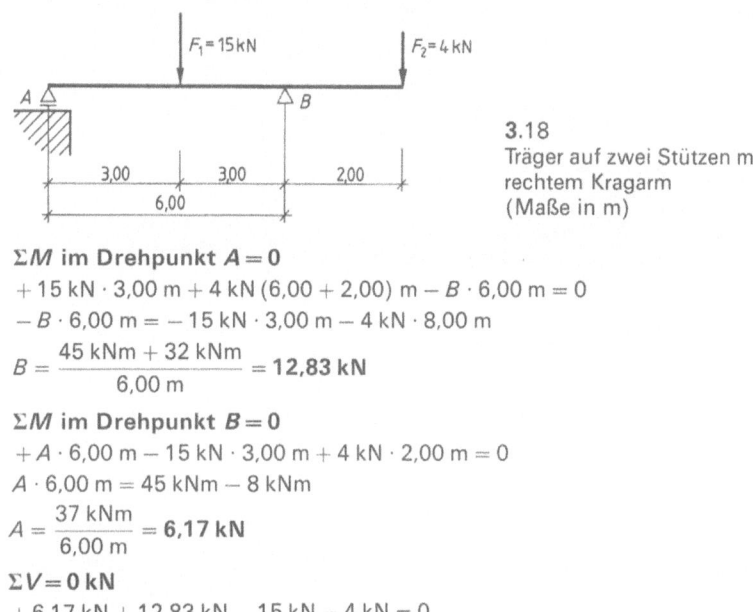

3.18 Träger auf zwei Stützen mit rechtem Kragarm (Maße in m)

ΣM im Drehpunkt $A = 0$
$+ 15\ \text{kN} \cdot 3{,}00\ \text{m} + 4\ \text{kN}\ (6{,}00 + 2{,}00)\ \text{m} - B \cdot 6{,}00\ \text{m} = 0$
$- B \cdot 6{,}00\ \text{m} = - 15\ \text{kN} \cdot 3{,}00\ \text{m} - 4\ \text{kN} \cdot 8{,}00\ \text{m}$

$B = \dfrac{45\ \text{kNm} + 32\ \text{kNm}}{6{,}00\ \text{m}} = \mathbf{12{,}83\ kN}$

ΣM im Drehpunkt $B = 0$
$+ A \cdot 6{,}00\ \text{m} - 15\ \text{kN} \cdot 3{,}00\ \text{m} + 4\ \text{kN} \cdot 2{,}00\ \text{m} = 0$
$A \cdot 6{,}00\ \text{m} = 45\ \text{kNm} - 8\ \text{kNm}$

$A = \dfrac{37\ \text{kNm}}{6{,}00\ \text{m}} = \mathbf{6{,}17\ kN}$

$\Sigma V = 0\ \text{kN}$
$+ 6{,}17\ \text{kN} + 12{,}83\ \text{kN} - 15\ \text{kN} - 4\ \text{kN} = 0$
Horizontale Kräfte sind nicht vorhanden.

Aufgaben

6. Berechnen Sie die Auflagerkräfte in A und B für den Stahlträger 3.19.

7. Für den Träger auf zwei Stützen mit linkem Kragarm in Bild 3.20 sind die Auflagerkräfte A und B zu ermitteln.

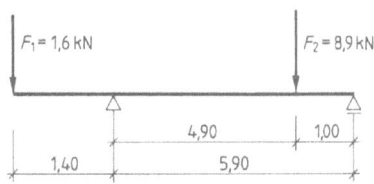

3.19 Einfeldträger mit rechtem Hebelarm (Maße in m)

3.20 Einfeldträger mit linkem Hebelarm (Maße in m)

3.2.3 Auflagerkräfte bei Trägern auf zwei Stützen mit gleichmäßig verteilter Last

Beim Berechnen eines Trägers mit gleichmäßiger Last ($q = g + p$) können wir die Auflagerkräfte durch eine einfache Überlegung bestimmen: Jedes Auflager hat die Hälfte der Gesamtlast zu tragen (**3.21**). Die Gesamtlast läßt sich zusammenfassen zu $F_Q = q \cdot l$.

Zur Überprüfung verwenden wir die 3. Gleichgewichtsbedingung, nämlich $\Sigma M = 0$. Hierzu brauchen wir den Lastschwerpunkt. Er liegt bei gleichmäßig verteilter Last in der Mitte des Lastrechtecks, also bei $l/2$ (**3.22**).

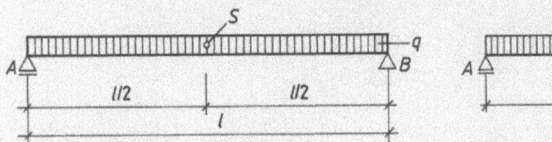
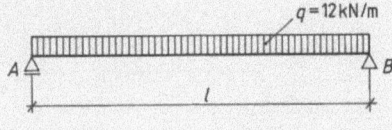

3.21 Auflager

3.22 Träger mit gleichmäßig verteilter Last

Berechnen der Auflagerkraft A (Drehpunkt in B):

$$\Sigma M = 0 \qquad A \cdot l - q \cdot l \cdot \frac{l}{2} = 0 \qquad A = q \cdot \frac{l}{2} \qquad A = B = \frac{q \cdot l}{2} \qquad F_Q = q \cdot l$$

Beispiel 7 (3.23) $A = B = \dfrac{10 \text{ kN/m} \cdot 5{,}00 \text{ m}}{2} = 25 \text{ kN}$

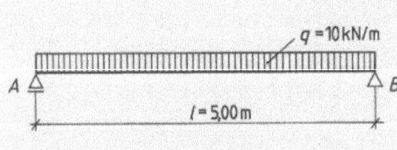
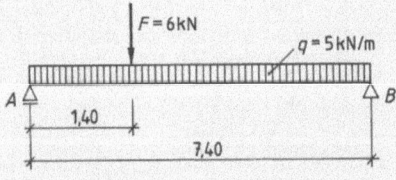

3.23 Einfeldträger

3.24 Träger mit gemischter Belastung (Maße in m)

Beispiel 8 Bei einer gemischten Belastung werden die Auflagerkräfte für beide Lastfälle berechnet und zusammengefügt (3.24).

$F_Q = 5 \text{ kN/m} \cdot 7{,}4 \text{ m} = 37 \text{ kN}$
$l_Q = 7{,}40 \text{ m} : 2 = 3{,}70 \text{ m}$

Drehpunkt in A
$-B \cdot 7{,}4 \text{ m} + 6 \text{ kN} \cdot 1{,}4 \text{ m} + 37 \text{ kN} \cdot 3{,}7 \text{ m} = 0$
$B = \mathbf{19{,}64 \text{ kN}}$

Drehpunkt in B
$+A \cdot 7{,}4 \text{ m} - 6 \text{ kN} \cdot 6{,}0 \text{ m} - 37 \text{ kN} \cdot 3{,}7 \text{ m} = 0$
$A = \mathbf{23{,}36 \text{ kN}}$
$\Sigma V = 0 \qquad 6 \text{ kN} + 37 \text{ kN} - 19{,}64 \text{ kN} - 23{,}36 \text{ kN} = 0$
$43 \text{ kN} - 43 \text{ kN} = 0$

Praxisgerechter ist die Berechnung mit Hilfe der gefundenen und in jedem Tabellenbuch nachschlagbaren Formeln (z. B. Wendehorst, Bautechnische Zahlentafeln).

$$A = \frac{q \cdot l}{2} + \frac{F \cdot b}{l} = \frac{5 \text{ kN/m} \cdot 7{,}40 \text{ m}}{2} + \frac{6 \text{ kN} \cdot 6{,}00 \text{ m}}{7{,}40 \text{ m}} = 23{,}36 \text{ kN}$$

$$B = \frac{q \cdot l}{2} + \frac{F \cdot a}{l} = \frac{5 \text{ kN/m} \cdot 7{,}40 \text{ m}}{2} + \frac{6 \text{ kN} \cdot 1{,}40 \text{ m}}{7{,}4} = 19{,}64 \text{ kN}$$

Aufgaben

8. Berechnen Sie die Auflagerkräfte zu den Bildern **3.25** a bis c.

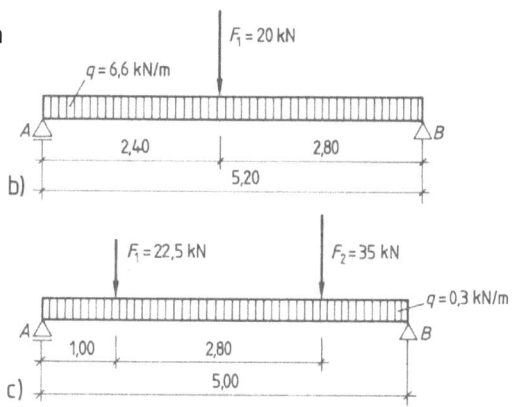

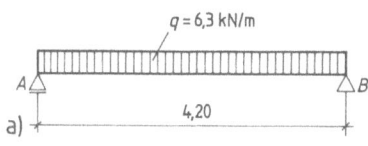

3.25 Einfeldträger mit gemischter Belastung (Maße in m)

3.2.4 Auflagerkräfte bei Trägern auf zwei Stützen mit Teilstreckenlast

Häufig haben wir im Bauwesen auch mit anderen Lastfällen zu tun. Die Teilstreckenlast q über eine bestimmte Länge c gehört zu ihnen (3.26). Um ihren Einfluß auf die Auflagerkräfte zu ermitteln, bestimmen wir wiederum die Gesamtlast $F_Q = q \cdot c$. Sie greift im Schwerpunkt der Teilstreckenlast an, also bei $c/2$. Wir bezeichnen den Abstand des Schwerpunkts vom Auflager A als a, den vom Auflager B als b und kommen so zu einem Ersatzsystem, das uns bereits bekannt ist (3.27):

$$A = \frac{F_Q \cdot b}{l} \qquad B = \frac{F_Q \cdot a}{l}$$

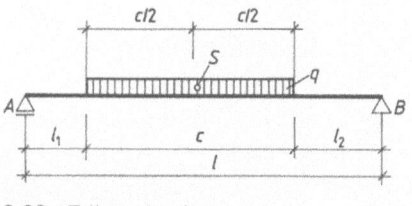

3.26 Teilstreckenlast

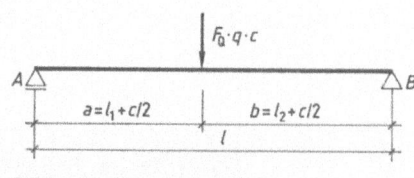

3.27 Ersatzsystem

Beispiel 9 Träger auf 2 Stützen mit Teilstreckenlast, Eigengewicht bleibt unberücksichtigt (**3.28**).
Wir berechnen zunächst F_Q und die Schwerpunktabstände a und b.

$F_Q = 3,5 \text{ kN/m} \cdot 3,00 \text{ m} = 10,5 \text{ kN}$

$a = 1,10 \text{ m} + \dfrac{3,00 \text{ m}}{2} = 2,60 \text{ m}$

$b = 1,50 \text{ m} + \dfrac{3,00 \text{ m}}{2} = 3,00 \text{ m}$

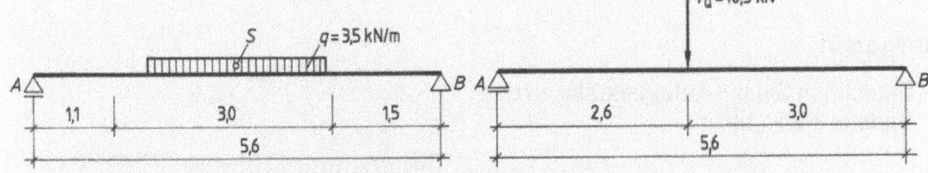

3.28 Träger auf zwei Stützen mit Teilstreckenlast

3.29 Ersatzsystem

Zur besseren Veranschaulichung zeichnen wir uns wieder das Ersatzsystem auf (**3.29**). Nun ergeben sich für die Auflagerkräfte:

$A = \dfrac{10,5 \text{ kN} \cdot 3,00 \text{ m}}{5,60 \text{ m}} = \mathbf{5{,}625 \text{ kN}}$

$B = \dfrac{10,5 \text{ kN} \cdot 2,60 \text{ m}}{5,60 \text{ m}} = \mathbf{4{,}875 \text{ kN}}$

Probe: $\Sigma V = 0 \quad F_Q - A - B = 0$
$\qquad\qquad 10,500 \text{ kN} - 5,625 \text{ kN} - 4,875 \text{ kN} = 0 \text{ kN}$

Beispiel 10 Träger auf 2 Stützen mit gemischter Belastung (**3.30**).
Wir bestimmen wieder die Ersatzlasten sowie die Schwerpunktabstände und zeichnen das Ersatzsystem (**3.31**).

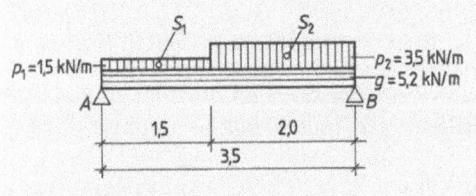
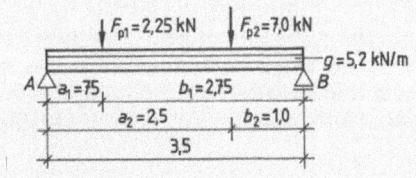

3.30 Träger auf zwei Stützen mit gemischter Belastung

3.31 Ersatzsystem

$F_{P1} = 1,5 \text{ kN/m} \cdot 1,50 \text{ m} = 2,25 \text{ kN}$

$a_1 = \dfrac{1,50 \text{ m}}{2} = 0,75 \text{ m}$

$b_1 = 2,00 \text{ m} + \dfrac{1,50 \text{ m}}{2} = 2,75 \text{ m}$

Beispiel 10, Fortsetzung

$F_{P2} = 3{,}5 \text{ kN/m} \cdot 2{,}00 \text{ m} = 7{,}0 \text{ kN}$

$a_2 = 1{,}50 \text{ m} + \dfrac{2{,}00 \text{ m}}{2} = 2{,}50 \text{ m}$

$b_2 = \dfrac{2{,}00 \text{ m}}{2} = 1{,}00 \text{ m}$

Jetzt berechnen wir die Auflagerkräfte als Summe der Einflüsse aus den drei Lasten g, F_{P1} und F_{P2}.

$A = \dfrac{g \cdot l}{2} + \dfrac{F_{P1} \cdot b_1}{l} + \dfrac{F_{P2} \cdot b_2}{l}$

$A = \dfrac{5{,}2 \text{ kN/m} \cdot 3{,}50 \text{ m}}{2} + \dfrac{2{,}25 \text{ kN} \cdot 2{,}75 \text{ m}}{3{,}50 \text{ m}} + \dfrac{7{,}0 \text{ kN} \cdot 1{,}00 \text{ m}}{3{,}50 \text{ m}} = 12{,}868 \text{ kN}$

$B = \dfrac{g \cdot l}{2} + \dfrac{F_{P1} \cdot a_1}{l} + \dfrac{P_{P2} \cdot a_2}{l}$

$B = \dfrac{5{,}2 \text{ kN/m} \cdot 3{,}50 \text{ m}}{2} + \dfrac{2{,}25 \text{ kN} \cdot 0{,}75 \text{ m}}{3{,}50 \text{ m}} + \dfrac{7{,}0 \text{ kN} \cdot 2{,}50 \text{ m}}{3{,}50 \text{ m}} = 14{,}582 \text{ kN}$

Andere Lastfälle (z. B. Dreiecks- oder Trapezlasten) lassen sich mit dem Prinzip der Ersatzlasten unter Berücksichtigung der richtigen Schwerpunktabstände genauso berechnen. Dazu müssen wir nur wissen, daß der Schwerpunkt eines Dreiecks in den Drittelspunkten liegt.

Beispiel 11 (3.32)

$F_{Q2} = \dfrac{q_2 \cdot l}{2}$

$a = \dfrac{2}{3} l$

$b = \dfrac{1}{3} l$

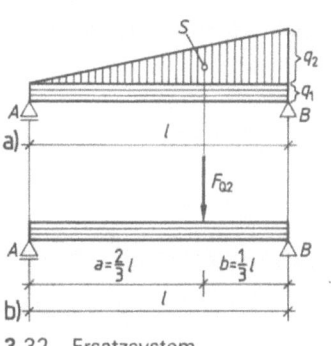

3.32 Ersatzsystem

Aufgaben

9. Bestimmen Sie die Auflagerkräfte für die Einfeldsysteme **3.33** unter Verwendung von Ersatzsystemen.

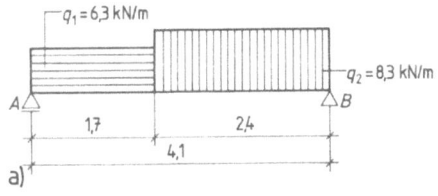
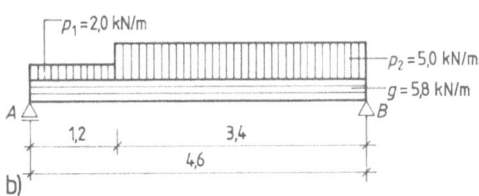

3.33 Einfeldsysteme (Fortsetzung s. S. 42)

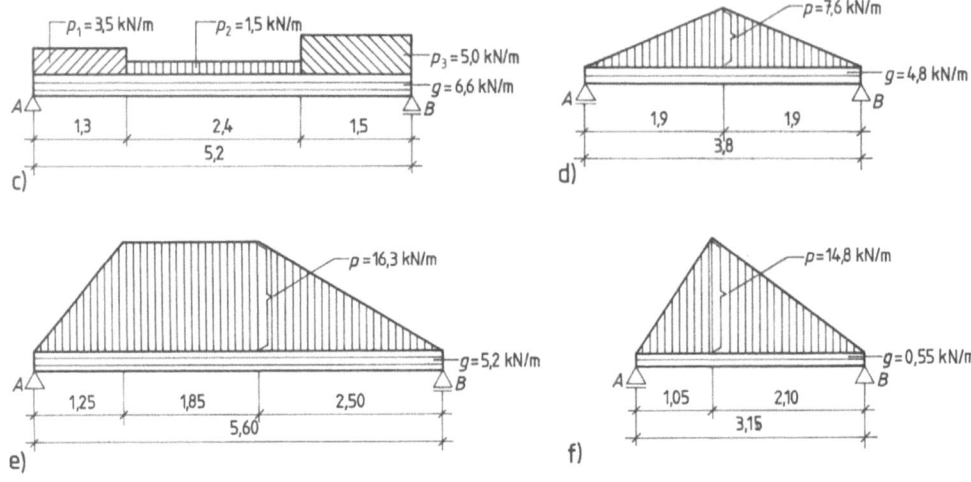

c) d) e) f)

3.33 Fortsetzung

3.2.5 Auflagerkräfte bei Trägern auf zwei Stützen mit Kragarm und gemischter Belastung

Bei Systemen mit Kragarm berechnen wir die Auflager entweder über den Momentensatz oder durch Kombination der Auflagereinflüsse der verschiedenen Lastfälle anhand des Tabellenbuchs.

Beispiel 12 (3.34) Wir bestimmen die Ersatzlasten, wobei wir zweckmäßig die Lasten im Feld und auf dem Kragarm zu q_1 und q_2 zusammenfassen. Für die Gleichstreckenlast q_1 im Kragarmbereich ergibt sich

$q_1 = g + p_1 = 5{,}2$ kN/m $+ 5{,}0$ kN/m $= 10{,}2$ kN/m,

für die Gleichstreckenlast q_2 zwischen den Auflagern entsprechend

$q_2 = g + p_2 = 5{,}2$ kN/m $+ 1{,}5$ kN/m $= 6{,}7$ kN/m.

Daraus ergeben sich die Ersatzlasten

$F_{Q1} = 10{,}2$ kN/m $\cdot 1{,}60$ m $= 16{,}32$ kN,

$F_{Q2} = 6{,}7$ kN/m $\cdot 4{,}50$ m $= 30{,}15$ kN.

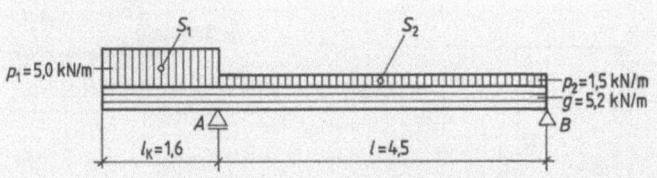

3.34 Träger auf zwei Stützen mit Kragarm und gemischter Belastung

Beispiel 12, Wir zeichnen das Ersatzsystem unter Berücksichtigung der Schwerpunkt-
Fortsetzung abstände und wenden $\Sigma M = 0$ an (3.35).

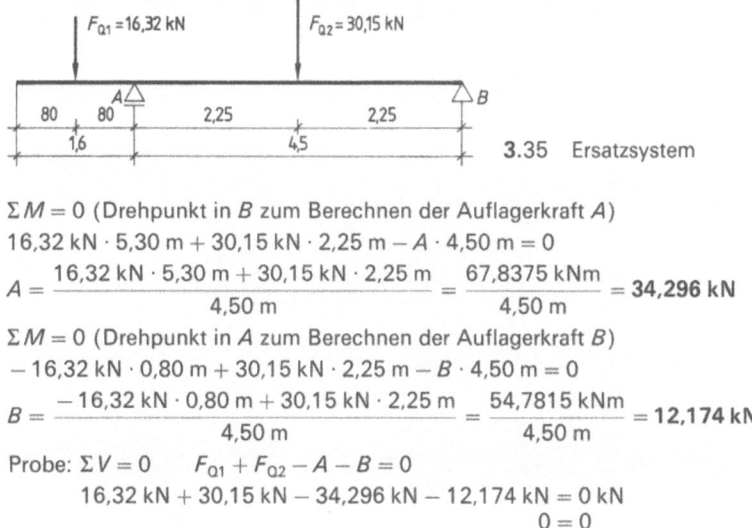

3.35   Ersatzsystem

$\Sigma M = 0$ (Drehpunkt in B zum Berechnen der Auflagerkraft A)
16,32 kN · 5,30 m + 30,15 kN · 2,25 m − A · 4,50 m = 0

$$A = \frac{16{,}32 \text{ kN} \cdot 5{,}30 \text{ m} + 30{,}15 \text{ kN} \cdot 2{,}25 \text{ m}}{4{,}50 \text{ m}} = \frac{67{,}8375 \text{ kNm}}{4{,}50 \text{ m}} = \textbf{34{,}296 kN}$$

$\Sigma M = 0$ (Drehpunkt in A zum Berechnen der Auflagerkraft B)
− 16,32 kN · 0,80 m + 30,15 kN · 2,25 m − B · 4,50 m = 0

$$B = \frac{-16{,}32 \text{ kN} \cdot 0{,}80 \text{ m} + 30{,}15 \text{ kN} \cdot 2{,}25 \text{ m}}{4{,}50 \text{ m}} = \frac{54{,}7815 \text{ kNm}}{4{,}50 \text{ m}} = \textbf{12{,}174 kN}$$

Probe: $\Sigma V = 0$ $F_{Q1} + F_{Q2} - A - B = 0$
16,32 kN + 30,15 kN − 34,296 kN − 12,174 kN = 0 kN
0 = 0

Beachten Sie, daß bei sehr hohen Belastungen im Kragarmbereich und geringer Feldbelastung auch abhebende Wirkungen auf Auflager eintreten können. Die betreffende Auflagerkraft ergibt sich dann mit negativem Vorzeichen.

Aufgaben

10. Bestimmen Sie die Auflagerreaktionen für die Kragsysteme **3.36**.

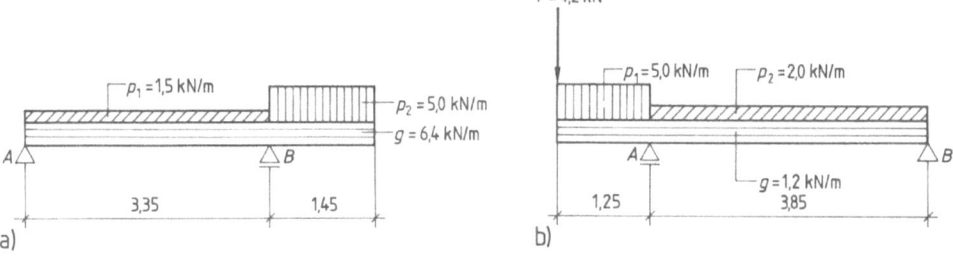

3.36   Kragsysteme

3.3 Druckfestigkeit von Trägerauflagern

Die Auflagerkräfte erzeugen in den Auflagern Druckspannungen. Diese Druckspannungen müssen immer kleiner sein als die zulässigen Druckspannungen des Materials, aus dem die Auflager hergestellt sind (z. B. Mauerwerk oder Beton; s.a. Baufachrechnen 1, Abschn. 4).

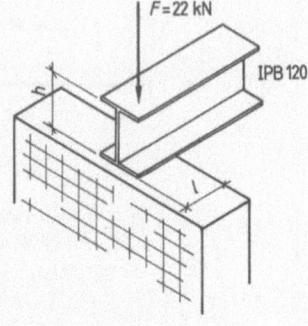

Beispiel 13 Als Sturz über einem Durchgang wird ein IPB 120-Träger eingebaut und auf Mauerwerk aus Vollziegeln Mz 6 in Mörtelgruppe II aufgelegt (**3.27**). σ_{zul} für Mauerwerk = 0,9 MN/m². Wie groß ist die erforderliche Auflagerfläche?

$$A_{erf} = \frac{F_{vorh}}{\sigma_{zul}} = \frac{0,022 \text{ MN}}{0,9 \text{ MN/m}^2} = 0,024 \text{ m}^2$$

3.37 Trägerauflager

Die Breite der Auflagerfläche ist durch die Flanschbreite des IPB 120 mit 12,0 cm festgelegt.

$$\text{Auflagerlänge } l = \frac{A_{erf}}{\text{Flanschbreite}} = \frac{0,024 \text{ m}^2}{0,12 \text{ m}} = 0,20 \text{ m}$$

Die Auflagerlänge soll etwa der Trägerhöhe h entsprechen. Das ist hier der Fall, da der IPB 120 12 cm hoch ist.

Aufgaben

1. Der Deckenbalken **3.38** ist beidseitig auf Mauerwerk aufgelegt. Das Mauerwerk besteht aus Hochlochziegeln A, Mörtelgruppe II, zulässige Druckspannung 0,9 MN/m². Berechnen Sie die Auflagerlänge l.

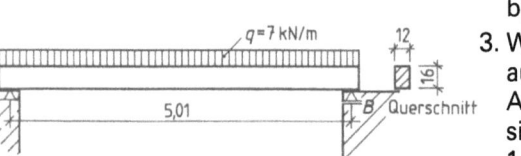

3.38 Deckenbalken (Maße in cm/m)

2. Der breite I-Träger IPB 240-DIN 1025 ist auf ein Widerlager aus Beton B 25, $\sigma_{zul} = 7,0$ MN/m² aufgelegt (**3.39**). Berechnen Sie ohne Berücksichtigung des Eigengewichts
a) die erforderliche Auflagerlänge l,
b) die Schnittlänge des Trägers.

3. Wie groß ist die Auflagerkraft in kN, die aufgenommen werden kann, wenn die Auflagerlänge 20 cm und die zulässige Druckspannung des Mauerwerks 1,0 N/mm² (1 MN/m² = 1 N/mm²) betragen (**3.40**)?

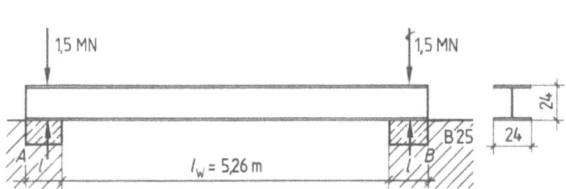

3.39 Trägerauflager (Maße in cm/m)

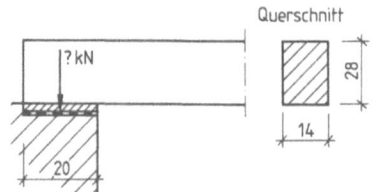

3.40 Balkenauflager (Maße in cm)

3.4 Berechnen der Querkräfte und Momente

Besonders für die Bauzeichner im Ingenieurbau ist es wichtig zu wissen, nach welchen Kriterien die Bemessung erfolgt. Für die erforderliche Schubbewehrung sind die maximalen Schubspannungen, für die Feld- und Stützenbewehrung das jeweils größte Feld- oder Stützmoment ausschlaggebend.

Unter der Querkraft Q_x an einer beliebigen Stelle eines statischen Systems auf 2 Stützen verstehen wir die Summe aller Vertikalkräfte links o d e r rechts von der Betrachtungsstelle x aus. Dabei definieren wir die Vorzeichen der Vertikalkräfte bei Betrachtung des linken Trägerteils als positiv, wenn sie nach oben gerichtet sind, und negativ, wenn sie nach unten wirken. Betrachten wir hingegen den rechten Trägerteil, verwenden wir für die nach oben gerichteten Vertikalkräfte das negative und für die nach unten gerichteten das positive Vorzeichen. Am besten veranschaulichen wir uns die Vorzeichenregelung an einem beliebigen System (**3.41**).

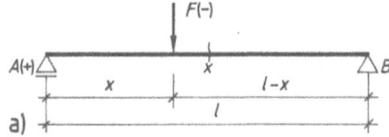 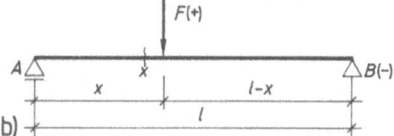

3.41 Vorzeichenregelung
  a) Betrachtung des linken Trägerteils, b) des rechten Trägerteils

Unter dem Moment M_x an einer beliebigen Stelle x eines statischen Systems verstehen wir die Summe aller Momente links oder rechts vom Schnitt. Bei Betrachtung des linken Trägerteils erhalten alle im Uhrzeigersinn drehenden Momente ein positives, alle entgegen dem Uhrzeigersinn drehenden Momente ein negatives Vorzeichen. Bei Betrachtung des rechten Trägerteils sind die Vorzeichen für die im Uhrzeigersinn drehenden Momente negativ und entgegengesetzt wirkenden Momente entsprechend positiv anzusetzen. Die grafische Veranschaulichung der Vorzeichenregelung zeigt Bild **3.42**.

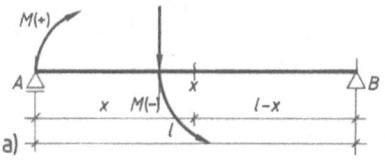 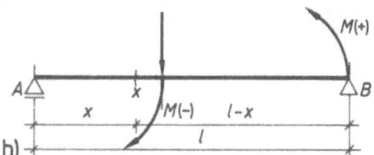

3.42 Vorzeichenregelung
  a) Betrachtung des linken Trägerteils, b) des rechten Trägerteils

3.4.1 Träger auf zwei Stützen mit einer Einzellast F

Um Querkräfte und Momente berechnen zu können, müssen wir zunächst die Auflagerkräfte, dann die Querkräfte bestimmen (3.43).

Auflagerkräfte

$$A = \frac{F \cdot b}{l} \qquad B = \frac{F \cdot a}{l}$$

Querkräfte. Bei der Berechnung und maßstäblichen Darstellung der Querkräfte ist zu beachten, daß an der Stelle einer Einzellast (also bei A, F und B) jeweils zwei verschiedene Werte für die Querkraft vorhanden sind: einer mit und einer ohne Berücksichtigung der betreffenden Einzelkraft.

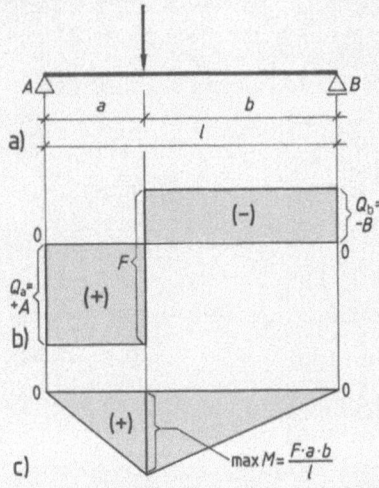

$Q_{A\,li} = 0$

$Q_{A\,re} = +A = +\dfrac{F \cdot b}{l}$

$Q_{F\,li} = +A$

$Q_{F\,re} = +A - F = -B = -\dfrac{F \cdot a}{l}$

$Q_{B\,li} = -B$

$Q_{B\,re} = 0$

3.43 Träger auf zwei Stützen mit Einzellast
a) System
b) Querkraft-Fläche
Maßstab der Kräfte: 1 cm ≙ ? kN
c) Momenten-Fläche, Maßstab der Momente: 1 cm ≙ ? kNm

Wir stellen fest, daß bei diesem Lastfall an der Stelle F ein Vorzeichenwechsel erfolgt.

Die Momente berechnen wir an den schon bekannten Stellen, wobei aus den 3 Gleichgewichtsbedingungen folgt:

$\Sigma M_A = 0 \qquad \Sigma M_B = 0$

Das Moment an der Stelle F berechnet man entweder aus

$$M_F = A \cdot a = \frac{F \cdot b}{l} \cdot a = \frac{F \cdot a \cdot b}{l}$$

oder aus dem rechten Trägerteil resultierend

$$M_F = B \cdot b = \frac{F \cdot a}{l} \cdot b = \frac{F \cdot a \cdot b}{l}.$$

Das Moment an einer beliebigen Stelle x des Systems ergibt sich somit aus

$M_x = A \cdot x \quad \text{oder} \quad M_x = B \cdot (l - x)$.

Der Momentenverlauf bei diesem System entspricht also linearen Funktionen.

$y = f(x) = A \cdot x \quad \text{bzw.} \quad y = f(x) = B \cdot (l - x)$

Das heißt, es handelt sich um Geraden, die unter F ihren Schnittpunkt haben. Hier tritt offensichtlich auch max M auf.

Beispiel 14 Führen Sie die Schnittkraftermittlung für das System 3.44 durch. Zeichnen Sie die Q- und M-Fläche im geeigneten Maßstab.

Auflagerkräfte

$A = \dfrac{26{,}3 \text{ kN} \cdot 1{,}40 \text{ m}}{4{,}70 \text{ m}}$

$A = 7{,}834 \text{ kN}$

$B = \dfrac{26{,}3 \text{ kN} \cdot 3{,}30 \text{ m}}{4{,}70 \text{ m}}$

$B = 18{,}466 \text{ kN}$

Querkräfte

$Q_{A\,li} = Q_{B\,re} = 0$

$Q_{A\,re} = +A = +\mathbf{7{,}834 \text{ kN}} = Q_{F\,li}$

$Q_{F\,re} = A - F = 7{,}834 \text{ kN} - 26{,}3 \text{ kN}$

$Q_{F\,re} = -\mathbf{18{,}466 \text{ kN}} = Q_{B\,li}$

Momente

$M_A = 0 = M_B$

$M_F = A \cdot a = 7{,}834 \text{ kN} \cdot 3{,}3 \text{ m}$

$M_F = \mathbf{25{,}852 \text{ kNm}} = \max M$

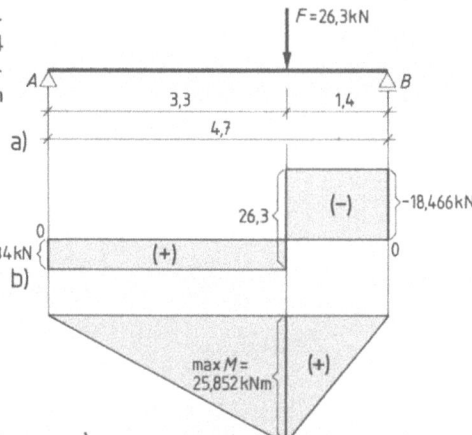

3.44 Träger
a) System
b) Q-Fläche
  M.d.K.: 1 cm ≙ 10 kN
c) M-Fläche
  M.d.M.: 1 cm ≙ 10 kNm

3.4.2 Träger auf zwei Stützen mit Gleichstreckenlast q (3.45)

Auflager

$A = B = \dfrac{q \cdot l}{2}$

Querkräfte

$Q_{A\,li} = 0 = Q_{B\,re} \qquad A_{A\,re} = +A = +\dfrac{q \cdot l}{2}$

$Q_x = +A - q \cdot x$

$Q_{B\,li} = +A - q \cdot l = \dfrac{q \cdot l}{2} - q \cdot l$

$Q_{B\,li} = \dfrac{q \cdot l}{2} - \dfrac{2q \cdot l}{2} = -\dfrac{q \cdot l}{2} = -B$

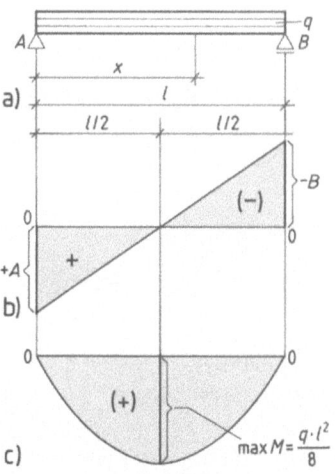

Aus der allgemeinen Form $Q_x = A - q \cdot x$ erkennen wir, daß es sich hier um eine lineare Funktion handelt. Von $+A$ nach $-B$ verläuft demnach eine Gerade, die genau bei $l/2$ in den negativen Bereich übergeht. Die Steigung der Geraden ist q.

3.45 Träger auf zwei Stützen mit Gleichstreckenlast
a) System
b) Querkraft-Fläche
  M.d.K.: 1 cm ≙ ? kN
c) Momenten-Fläche
  M.d.M.: 1 cm ≙ ? kNm

47

Momente

$M_A = M_B = 0$

$M_x = A \cdot x - q \cdot x \cdot \dfrac{x}{2} = A \cdot x - \dfrac{q \cdot x^2}{2}$

$M_{\frac{l}{2}} = A \cdot \dfrac{l}{2} - q \cdot \dfrac{l}{2} \cdot \dfrac{l}{4}$

$M_{\frac{l}{2}} = q \cdot \dfrac{l}{2} \cdot \dfrac{l}{2} - q \cdot \dfrac{l}{2} \cdot \dfrac{l}{4} = q \cdot \dfrac{l^2}{4} - q \cdot \dfrac{l^2}{8}$

$M_{\frac{l}{2}} = \dfrac{q \cdot l^2}{8} = \max M$

Wir sehen, daß der Graph von $M_x = A \cdot x - q \cdot x^2/2$ eine Parabel werden muß, da es sich um eine quadratische Funktion handelt.

Beispiel 15 Bestimmen Sie die Schnittkräfte und zeichnen Sie die Q- und M-Fläche (3.46).

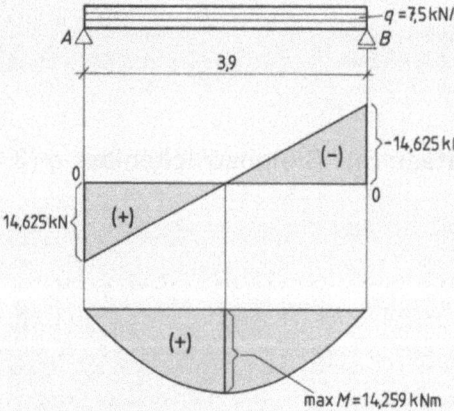

3.46
a) System
b) Querkraft-Fläche
 M. d. K.: 1 cm ≙ 10 kN
c) Momenten-Fläche
 M. d. M.: 1 cm ≙ 10 kNm

Auflagerkräfte

$A = B = \dfrac{7{,}5 \text{ kN/m} \cdot 3{,}90 \text{ m}}{2} = 14{,}625 \text{ kN}$

Querkräfte

$Q_{A\text{li}} = Q_{B\text{re}} = 0$
$Q_{A\text{re}} = +A = +\mathbf{14{,}625 \text{ kN}}$
$Q_{B\text{li}} = A - q \cdot l = 14{,}625 \text{ kN} - 7{,}5 \text{ kN/m} \cdot 3{,}9 \text{ m} = \mathbf{-14{,}625 \text{ kN}} = -B$

Momente

$M_A = M_B = 0$
$\max M = \dfrac{q \cdot l^2}{8} = \dfrac{7{,}5 \text{ kN/m} \cdot 3{,}90 \text{ m} \cdot 3{,}90 \text{ m}}{8} = \mathbf{14{,}259 \text{ kNm}}$

3.4.3 Träger auf zwei Stützen mit Gleichstreckenlast q und Einzellast F (3.47)

Auflager

$$A = \frac{q \cdot l}{2} + \frac{F \cdot b}{l}$$

$$B = \frac{q \cdot l}{2} + \frac{F \cdot a}{l}$$

Querkräfte

$Q_{Ali} = Q_{Bre} = 0$

$Q_{Fli} = A - q \cdot a$

$Q_{Fre} = Q_{Fli} - F = A - q \cdot a - F$

$Q_{Bli} = -B$

Allgemein gilt für Q_x am linken Teil des Trägers

$Q_x = A - q \cdot x - F$

oder für den rechten Trägerteil

$Q_x = -B + q \cdot x$.

Die Querkräfte nehmen also von A nach B hin linear ab. An der Stelle der Einzellast F tritt ein Versprung um den Betrag von F auf. Die Steigung der Geraden links und rechts von F ist gleich, nämlich gleich q. Das Vorzeichen der Querkraft wechselt hinter F, so daß wir an dieser Stelle wieder das maximale Moment erwarten.

Momente

$M_A = M_b = 0$

$M_F = A \cdot a - q \cdot a \cdot \frac{a}{2}$

$M_F = \frac{q \cdot l \cdot a}{2} - \frac{q \cdot a^2}{2} = \max M$

Hierbei handelt es sich wieder um eine quadratische Funktion, also um eine Parabel mit dem Scheitelpunkt unter F.

Beispiel 16 Bestimmen Sie die Schnittkräfte und zeichnen Sie die Q- und M-Fläche nach Bild 3.48.

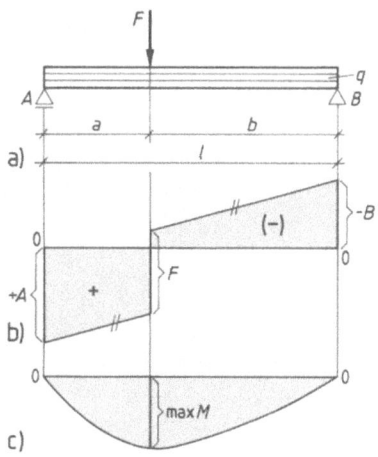

3.47 Träger auf zwei Stützen mit Gleichstrecken- und Einzellast
a) System
b) Q-Fläche M. d. K.: 1 cm $\hat{=}$? kN
c) M-Fläche M. d. M.: 1 cm $\hat{=}$? kNm

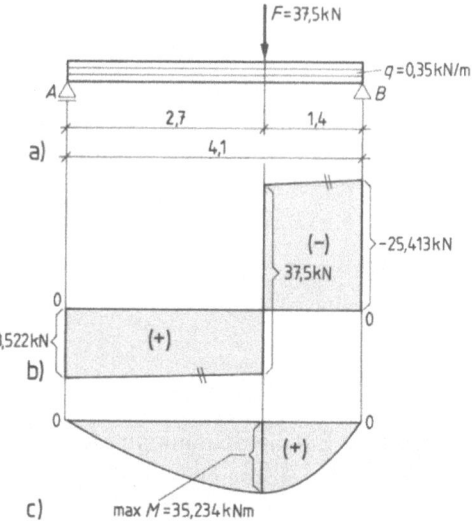

3.48 Träger
a) System
b) Q-Fläche M. d. K.: 1 cm $\hat{=}$ 10 kN
c) M-Fläche M. d. M.: 1 cm $\hat{=}$ 20 kNm

Beispiel 16, Fortsetzung

$$A = \frac{0{,}35 \text{ kN/m} \cdot 4{,}10 \text{ m}}{2} + \frac{37{,}5 \text{ kNm} \cdot 1{,}40 \text{ m}}{4{,}10 \text{ m}} = 13{,}522 \text{ kN}$$

$$B = 0{,}7175 \text{ kN} + \frac{37{,}5 \text{ kN} \cdot 2{,}70 \text{ m}}{4{,}10 \text{ m}} = 25{,}413 \text{ kN}$$

$Q_{Ali} = Q_{Bre} = 0$

$Q_{Are} = +A = +\mathbf{13{,}522 \text{ kN}}$

$Q_{Fli} = +A - q \cdot a = 13{,}552 \text{ kN} - 0{,}35 \text{ kN/m} \cdot 2{,}70 \text{ m} = \mathbf{12{,}577 \text{ kN}}$

$Q_{Fre} = Q_{Fli} - F = 12{,}577 \text{ kN} - 37{,}500 \text{ kN} = \mathbf{24{,}923 \text{ kN}}$

$Q_{Bli} = -B = \mathbf{25{,}413 \text{ kN}}$

$M_A = M_B = 0$

$M_F = \max M = A \cdot a - \dfrac{q \cdot a \cdot a}{2}$

$M_F = \max M = 13{,}522 \text{ kN} \cdot 2{,}7 \text{ m} - \dfrac{0{,}35 \text{ kN/m} \cdot 2{,}70^2 \text{ m}^2}{2} = \mathbf{35{,}234 \text{ kNm}}$

Aufgaben

1. Ermitteln Sie die Schnittkräfte für die Abfangeträger **3.49** aus Stahl (Eigengewicht soll vernachlässigt werden). Zeichnen Sie die Q- und M-Flächen im geeigneten Maßstab.

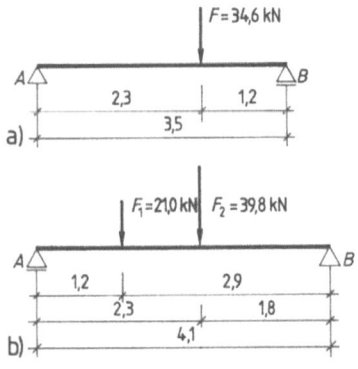

3.49 Abfangeträger

2. Bestimmen Sie die Schnittkräfte für die Deckenplatte **3.50** aus Stahlbeton. Zeichnen Sie die Q- und M-Fläche maßstäblich.

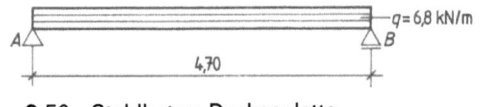

3.50 Stahlbeton-Deckenplatte

3. Berechnen Sie alle Schnittkräfte für die Systeme **3.51**. Zeichnen Sie die Q- und M-Flächen.

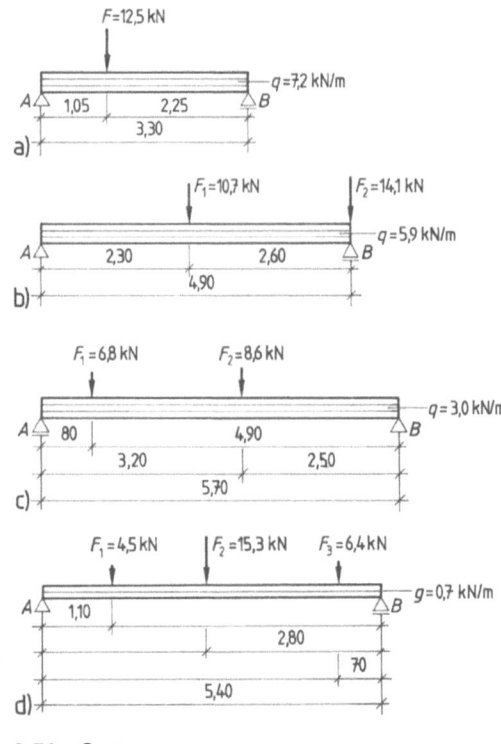

3.51 Systeme

3.5 Spannungsnachweis

Wirkt eine Kraft von außen auf einen Körper, setzt ihr der Körper eine innere Widerstandskraft entgegen. Diese innere Widerstandskraft bezeichnen wir als Spannung σ (sigma). Wir können sie berechnen, wenn die äußere Kraft F und die beanspruchte Querschnittsfläche A bekannt sind.

$$\text{Spannung} = \frac{\text{Kraft}}{\text{Querschnittsfläche}} \qquad \sigma = \frac{F}{A} \qquad \text{Einheiten: MN/m}^2 \text{ und N/mm}^2$$

Zu unterscheiden sind die Druck-, Knick-, Zug- und Schubspannung.

3.5.1 Druckspannung

In Bauteilen, die zusammengedrückt werden, entstehen Druckspannungen. Baustoffe wie Beton und Mauerwerk widerstehen auch hohen Druckspannungen, haben also eine hohe Druckfestigkeit. Hohe Druckfestigkeiten sind besonders in tragenden Bauteilen wie Wänden und Stützen oder Fundamenten erforderlich. Die zulässigen Druckspannungen sind genormt (3.52).

Tabelle 3.52 **Zulässige Druckspannungen** (Auswahl)

Gruppe			zul. σ	Gruppe			zul. σ
Holz (Güteklasse nach DIN 4074)				Mauerwerk mit Normalmörtel			
D $\parallel$	VH (NH)	III	6,0 MN/m²	MGr I		M 6	0,5 MN/m²
		II	8,5 MN/m²			M 8	0,6 MN/m²
		I	11,0 MN/m²	MGr II		M 6	0,9 MN/m²
D $\perp$	VH (NH)		2,0 MN/m²			M 12	1,2 MN/m²
				MGr III		M 6	1,2 MN/m²
Unbewehrter Beton (DIN 1045)						M 12	1,8 MN/m²
B 5			1,2 MN/m²				
B 10			2,3 MN/m²				
B 15			4,2 MN/m²				
B 25			7,0 MN/m²				

Nach Umstellen der Spannungsformel können wir die Kraft berechnen, die ein Querschnitt tragen kann.

$F = \sigma \cdot A$

Außerdem läßt sich die Querschnittsfläche berechnen, die bei einem bestimmten Baustoff und einer bekannten Last erforderlich wird (erf A).

$\text{erf } A = \dfrac{F}{\sigma}$ (Bemessungsformel)

Beispiel 17 Ein Mauerwerkspfeiler muß eine Kraft von 81 kN auf ein Fundament übertragen.
Berechnen Sie die auftretende Spannung zwischen Pfeiler und Fundament (3.53).
Nachweis:

Beton: $zul\,\sigma = 7{,}0\,\dfrac{N}{mm^2}$

Mauerwerk: $zul\,\sigma = 1{,}2\,\dfrac{N}{mm^2}$

$vorh\,\sigma = \dfrac{F}{A} = \dfrac{81\,000}{365\cdot 365}\left[\dfrac{N}{mm\cdot mm}\right]$

$vorh\,\sigma = 0{,}61\,\dfrac{N}{mm^2} < zul\,\sigma = 1{,}2\,\dfrac{N}{mm^2}$

Der schwächere Baustoff ist ausschlaggebend.

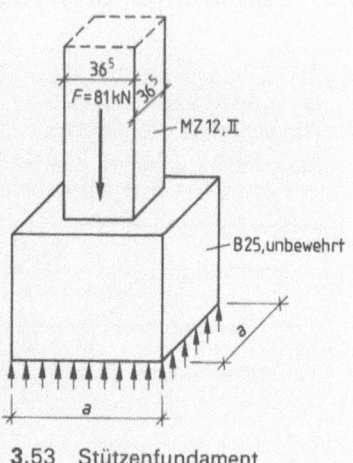

3.53 Stützenfundament

Aufgaben

1. Geben Sie zur Einübung die jeweils fehlenden Werte in der folgenden Tabelle an.

	$1{,}2\,\dfrac{N}{mm^2}$	MN/m²	N/mm²
a)	0,5 MN/m²	–	?
b)	200,0 N/mm²	?	–
c)	15,0 MN/m²	–	?
d)	12,0 kN/m²	?	?
e)	18,5 kN/m²	?	?

2. Ein Mauerpfeiler 36,5/36,5 cm wurde aus MZ 20, Mörtelgruppe II gemauert. Wieviel Last in MN kann der Pfeiler bei $zul.\,\sigma$ von 1,6 MN/m² aufnehmen?

3. Berechnen Sie die jeweils fehlenden Werte in der folgenden Tabelle.

	F		A		σ	
a)	600	kN	? m²		1,6	MN/m²
b)	?	MN	400 cm²		8,5	MN/m²
c)	?	MN	2500 cm²		15	N/mm²
d)	288	kN	0,49/0,49 m		?	MN/m²
e)	92	kN	? m²		0,1	MN/m²
f)	86	kN	? cm × 100 cm		0,19	MN/m²
g)	0,19	MN	1056 cm²		?	MN/m²
h)	?	MN	900 cm²		30	N/mm²

4. Ein Mauerpfeiler hat den Querschnitt 49/36,5 cm und eine Höhe von 3,52 m.
   a) Berechnen Sie die vorhandene Druckspannung an der Fuge Pfeiler/Fundament.
   b) Welche Last kann der Pfeiler bei Vollziegel MZ 12 in Kalkzementmörtel MG II aufnehmen?

Weitere Aufgaben s. Abschn. 6

3.5.2 Knickspannung

Stützen und Wände können, wenn sie durch Druck belastet werden, je nach Baustoff, Querschnittsform und Knickhöhe h_K seitlich ausweichen. D.h., sie knicken bei Überschreiten der zulässigen Belastung. Das Verhältnis von Knicklänge h_K zur kleinsten Querschnittsbreite $\min d$ bezeichnen wir als **Schlankheit** λ (lambda). Für zweiseitig gehaltene Wände gilt:

Knickhöhe $h_K = h$ (3.54)
Bei einer frei endenden Mauer (3.55) gilt die Regel:
$h_K = 2 \cdot h$

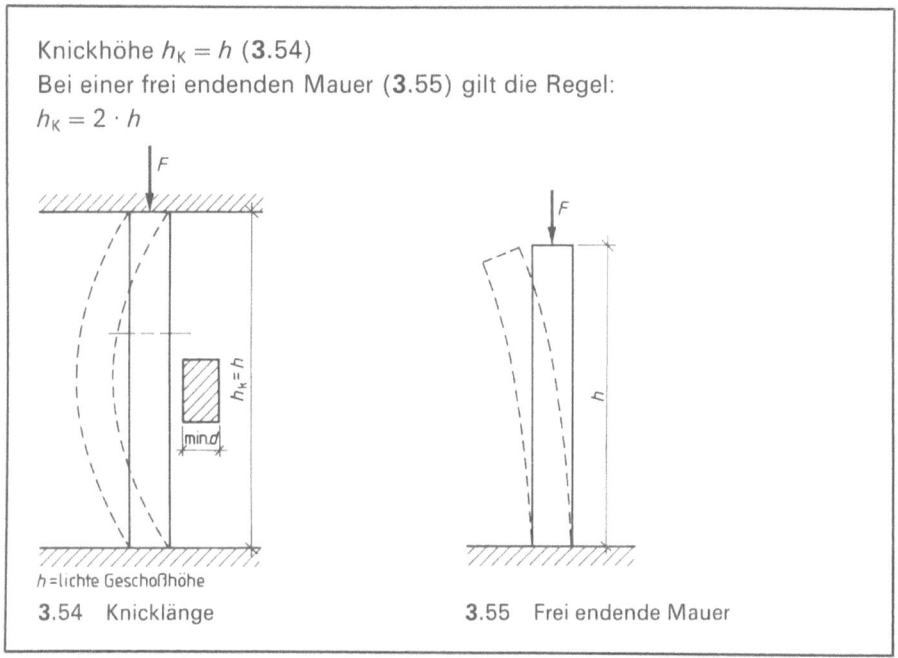

3.54 Knicklänge   3.55 Frei endende Mauer

Je nach Baustoff ist die zulässige Druckspannung zu vermindern, wenn die Schlankheit λ einen festgelegten Wert überschreitet (z.B. Mauerwerk $\lambda = 10$). Frei stehende Wände und Pfeiler mit einer Schlankheit $\lambda = 10$ gelten als **schlankes Mauerwerk**. Je nach Schlankheit vermindern sich die zulässigen Druckspannungen (3.56).

Tabelle 3.56 **Zulässige Druckspannung für Mauerwerk (ohne Schlankheit) in MN/m² nach DIN 1053 (Auswahl)**

$\lambda = \dfrac{h_K}{\min d}$	0,5	0,6	0,7	0,8	0,9
	\multicolumn{5}{c}{geminderte Druckspannung}				
12	0,3	0,4	0,5	0,6	0,6
14	–	0,3	0,3	0,4	0,4

Die Knickfestigkeit ist abhängig von Baustoff, Querschnittsform und Knicklänge h_K.

$$\text{Schlankheit} = \frac{\text{Knicklänge}}{\text{kleinste Querschnittsbreite}} \qquad \lambda = \frac{h_K}{\min d}$$

Beispiel 18 Ein gemauerter Pfeiler hat eine Querschnittsfläche von 49,0 cm × 36,5 cm. Er wird durch die Einzellast F mittig belastet. Die Eigenlast ist eingerechnet. Die Pfeilerhöhe beträgt $h = 2{,}55$ m (3.57). Berechnen Sie die Schlankheit des Pfeilers.

$h_K = 2 \cdot h = 2 \cdot 2{,}55$ m $= 5{,}10$ m

$\lambda = \dfrac{5{,}10 \text{ m}}{0{,}365 \text{ m}} = 13{,}97$,

gerundet $\lambda = 14$

Berechnung der abgeminderten Druckspannung nach Tab. 3.58.

Belastung $F = 72$ kN einschließlich der Eigenlast, zul. $\sigma = 0{,}9$ MN/m². Bei dieser Zulässigkeit ergibt sich bei einer Schlankheit $\lambda = 14$ ein abgemindertes zul. $\sigma = 0{,}4$ MN/m².

vorh. $\sigma = \dfrac{0{,}072 \text{ MN/m}^2}{0{,}49 \text{ m} \cdot 0{,}365 \text{ m}}$

$= \mathbf{0{,}40 \text{ MN/m}^2} \leq$ zul. σ

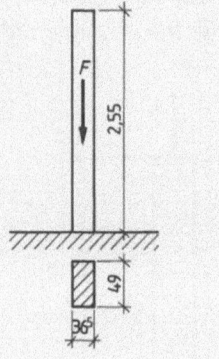

3.57 Pfeiler (Maße in m/cm)

3.5.3 Zugspannung

Die Baustoffe Holz und Stahl sind besonders geeignet, Zugspannungen aufzunehmen. Unbewehrter Beton und Mauerwerk eignen sich dagegen nicht zur Aufnahme von Zugspannungen.

Zugspannungen berechnet man nach den gleichen Formeln wie Druckspannungen, nur sind hier für zul. σ die Werte für Holz bzw. Stahl einzusetzen.

$$\text{Zugspannung} = \frac{\text{Zugkraft}}{\text{Querschnittsfläche}} \qquad \sigma = \frac{F}{A}$$

Beispiel 19 Ein Rundstahl St 37 soll eine Zugkraft von 67 kN aufnehmen. Zul. σ für Betonstahl St 37 = 160 N/mm². Welchen Durchmesser in mm muß der Stahl haben?

$\text{erf. } A = \dfrac{F}{\text{zul. } \sigma} = \dfrac{67\,000 \text{ N}}{160 \text{ N/mm}^2} = 418{,}75 \text{ mm}^2$

$A_{\text{Kreis}} = \dfrac{d^2 \cdot \pi}{4}$

$d_{\text{Kreis}} = \sqrt{\dfrac{4 \cdot A}{\pi}} = \sqrt{\dfrac{4 \cdot 418{,}75 \text{ mm}^2}{\pi}} = 23{,}1$ gewählt **24 mm**

Beispiel 20 Da ein Dachbinder (**3.58**) an seinen Auflagerpunkten nach rechts und links ausweichen kann, werden die Fußpunkte durch eine Doppelzange gehalten.

Die Doppelzange wird auf Zug beansprucht. Zul. σ für Nadelholz, Gruppe II = 8,5 MN/m² (**3.31**), Belastung parallel zur Faserrichtung des Holzes.

Welchen Querschnitt muß die Doppelzange haben, wenn die Zugkraft F = 0,21 MN beträgt?

$$A = \frac{F}{\sigma} = \frac{0{,}21 \text{ MN}}{8{,}5 \text{ MN/m}^2}$$

$= 0{,}0247 \text{ m}^2 = 247 \text{ cm}^2$

gewählt 2 · 8/16 = **256 cm²**

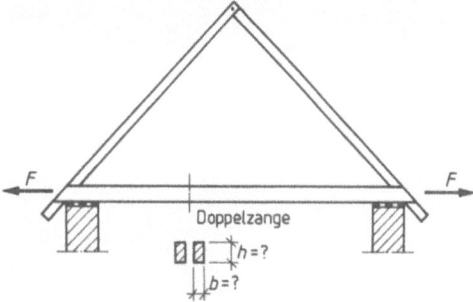

3.58 Dachbinder (Maße in cm)

Aufgaben

5. Berechnen Sie die Zugkraft F, die ein Kantholz 12/18 cm aus Nadelholz, Güteklasse I aufnehmen kann. Zul. σ = 10,5 MN/m². Ergebnis in MN.

6. Ein Zuganker soll aus St37 als Flachstahl von 10 mm Dicke hergestellt werden. Die Zugkraft F = 68 kN ist aufzunehmen. Zul. σ für St37 = 160 N/mm². Wie breit muß der Flachstahl gewählt werden?

7. Die Doppelzange ist durch einen Bolzen d = 20 mm im Querschnitt verringert (**3.59**). Für die Belastung durch die Zugkraft F muß dieser schwächste Querschnitt berechnet werden. Nadelholz, Güteklasse II, zul. σ = 8,5 MN/m², F = 0,068 MN.
Berechnen Sie die Höhe h der beiden Zangen.

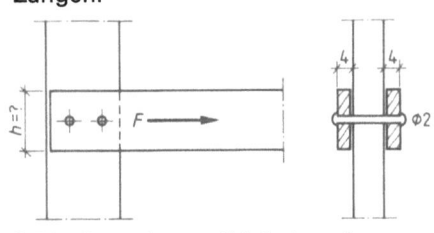

3.59 Doppelzange (Maße in cm)

8. Ein Rundstahl d = 25 mm soll eine Zugkraft von 60 kN aufnehmen. Wie groß ist die Zugspannung vorh. σ in N/mm²?

9. Ein Rundstahl aus St37 mit zul. σ = 160 N/mm² wird mit einer Zugkraft F = 0,18 MN belastet. Wie groß muß sein Durchmesser sein? (Runden Sie das Ergebnis auf volle 10 mm.)

10. Durch den beidseitigen Versatz wird der Querschnitt der Hängesäule **3.60** aus Nadelholz, Güteklasse II um 2 · 2 cm Breite geschwächt. Berechnen Sie die Last in kN, die die Hängesäule tragen kann.

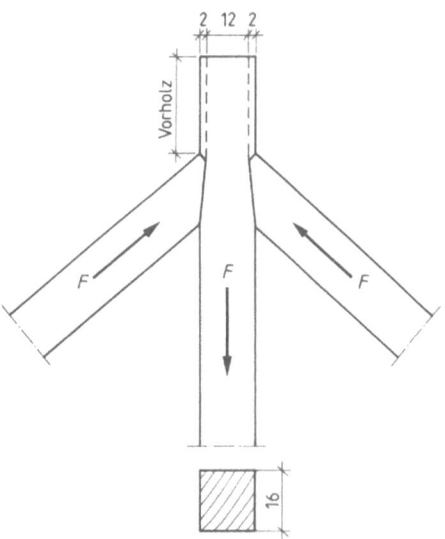

3.60 Hängesäule (Maße in cm)

3.5.4 Schubspannung

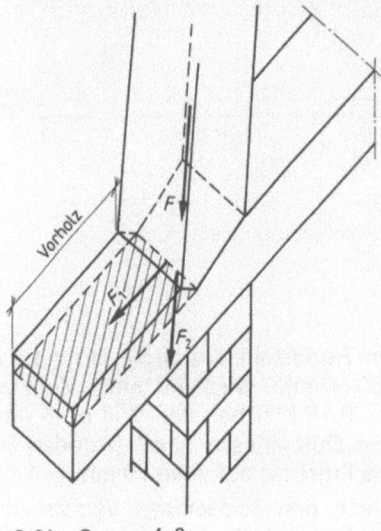

Schubspannungen wirken parallel zum beanspruchten Querschnitt. Verursacht werden sie durch Scherkräfte. So versucht die Kraft F_1 in Bild **3.61**, das Vorholz abzuschieben oder – besser gesagt – abzuscheren. Bei zu großer Kraft F_1 bzw. zu kurzem Vorholz wird dieses parallel zur Holzfaser abgeschert (s. a. Baufachrechnen 1, S. 113ff.). Die auf Abscheren beanspruchte Querschnittsfläche (in Bild **3.61** schraffiert) muß also groß genug sein, um die zulässige Schubspannung nicht zu überschreiten.

Die für Druck- und Zugspannungen verwendeten Formeln gelten auch für die Schubspannung τ (Tau).

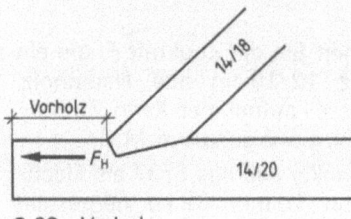

3.61 Sparrenfuß   **3.62** Vorholz

$$\text{Schubspannung} = \frac{\text{Scherkraft}}{\text{Querschnittsfläche}} \qquad \tau = \frac{F}{A}$$

Beispiel 21 Berechnen Sie die Vorholzlänge am Sparrenfuß **3.62** bei einer waagerechten Scherkraft von 59 kN. Es handelt sich um Nadelholz, GK II, zul. $\tau = 0{,}9$ MN/m².

$$\tau = \frac{F}{A} \quad \text{erf.} A = \frac{F}{\tau} = \frac{0{,}059 \text{ MN}}{0{,}9 \text{ MN/m}^2} = 0{,}06555 \text{ m}^2 \triangleq 656 \text{ cm}^2$$

$$\text{erf.} l = \frac{656 \text{ cm}^2}{14 \text{ cm}} = \mathbf{47\ cm}$$

Aufgaben

11. Für die Hauptsäule **3.60** ist die Vorholzlänge in cm zu berechnen. Nadelholz, GK II, zul. $\tau = 0{,}9$ MN/m², Scherkraft $F = 0{,}08$ MN.

12. Berechnen Sie die größte Last F in kN, die bei der Konstruktion **3.63** aufgenommen werden kann. Nadelholz GK II, zul. $\tau = 0{,}9$ MN/m².

Weitere Aufgaben s. Abschn. 7

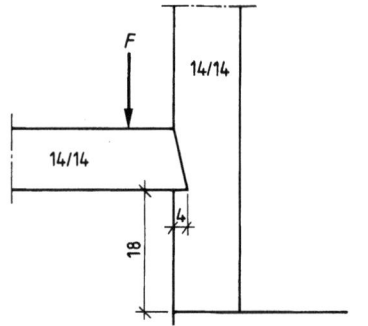

3.63 Holzverbindung (Maße in cm)

4 Planungsdaten und Kalkulationsgrundlagen

4.1 Planungsdaten

Grundstücke können nicht beliebig bebaut werden. Eine ganze Reihe von Baugesetzen und baulichen Auflagen sind bei der Planung zu berücksichtigen. Sie können von Bundesland zu Bundesland sehr unterschiedlich sein. Zwei überall gültige Maße für die bauliche Nutzung sind die Grundflächenzahl und die Geschoßflächenzahl.

4.1.1 Grundflächenzahl GRZ und Geschoßflächenzahl GFZ

Die GRZ gibt das Höchstmaß der baulichen Nutzung von Grundstücken in Form einer Dezimalzahl an. Bei einer möglichen baulichen Nutzung von 0,3 bedeutet dies, daß maximal 30% des Grundstücks überbaut werden dürfen. Die Grundflächenzahl ist im Bebauungsplan ausgewiesen. Sie richtet sich nach der Art des Baugebiets (Wochenend-, Wohn-, Misch- oder Kerngebiet) und nach der geplanten Anzahl der Geschosse. Je höher ein Gebäude werden soll, um so geringer ist im allgemeinen der Anteil der möglichen Bebauungsfläche.

Die GFZ gibt die maximale Fläche aller geplanten Geschosse an. Sie ist also unter Berücksichtigung der Grundflächenzahl zu sehen – was nicht etwa heißt, daß sie sich immer durch Multiplikation der GRZ mit der möglichen Geschoßanzahl ergibt. Vielmehr gelten beide Zahlen als Grenzwerte und der jeweils ungünstigere als Beschränkung (4.1). Die zulässige Geschoßfläche kann jedoch durchaus unterschiedlich auf die verschiedenen Geschosse verteilt werden (s. Beispiel 2).

Tabelle 4.1 Zulässige bauliche Nutzung nach der Baunutzungsverordnung (Auswahl)

Baugebiet	Baugeschosse	GRZ	GFZ
Klein-siedlungs-gebiete (WS)	1 2	0,2	0,3 0,4
reine Wohn-gebiete (WR) allgemeine Wohngebiete (WA) Mischgebiete (MI)	1 2 3 4 und 5 6 und mehr	0,4	0,5 0,8 1,0 1,1 1,2
Dorfgebiete (MD)	1 2 und mehr	0,4	0,5 0,8
Kerngebiete (MK) Gewerbe-gebiete (GE)	1 2 3 4 und 5 6 und mehr	MK 1,0 GE 0,8	1,0 1,6 2,0 2,2 2,4
Wochenend-hausgebiete (SW)	1	0,2	0,2

Beispiel 1 Ein 1200 m² großes Grundstück soll optimal genutzt werden. Es sind 3 Vollgeschosse geplant. Die GRZ beträgt 0,4, die GFZ 1,0.

Beispiel 1, Aus der GRZ ergibt sich die mögliche Bebauung von
Fortsetzung $0,4 \cdot 1200 \, m^2 = 480 \, m^2$.

Aus der GFZ ergibt sich die maximale Fläche aller Geschosse mit
$1,0 \cdot 1200 \, m^2 = 1200 \, m^2$.

Das ergibt je Geschoß $1200 \, m^2 : 3 = 400 \, m^2$.
Folglich darf die Grundfläche von $400 \, m^2$ nicht überschritten werden.

In diesem Beispiel kam als Grenzwert die (ungünstigere) GFZ zum Tragen. Manchmal, besonders bei kombinierten Wohn- und Geschäftshäusern, versucht man, das EG so groß wie möglich zu bauen. Dann muß man die restliche Geschoßfläche ermitteln und auf die übrigen Vollgeschosse verteilen (1 Vollgeschoß hat mindestens ⅔ Grundfläche des größten Geschosses).

Beispiel 2 Auf einem $1040 \, m^2$ großen Grundstück soll ein Geschäftshaus mit möglichst großem EG und zwei weiteren Geschossen entstehen. GRZ = 0,8, GFZ = 2,0.
Da das EG möglichst groß werden soll, nutzen wir die GRZ voll aus. Daraus ergibt sich eine EG-Größe von
$0,8 \cdot 1040 \, m^2 = 832 \, m^2$.
Wir berechnen die verbleibende Geschoßfläche mit
$GFZ_{Rest} = 2,0 - 0,8 = 1,2$.
Daraus erhalten wir die Fläche der beiden Obergeschosse.
$1,2 \cdot 1040 \, m^2 = 1248 \, m^2$
Verteilt auf beide OG ergeben sich danach
$1248 \, m^2 : 2 = 624 \, m^2$ je OG.
Wir prüfen, ob es sich noch um Vollgeschosse handelt.
$$\frac{\text{Fläche OG}}{\text{Fläche EG}} \geq \frac{2}{3}$$
$$\frac{624}{832} = \frac{3}{4} > \frac{2}{3}$$
Die geplante Ausführung ist also zulässig.

Aufgaben

1. In einem Kleinsiedlungsgebiet soll auf einem $820 \, m^2$ großen Bauplatz ein Flachdachbungalow mit möglichst großem Grundriß erstellt werden. Wie groß darf die Grund(Geschoß-)fläche maximal werden?

2. Welche Mindestgröße muß eine Wochenendparzelle haben, wenn Wochenendhäuschen bis zu $50 \, m^2$ Grundfläche genehmigt werden sollen?

3. Berechnen Sie die vorhandenen GRZ und GFZ im Bild **4.2**.

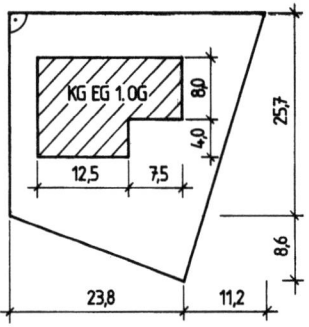

4.2 Flachdachbungalow

4. Ermitteln Sie die mögliche Grund- und Geschoßfläche für ein dreigeschossiges Wohnhaus in einem reinen Wohngebiet (**4.**3).

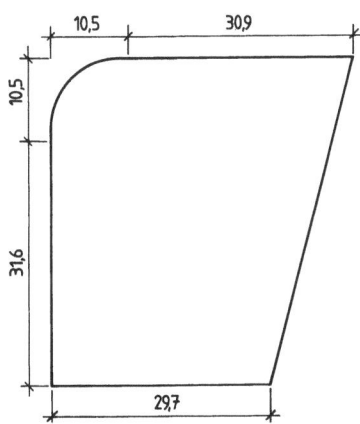

4.3 Wohnhausgrundstück

5. Bestimmen Sie die mögliche Grund- und Geschoßfläche für das Bauvorhaben **4.**4 in einem allgemeinen Wohngebiet. Wie groß dürfen die gleich großen Geschosse höchstens werden?

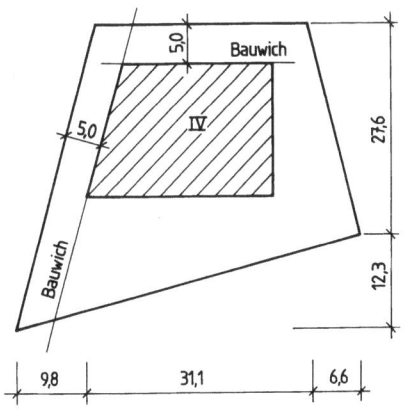

4.4 Bauvorhaben

6. Der Flachdachbungalow **4.**5 innerhalb eines Dorfgebiets soll einen 4,25 m langen und möglichst breiten Anbau zur Gartenseite hin erhalten. Berechnen Sie die Anbaubreite x.

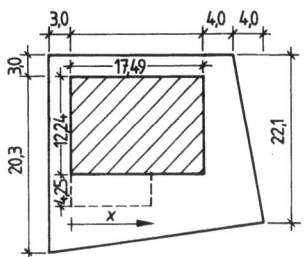

4.5 Flachdachbungalow

7. Das Geschäftshaus **4.**6 in einem Gewerbegebiet soll einen möglichst großen Ladenanbau im EG erhalten.
   a) Wieviel m² können angebaut werden?
   b) Welche Anbaulänge x ergibt sich daraus?
   c) Wird der Grenzabstand von 5,0 m bei dem geplanten Anbau noch eingehalten?

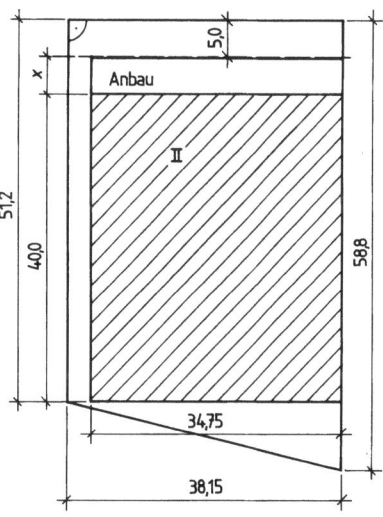

4.6 Geschäftshaus

8. In einem Kerngebiet soll ein 4geschossiges Bürogebäude auf einem 530 m² großen Grundstück neu entstehen. Zu ebener Erde werden jedoch 165 m² an der Straßenfront für Parkflächen gebraucht. Welche OG-Größen ergeben sich bei Ausnutzung der möglichen EG-Fläche?

4.1.2 Wohn- und Nutzflächenberechnung nach DIN 283

Für Bauanträge oder Finanzierungspläne sind Wohn- und Nutzflächenberechnungen erforderlich. Wohnfläche ist die anrechenbare Grundfläche von Wohnungen. Als Nutzfläche bezeichnen wir die in Zusammenhang mit einer Wohnung stehenden Grundflächen von Wirtschaftsräumen und gewerblichen Räumen.

Die Bemaßung in einem Grundriß besteht immer aus Rohbaumaßen. Die Grundflächen für Wohn- und Nutzflächen sind dagegen aus Fertigmaßen zu berechnen, also den lichten Maßen zwischen den Wänden. Zur Vereinfachung werden von der Rohbaufläche 3% für die Putzflächen abgezogen.

Rohbaufläche -3% = Wohn- oder Nutzfläche   oder
Rohbaufläche $\cdot$ 0,97 = Wohn- oder Nutzfläche

Berechnungsregeln. Die Grundflächen sind für jeden Raum einzeln zu berechnen und getrennt nach Wohn-, Schlaf-, Nebenräumen und Küchen zusammenzufassen.

Zur Grundfläche gehören
- Fenster- und Wandnischen, die bis zum Fußboden herunterreichen und mehr als 13 cm tief sind
- Erker, Wandschränke, Einbaumöbel von $\geq 0{,}5$ m² Grundfläche
- Raumteile unter Treppen, sofern die lichte Höhe $\geq 2{,}00$ m beträgt
- Grundflächen von offenen Kaminen, Heizkörpern, Öfen

Nicht zur Grundfläche gehören
- Türnischen
- Fenster- und Wandnischen, die ≤ 13 cm tief sind
- Schornsteine und Vorlagen mit einer Grundfläche von $> 0{,}1$ m²
- freistehende Pfeiler und Säulen mit $> 0{,}1$ m² Grundfläche
- Treppen und Podeste

Nach ihrer lichten Höhe sind die ermittelten Grundflächen bei der Wohnflächen- und Nutzflächenberechnung unterschiedlich anzurechnen (**4.7**).

Tabelle 4.7   Ermittelte Grundflächen bei der Wohn- und Nutzflächenberechnung

	lichte Höhe	anrechenbar
Räume und Raumteile	$\geq 2{,}00$ m	voll
Räume und Raumteile, nicht ausreichend beheizbare Wintergärten	$> 1{,}00$ m und $< 2{,}00$ m	zur Hälfte
Hauslauben, Loggien, Balkone, gedeckte Freisitze	–	zu einem Viertel
Raumteile, nicht gedeckte Terrassen, Freisitze	$\leq 1{,}00$ m	–

Beispiel 3   Für den in Bild **4.8** dargestellten Grundriß ist die Wohnflächenberechnung nach DIN 283 durchzuführen.

Beispiel 3,
Fortsetzung

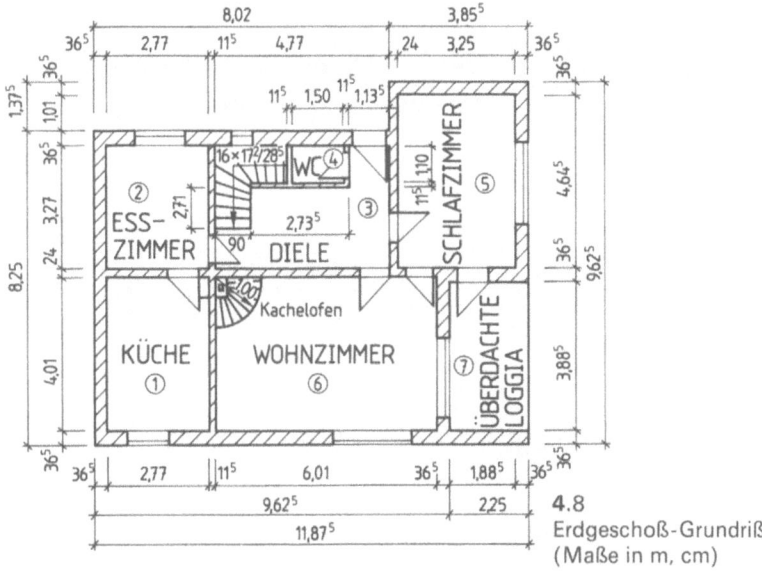

4.8 Erdgeschoß-Grundriß
(Maße in m, cm)

Raum-Nr.	Ansätze	Wohn- und Schlafräume in m²	Küche in m²	Nebenräume in m²
	Erdgeschoßwohnung			
1	(2,77 4,01) 0,97		10,77	
2	(2,77 3,27) 0,97	8,79		
3	(4,77 3,27−(0,90+2,735)) (1,10+0,115)−0,90 1,71 .0,97			9,35
4	1,50 1,10 0,97			1,60
5	4,645 3,25 0,97	14,64		
6	3,885 6,01 0,97	22,65		
7	2,25 3,885 0,25			2,19
		46,08	10,77	13,14

Summe 69,99 m²

Aufgaben

9. Für das vorgegebene Einfamilienhaus **4.**12 ist die Wohn- und Nutzfläche zu berechnen. Alle Maße sind Rohbaumaße. Berechnen Sie
   a) die Nutzfläche für das Kellergeschoß und die Garage (**4.**11; beide bleiben unverputzt),
   b) die Wohnfläche für das Erdgeschoß (**4.**9),
   c) die Wohnfläche für das Dachgeschoß (**4.**10),
   d) die gesamte Wohn- und Nutzfläche des Hauses.

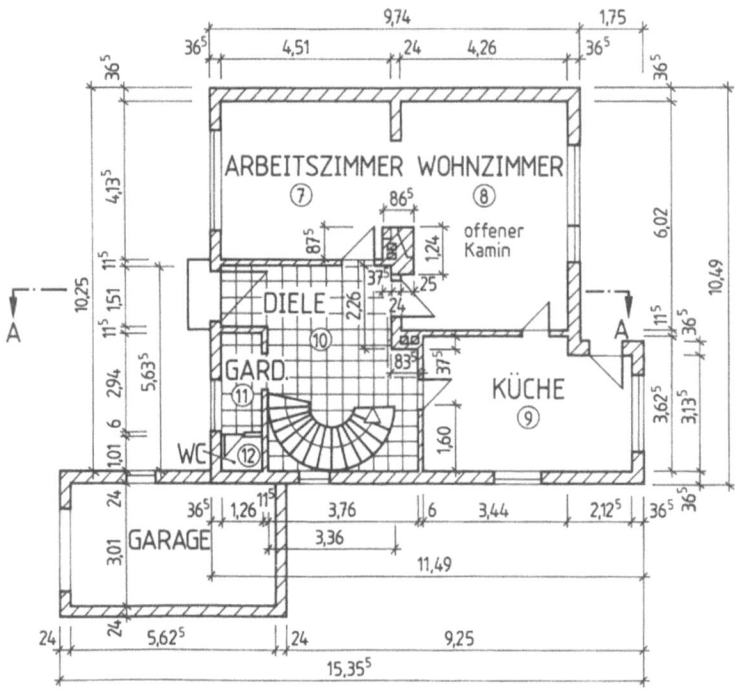

4.9
Einfamilienhaus,
Erdgeschoß
(Maße in m, cm)

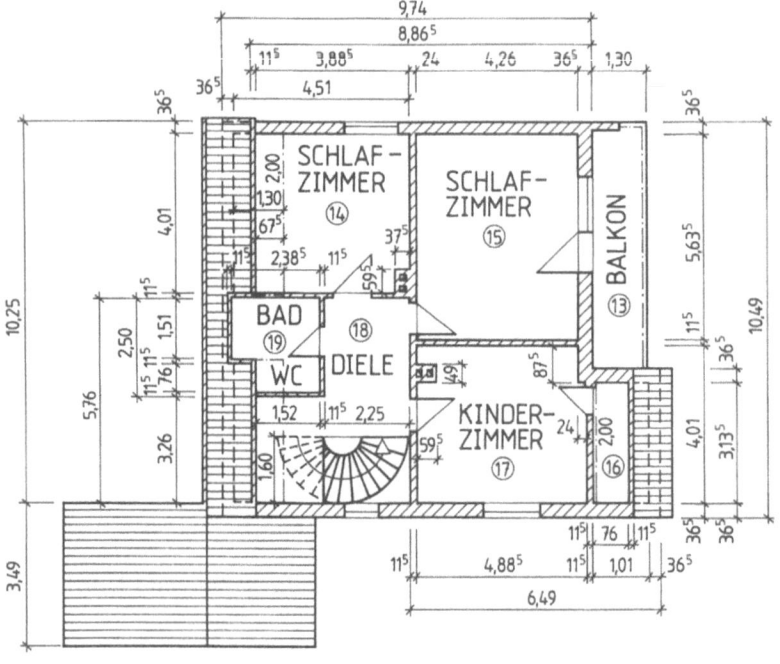

4.10
Einfamilienhaus,
Dachgeschoß
(Maße in m, cm)

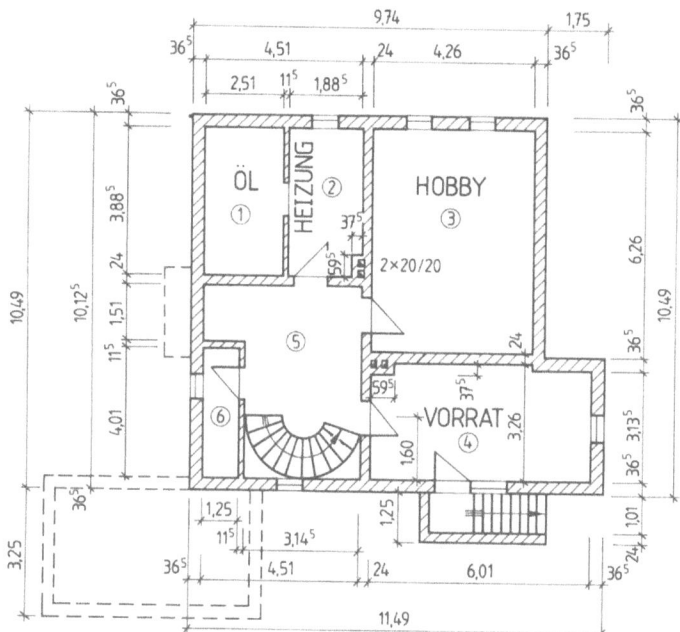

4.11
Einfamilienhaus,
Kellergeschoß
(Maße in m, cm)

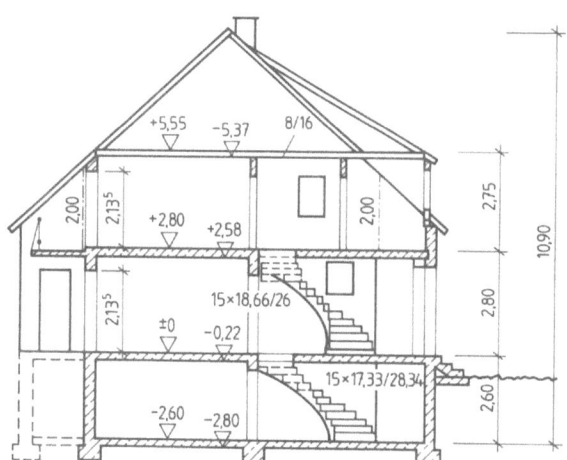

4.12
Einfamilienhaus,
Schnitt A–A
(Maße in m, cm)

4.1.3 Berechnen des umbauten Raumes nach DIN 277

Zu den Bauantragsunterlagen gehört auch die Berechnung des umbauten Raumes in m³. Sie ist Grundlage für die überschlägliche Ermittlung der Baukosten, die sich aus der Multiplikation des umbauten Raumes mit dem Kubikmeterpreis entsprechend der Ausbauqualität des Gebäudes ergeben.

Zum Berechnen des **Bruttorauminhalts** (BRI) wird die Bruttogrundrißfläche (BGF) mit der zugehörigen Höhe *H* nach DIN 277 multipliziert.

BRI = BGF · *H*	BGF = Gesamtgrundriß eines Bauwerks einschließlich Außenwandbelag (z. B. Putz)

Manchmal wird auch der **Nettorauminhalt** (NRI) berechnet. Er ist das Produkt aus Nettogrundrißfläche (NGF) und Raumhöhe *H*.

NRI = NGF · *H*	NGF = nutzbare Grundfläche zwischen den Umfassungswänden (abzüglich evtl. Verkleidungen wie Putz, Paneel)

Beim Ermitteln des Brutto- und Nettorauminhalts bleiben Bauteile von untergeordneter Bedeutung unberücksichtigt. Die zu wählenden Höhen entnehmen wir DIN 277 (**4.13**).

Tabelle 4.13 **Höhen nach DIN 277**

Lage des Raumes	Höhe	Beispiel (**4.14** auf S. 65)
Bei allseitig umschlossenen und überdeckten Räumen		
unteres Geschoß Kellergeschoß	Raumhöhe + Dicken der oberen und unteren Decke, jedoch ohne Fundamente und Kiesschüttungen	$h = 2,46 + 0,08 + 0,12 + 0,17 + 0,12 = 2,95$ m
Normalgeschoß	Höhe von OK Fußboden bis OK Fußboden (Geschoßhöhe)	$h = 2,80$ m
Dachgeschoß	Höhe zwischen Fußbodenoberfläche und Oberfläche Dach	$h = 2,46$ m
Raum, dessen Unterfläche gleichzeitig Außenfläche ist	Höhe zwischen Unterfläche und Fußboden-Oberfläche	Raum über Loggien: $h = 2,80 + 0,08 + 0,17 = 3,05$ m
Bei nicht allseitig umschlossenen, aber überdeckten Bauteilen		
unteres Geschoß, Kellergeschoß; Fläche, die durch einen allseitig geschlossenen Raum überdeckt ist	Höhe zwischen Unterkante tragende Konstruktion und Unterkante darüberliegende Decke ①	Eingangsraum im Kellergeschoß
Fläche zwischen allseitig umschlossenen und überdeckten Geschossen	Höhe = Raumhöhe	s. **4.14**, Loggia $h = 2,80 - (0,08 + 0,17) = 2,55$ m

Fortsetzung s. nächste Seite

Tabelle 4.13, Fortsetzung

Lage des Raumes	Höhe	Beispiel (4.14)
Fläche unter nicht allseitig umschlossenen Geschossen; Decke ist zugleich Außenfläche	Höhe zwischen Oberfläche Fußboden und Oberfläche Decke (Dach) ③	Parkhausgeschoß
Fläche unter nicht allseitig umschlossenen Geschossen; Unterfläche ist zugleich Außenfläche	Höhe zwischen Unterfläche und Oberfläche der Decke ③	
eingeschossiges Bauwerk	Höhe zwischen UK Fußboden (ohne Fundamente und Kiesschüttungen) und Oberfläche Dach ④	Tankstelle

Bei Bauteilen, die von anderen Bauteilen umschlossen, aber nicht überdeckt sind

über einem Geschoß	Höhe zwischen Oberfläche Geschoß und OK umschließendes Bauteil (z.B. Geländer) ⑤	Dachterrasse s. Bild zu ①
auskragendes Bauteil	Höhe zwischen Unterfläche Bauteil und OK umschließendes Bauteil ⑥	Balkon s. Bild zu ③

Der Bruttorauminhalt BRI wird aus dem Produkt Bruttogrundfläche BGF mal Höhe nach DIN 277 berechnet.

Der Nettorauminhalt NRI wird aus dem Produkt von Nettogrundfläche NGF mal Raumhöhe ermittelt.

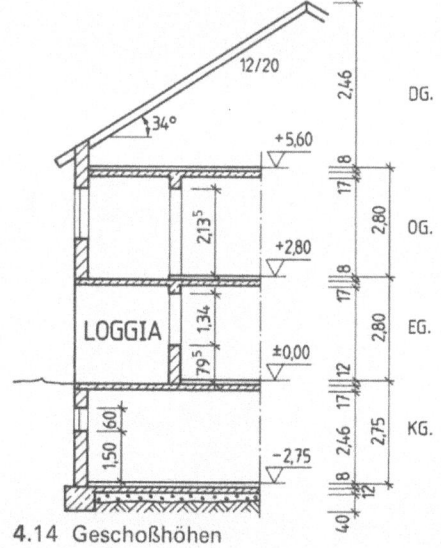

4.14 Geschoßhöhen

Beispiel 4 Der Bruttorauminhalt für das Gartenhaus **4.15** ist zu ermitteln. Außenputz 2,5 cm

$$BGF = (5{,}49 + 2 \cdot 0{,}025) \cdot (3{,}24 + 2 \cdot 0{,}025) = 18{,}23 \text{ m}^2$$
$$BRI = BGF \cdot \text{Höhe } h_1 = 2{,}57 + 0{,}16 + 0{,}18 = 2{,}91 \text{ m}$$
$$h_2 = 2{,}50 + 0{,}16 = 2{,}66 \text{ m}$$
$$BRI = 18{,}23 \cdot \left(\frac{2{,}91 + 2{,}66}{2}\right) = \mathbf{50{,}77 \text{ m}^3}$$

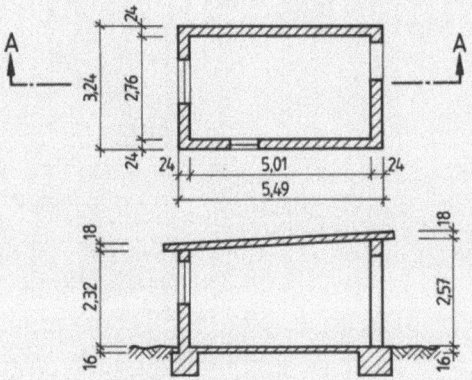

4.15
Gartenhaus
(Maße in m, cm)

Beispiel 5 Berechnen Sie den Bruttorauminhalt für das Gebäude **4.16**. Bereits gegeben sind folgende BGF:

BGF Dachterrasse = 72,12 m²   BGF Dachgeschoß = 26,08 m²
BGF Balkone OG = 12,05 m²   BGF Balkone EG = 12,05 m²
BGF Obergeschoß = 98,20 m²   BGF Erdgeschoß = 98,20 m²
BGF Kellergeschoß = 98,20 m²

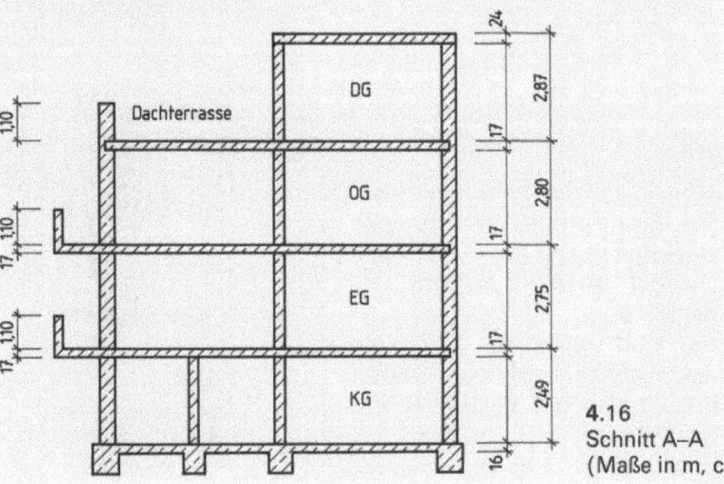

4.16
Schnitt A–A
(Maße in m, cm)

Beispiel 5, Fortsetzung

Berechnung:

BRI Kellergeschoß	= 98,20 · (2,49 + 0,16)	= 260,23 m³
BRI Erdgeschoß	= 98,20 · 2,75	= 270,05 m³
BRI Obergeschoß	= 98,20 · 2,80	= 274,96 m³
BRI Dachgeschoß	= 26,08 · 2,87	= 74,85 m³
BRI Balkone	= (12,05 + 12,05) · (1,10 + 0,17)	= 30,61 m³
BRI Dachterrasse	= 72,12 · 1,10	= 79,33 m³
	BRI Gesamt	= **990,03 m³**

Aufgaben

10. Für die im Querschnitt dargestellte Bahnsteigüberdachung **4.17** mit insgesamt 43,00 m Länge ist der Bruttorauminhalt zu berechnen.

11. Bild **4.18** zeigt den Fassadenschnitt durch einen Hotelbau. Ermitteln Sie den Bruttorauminhalt für die Laubengänge. Die BGF für die Laubengänge wurde mit 20,30 m² je Geschoß berechnet.

12. Berechnen Sie für die in Bild **4.19** bis **4.21** dargestellten Gebäude den Bruttorauminhalt. Kein Außenputz.

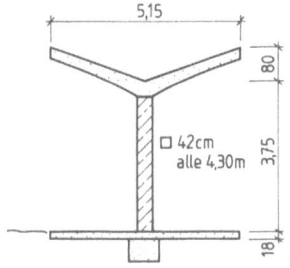

4.17 Bahnsteigüberdachung (Maße in m, cm)

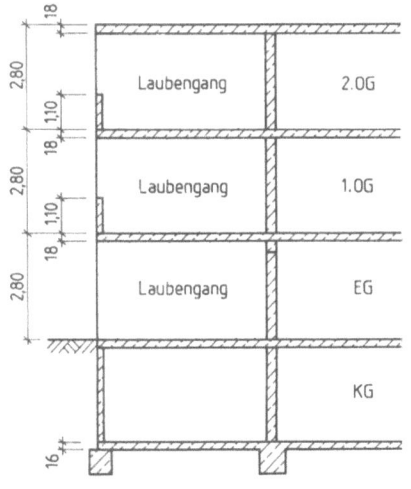

4.18 Laubengänge (Maße in m, cm)

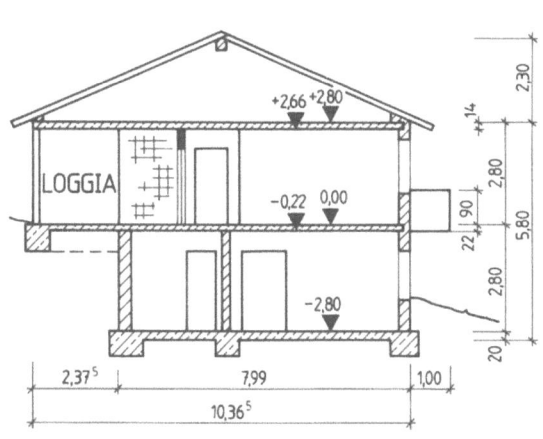

4.19 Schnitt durch einen Bungalow

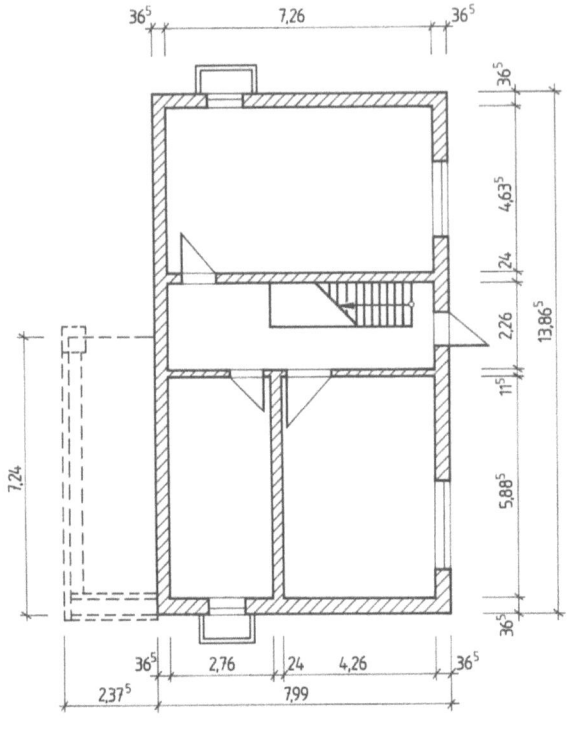

4.20
Bungalow, Kellergeschoß
(Maße in m, cm)

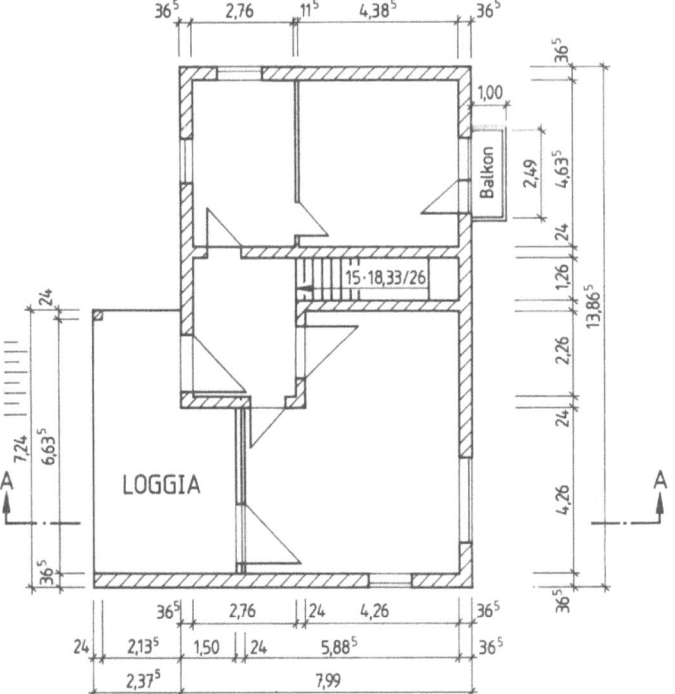

4.21
Bungalow, Erdgeschoß
(Maße in m, cm)

4.2 Kalkulationsgrundlagen

Das Leistungsverzeichnis wird mit Ausfüllen der Einheits- und Gesamtpreise durch den möglichen Auftragnehmer zu einem Angebot. Der Bieter muß also zu Preisen anbieten, die seine tatsächlichen Kosten decken und einen angemessenen Gewinn erbringen. Liegt er mit seinen Kosten im Vergleich zu anderen Bietern zu hoch, wird er den Zuschlag nicht erhalten. Liegt er so tief, daß er nicht kostendeckend arbeiten kann, ruiniert er sich und sein Geschäft auf Dauer. Deshalb ist eine genaue Kalkulation erforderlich.

In der Praxis werden die Begriffe Kosten und Preise oft vertauscht. Im Bauwesen gilt allgemein:

> Der Bauauftragnehmer kalkuliert die Preise für Bauleistungen (z. B. für 1 m² 24er Mauerwerk).
> Der Bauauftraggeber ermittelt die Kosten für ein Bauvorhaben (z. B. DIN 276).

Die Arbeiten des Bauauftragnehmers werden auf Grundlage der Preise in den Ausschreibungsunterlagen durchgeführt. Im Leistungsverzeichnis (LV) werden die Arbeiten in Positionen aufgegliedert und genau beschrieben.

Beispiel 6 Pos. 86 102 m³ Kalksandstein-Mauerwerk KSV, MG II, 11/2 NF, 24 cm stark im 1. Obergeschoß im Verband lot- und fluchtgerecht herstellen. Im Preis ist das Anlegen aller Aussparungen und Schlitze für Sanitär- und Heizungsinstallation einzukalkulieren (einschl. Materiallieferung).
Einheitspreis: _____ DM/m³, gesamt _____ DM

Der Einheitspreis für eine Teilleistung setzt sich aus diesen Einzelkosten zusammen:

Ein ausgefülltes und unterschriebenes LV stellt ein Angebot dar.

4.2.1 Lohnkosten

Durch einen Tarifvertrag sind die Stundenlöhne z. B. im Baugewerbe nach Lohngruppen festgelegt (**4.1**).

Der Bauzuschlag wird auf alle Arbeitsstunden mit Ausnahme der Überschußstunden im Leistungslohn gezahlt. (Überschußstunden s. Abschn. 12.3.) Für

Tabelle 4.1 Tariflöhne (Stand 1.4.1994, gültig bis 31.3.1995)

Berufsgruppe		GTL in DM/Std
I	Werkpoliere	27,11
II	Bauvorarbeiter	24,83
III	Spezialbaufacharbeiter	23,58
IV	gehobener Baufacharbeiter	21,64
V	Baufacharbeiter	21,04
VI	Baufachwerker	20,41
VII	Bauwerker	19,51

GTL = Gesamttariflohn einschließlich Bauzuschlag und Vermögensbildung

Überstunden, Nachtarbeit, Arbeit an Sonn- und Feiertagen werden Zuschläge gezahlt (z.B. Überstunden 25%).

Lohnverrechnungssatz. Da die Kostenermittlung für eine bestimmte Bauleistung nur schwer nach Berufsgruppen getrennt durchzuführen ist, kalkuliert man in der Praxis mit dem Lohnverrechnungssatz (LVS).

Beispiel 7 Eine Baustelle soll mit insgesamt 8 Baufachleuten durchgeführt werden. Der LVS ist zu berechnen.

Anzahl	Berufsgruppe	GTL	Gesamtlohn/Std in DM
1	I Polier	27,11	27,11
5	III Maurer	23,58	117,90
2	V Facharbeiter	21,04	42,08

$$\begin{aligned}
&= 187{,}09 \text{ DM/Std} \\
\text{Bei 8 Std/Tag Arbeitszeit} &= 1496{,}72 \text{ DM/Tag} \\
\text{Arbeitszeit für 8 Mann} \cdot 8\text{ h} &= 64 \text{ Std} \\
\text{LVS} = \frac{1496{,}72 \text{ DM/Tag}}{64 \text{ Std}} &= \mathbf{23{,}39 \text{ DM/Std}}
\end{aligned}$$

Zu diesem Stundenbetrag kommen in der Praxis noch Zuschläge für Überstunden, Vermögensbildung oder auch Verpflegungszuschüsse (Lohnnebenkosten).

Für die Herstellung der als Beispiel gegebenen Pos. 86: 102 m³ Kalksandstein-Mauerwerk verfügt der Auftragnehmer über einen **Erfahrungswert** von 5,9 Std/m³. Die Lohnkosten ergeben sich damit zu

5,9 Std/m³ · 23,39 DM/Std = **138,00 DM/m³**

4.2.2 Nettolohn – Bruttolohn

> Nettolohn = Bruttolohn − gesetzliche Abzüge
> Bruttolohn = geleistete Arbeitszeit · Stundenlohn

In den gesetzlichen Abzügen sind enthalten: Lohnsteuer, Kirchensteuer und Sozialversicherungsbeiträge.

Die Lohnsteuer führt der Arbeitgeber direkt an das Finanzamt ab. Sie richtet sich nach dem Familienstand und den Freibeträgen in den Steuerklassen I bis VI (**4.2**). Darüber hinaus zahlt jeder Arbeitnehmer ab 1.1.1995 7,5% der Lohnsteuer als Solidaritätszuschlag.

Tabelle 4.2 Lohnsteuer (Auszug, Stand Januar 1994)   3415,65

Monatslohn bis	Steuer-klasse	0 Kinder	Steuer-klasse	Lohnsteuer 0,5 Kinder	1 Kinder	1,5 Kinder	2 Kinder	2,5 Kinder	3 Kinder
3370,65	I, IV	543,25	I	497,58	453,08	409,58	367,16	325,83	285,50
	III	324,83	II	378,25	336,58	296,00	256,50	218,08	180,66
	V	902,50	III	288,83	241,00	136,00	32,50		
	VI	969,83	IV	520,33	497,58	475,25	453,08	431,16	409,58
3375,15	I, IV	544,41	I	498,83	454,25	410,66	368,25	326,83	286,58
	III	324,83	II	379,33	337,66	297,08	257,50	219,08	181,66
	V	904,16	III	288,83	241,00	136,00	32,50		
	VI	971,66	IV	521,50	498,83	476,41	454,25	432,33	410,66
3379,65	I, IV	545,66	I	500,00	455,41	411,83	369,33	327,91	287,58
	III	326,66	II	380,41	338,75	298,08	258,58	220,08	182,66
	V	906,00	III	290,66	246,50	141,50	38,00		
	VI	973,50	IV	522,66	500,00	477,58	455,41	433,50	411,83
3384,15	I, IV	546,91	I	501,16	456,58	413,00	370,50	329,00	288,66
	III	326,66	II	381,58	339,83	299,16	259,58	221,08	183,58
	V	907,83	III	290,66	246,50	141,50	38,00		
	VI	975,33	IV	523,91	501,16	478,75	456,58	434,58	413,00
3388,65	I, IV	548,08	I	502,33	457,66	414,08	371,58	330,08	289,66
	III	328,66	II	382,66	340,91	300,25	260,58	222,08	184,58
	V	909,66	III	292,50	252,00	147,00	43,50		
	VI	977,16	IV	525,08	502,33	479,91	457,66	435,75	414,08
3393,15	I, IV	549,33	I	503,58	458,83	415,25	372,66	331,16	290,75
	III	328,66	II	383,75	342,00	301,25	261,66	223,08	185,58
	V	911,33	III	292,50	252,00	147,00	43,50		
	VI	979,16	IV	526,33	503,58	481,08	458,83	436,91	415,25
3397,65	I, IV	550,58	I	504,75	460,00	416,33	373,75	332,25	291,83
	III	330,50	II	384,91	343,08	302,33	262,66	224,08	186,50
	V	913,16	III	294,50	257,50	152,50	48,50		
	VI	981,00	IV	527,50	504,75	482,25	460,00	438,08	416,33
3402,15	I, IV	551,75	I	505,91	461,16	417,50	374,91	333,33	292,83
	III	330,50	II	386,00	344,16	303,41	263,66	225,08	187,50
	V	915,00	III	294,50	257,50	152,50	48,50		
	VI	982,83	IV	528,75	505,91	483,41	461,16	439,25	417,50
3406,65	I, IV	553,00	I	507,16	462,33	418,66	376,00	334,41	293,91
	III	330,50	II	387,08	345,25	304,41	264,75	226,08	188,50
	V	916,83	III	294,50	257,50	152,50	48,50		
	VI	984,66	IV	529,91	507,16	484,58	462,33	440,33	418,66

Fortsetzung s. nächste Seite

Tabelle 4.2, Fortsetzung   3415,65

Monatslohn bis	Steuerklasse	0 Kinder	Steuerklasse	Lohnsteuer 0,5 Kinder	1 Kinder	1,5 Kinder	2 Kinder	2,5 Kinder	3 Kinder
3411,15	I, IV	554,16	I	508,33	463,50	419,75	377,08	335,50	294,91
	III	332,50	II	388,25	346,33	305,50	265,75	227,08	189,41
	V	918,66	III	296,33	260,66	158,00	54,00		
	VI	986,50	IV	531,16	508,33	485,83	463,50	441,50	419,75
3415,65	I, IV	555,41	I	509,50	464,66	420,91	378,25	336,58	296,00
	III	332,50	II	389,33	347,41	306,58	266,75	228,08	190,41
	V	920,50	III	296,33	260,66	158,00	54,00		
	VI	988,50	IV	532,33	509,50	487,00	464,66	442,66	420,91

Der Kirchensteuersatz wird nach der **Lohnsteuer** ermittelt (Baden-Württemberg, Bayern, Bremen und Hamburg 8%, in den anderen Bundesländern 9% der Lohnsteuer).

Beispiel 8 Eine Bauzeichnerin aus Niedersachsen erhält ein Monatsgehalt von 3370,– DM brutto (Steuerklasse III, 1 Kind, Freibetrag für Fahrkosten 95,– DM). Wie hoch ist ihre Steuerbelastung?

Bruttogehalt	3465,00 DM
·/· Freibetrag	95,00 DM
Zu versteuerndes Einkommen	3370,00 DM
Lohnsteuer (nach Tabelle)	336,58 DM
Kirchensteuer (8%) 0,08 · 336,58	= 26,93 DM
Solidaritätszuschlag (7,5%) 0,075 · 336,58	= 25,24 DM
Steuerbelastung	**388,75 DM**

> Freibeträge werden vom Bruttolohn abgezogen, bevor die Lohnsteuer berechnet wird.

Die Sozialversicherungsbeiträge für Renten-, Arbeitslosen-, Kranken- und Pflegeversicherung betragen ab 1.1.1995 18,6% Rentenversicherung (RV), 6,5% Arbeitslosenversicherung (AV) und etwa 13% Krankenversicherung (KV, variiert von Krankenkasse zu Krankenkasse) sowie 1% Pflegeversicherung. Alle Sozialversicherungsbeiträge werden je zur Hälfte vom Arbeitgeber und Arbeitnehmer getragen.

Beispiel 9 Der Bruttolohn eines Baufacharbeiters beträgt 3400,– DM. Berechnen Sie seinen Sozialversicherungsbeitrag.

Rentenversicherung 18,6% · 3400,–	= 632,40 DM
Arbeitslosenversicherung 6,5% · 3400,–	= 221,00 DM
Krankenversicherung (TKK) 12,4% · 3400,–	= 421,60 DM
Pflegeversicherung 1% · 3400,–	= 34,00 DM
	1309,00 DM
Arbeitnehmeranteil 50% · 1309,00	= **654,50 DM**

Beispiel 10 Ein Tiefbaufacharbeiter aus Bremen hatte im vergangenen Monat einen Bruttoverdienst von 3540,00 DM. Auf der Lohnsteuerkarte sind eingetragen: Steuerklasse I, keine Kinder, Freibetrag 125,00 DM. Wie hoch war sein Nettolohn?

Bruttolohn	3540,00 DM
·/· Freibetrag	125,00 DM
Zu versteuerndes Einkommen	3415,00 DM
Lohnsteuer lt. Tabelle	555,41 DM
Kirchensteuer 8% · 555,41	= 44,43 DM
Solidaritätszuschlag 7,5% · 555,41	= 41,66 DM
Summe der Steuern	**641,50 DM**
Rentenversicherung 18,6% · 3540,00	= 658,44 DM
Arbeitslosenversicherung 6,5% · 3540,00	= 230,10 DM
Krankenversicherung (TKK) 12,1% · 3540,00	= 428,34 DM
Pflegeversicherung 1% · 3540,00 DM	= 35,40 DM
Sozialversicherungsbeitrag	1352,28 DM
AN-Anteil: 50% · 1352,28	= **676,14 DM**
Nettolohn = Bruttolohn – Steuern – Sozialversicherung	
Nettolohn = 3540,00 – 641,50 – 676,14	= **2222,36 DM**

4.2.3 Leistungslohn

Neben dem Zeitlohn gewinnt im Baugewerbe der Leistungslohn (Akkordlohn) immer mehr Bedeutung. Wir unterscheiden den Einzel- und Gruppenakkordlohn. Beim Gruppenakkord wird der gemeinsame Verdienstüberschuß anteilmäßig, entsprechend dem Tarifstundenlohn auf die Arbeitenden der Gruppe aufgeteilt.

Zeitlohn	= gearbeitete Zeit	·	Stundenlohn
DM	z. B. Stunden		DM/Stunde
Leistungslohn	= Leistung	·	Leistungssatz
DM	z. B. m³		DM/m³

Beim Leistungslohn wird also die Arbeitszeit **nicht** berücksichtigt. Die geleistete Arbeit wird auf der Grundlage eines Leistungssatzes bezahlt. Als **Leistungssatz** nimmt man die Arbeitszeit je Mengeneinheit an (z. B. Std/m² oder Std/m³), die für diese Arbeit unter normalen Arbeitsbedingungen aufzuwenden ist (Soll-Stunden). Meist ergeben sich die Leistungssätze aus der **Nachkalkulation**, d.h. einer zweiten Kalkulation nach Fertigstellung des Bauvorhabens mit den tatsächlich gebrauchten Arbeitszeiten. Bedingung für eine richtige Nachkalkulation ist ein gut organisiertes Bauberichtswesen.

Beispiel 11 Eine Akkordgruppe aus vier Spezialbaufacharbeitern und zwei Baufachwerkern hat 62 m³ Mauerwerk, 36,5 cm, HLz, 2DF erstellt. Der Leistungssatz beträgt 5,2 Std/m³. Nach Fertigstellung der Arbeiten ergibt sich eine tatsächliche Arbeitszeit von 40 Stunden je Mann. Welchen Leistungslohn erhalten die sechs Arbeiter?

a) **Berechnen des Mittellohns (LVS)**

Tarifstundenlohn Spezialbaufacharbeiter	=	23,58 DM
Tarifstundenlohn Baufachwerker	=	20,41 DM
LVS 4 Spezialbaufacharbeiter · 23,58 DM	=	94,32 DM
2 Baufachwerker · 20,41 DM	=	40,82 DM
Summe	=	135,14 DM
135,14 DM : 6 Arbeiter	=	22,52 DM/Std

b) Leistungslohn (Soll-Stunden) = Menge · Leistungssatz · Mittellohn

$62 \text{ m}^3 \cdot 5{,}2 \text{ Std/m}^3 \cdot 22{,}52 \text{ DM/Std}$ = 7260,45 DM

c) Zeitlohn = Stundenaufwand · Mittellohn (LVS)

6 Mann · 40 Std./Mann = 240 Std
240 Std. · 22,52 DM/Std = 5404,80 DM

d) Leistungslohn − Zeitlohn = Überschuß

7260,45 DM − 5404,80 DM = 1855,65 DM

e) **Verteilung des Überschusses auf Gruppenmitglieder** (DM je Mann)

Spezialbaufacharbeiter

$$\frac{1855{,}65 \text{ DM}}{4 \cdot 23{,}58 + 2 \cdot 20{,}41} \cdot 23{,}58 \text{ DM/Std} = 323{,}78 \text{ DM/Mann}$$

Baufachwerker

$$\frac{1855{,}65 \text{ DM}}{4 \cdot 23{,}58 + 2 \cdot 20{,}41} \cdot 20{,}41 \text{ DM/Std} = 280{,}25 \text{ DM/Mann}$$

Kontrolle: 4 · 323,78 + 2 · 280,25 = **1855,62 DM**

f) **Gesamt-Leistungslohn je Arbeiter**

Spezialbaufacharbeiter
40 Std · 23,58 DM/Std = 943,20 DM
+ Akkordüberschuß   = 323,78 DM
                                                  = **1266,98 DM/Mann**

Baufachwerker
40 Std · 20,41 DM/Std = 816,40 DM
+ Akkordüberschuß   = 280,25 DM
                                                  = **1096,65 DM/Mann**

4.2.4 Gemeinkosten

Zusätzlich zu den Lohnkosten und den Materialkosten entstehen für jede Teilleistung Nebenkosten (Gemeinkosten). Sie werden in Prozenten den Lohnkosten und den Materialkosten zugeschlagen. Bei den Gemeinkosten unterscheiden wir Gemeinkosten der Baustelle und Allgemeine Geschäftskosten.

> Gemeinkosten der Baustelle sind z. B. Baustelleneinrichtung, Gerätekosten, örtliche Bauleitung.
>
> Allgemeine Geschäftskosten sind z. B. Gehälter der Büroangestellten, Büromiete, Gewerbesteuer, Versicherungen.
>
> Jeder Betrieb ermittelt diese Gemeinkosten gesondert und rechnet sie als %-Zuschlag zum Lohn bzw. %-Zuschlag zum Material hinzu.

Für Wagnis und Gewinn wird ebenfalls ein Prozentzuschlag zum Lohn hinzugerechnet.

> Wagnis und Gewinn umfaßt die Kosten für Gewährleistungsschäden, Mehrkosten, Auftragsrückgang, Investitionen und Gewinn.

Beispiel 12 Mit wieviel DM wird 1 Arbeitsstunde eines Spezialbaufacharbeiters dem Auftraggeber berechnet?

Tariflohn	= 23,58 DM/Std
Lohngemeinkosten = 185%	+ 43,62 DM/Std
	= 67,20 DM/Std
Wagnis und Gewinn = 4% von 67,20 DM	+ 2,69 DM/Std
Nettokosten	= 69,89 DM/Std
Mehrwertsteuer = 15% von 69,89 DM	+ 10,48 DM/Std
Bruttokosten	= 80,37 DM/Std

4.3 Kalkulation

Kalkulation ist die Berechnung der Kosten z. B. für eine Teilleistung wie m^3 Mauerwerk. Die Kosten setzen sich zusammen aus den Lohn- und Materialkosten, Wagnis und Gewinn.

Beispiel 13 Zu kalkulieren ist der Einheitspreis für folgende Angebotsposition: 265 m^3 Außenmauerwerk EG, Hochlochziegel A, NF, d = 36,5 cm, MG II, lot- und fluchtgerecht herstellen einschließlich Materiallieferung. Der Lohnkosten-Verrechnungssatz (LVS) wurde mit 21,97 DM/Std ermittelt.

Beispiel 13, Lohnkosten
Fortsetzung

Arbeitszeit 5,4 Std/m³ LVS	= 21,97 DM/Std	
Lohngemeinkosten 185%	= 40,64 DM/Std	
	62,61 DM/Std	

Lohnkosten je Einheit m³
5,4 Std/m³ · 62,61 DM/Std = 338,12 DM/m³

Materialkosten

407 Stück HLz · 0,28 DM/Stück	= 113,96 DM/m³	
276 l Mörtel · 0,08 DM/l	= 22,08 DM/m³	
	136,04 DM/m³	
Bruchverlust 2%	= 2,72 DM/m³	
	138,76 DM/m³	
Materialgemeinkosten 8%	= 11,10 DM/m³	= 149,86 DM/m³
		487,98 DM/m³
Wagnis und Gewinn 6%		= 29,28 DM/m³
Einheitspreis		= **546,54 DM/m³**

Die Mehrwertsteuer wird am Angebotsende auf die Gesamt-Angebotssumme aufgeschlagen.

Der Stundenverrechnungssatz oder auch Angebotslohn setzt sich aus dem Mittellohn, dem Zuschlag für Baustellengemeinkosten, den Endzuschlägen für die allgemeinen Geschäftskosten sowie dem Zuschlag für Wagnis und Gewinn zusammen. Er wird von jedem Baubetrieb nach seinen besonderen Arbeitsbedingungen ermittelt. Die Mehrwertsteuer ist im Stundenverrechnungssatz nicht enthalten.

> Der Stundenverrechnungssatz dient als Kalkulationslohn und als Verrechnungssatz für Stundenlohnarbeiten.

Aufgaben

Lohnverrechnungssatz (Mittellohn)

1. Eine Hochbau-Baustelle soll mit 6 Arbeitnehmern durchgeführt werden: 1 Bauvorarbeiter, 3 Spezialbaufacharbeiter und 2 Baufacharbeiter. Alle werden nach Tarif bezahlt. Berechnen Sie den LVS.

2. Für den Bau eines Einfamilienhauses sind 1 Meister, 4 Spezialbaufacharbeiter und 2 Baufachwerker eingesetzt. Der Meister hat ein Monatsgehalt von 4384,28 DM und arbeitet praktisch mit. Die übrigen Arbeiter werden nach Tarif bezahlt. Die monatliche Arbeitszeit beträgt 172 Stunden. Berechnen Sie den Mittellohn je Stunde.

Netto- und Bruttolohn

3. Ein Werkpolier hat im Monat 158 Stunden gearbeitet. Er bekommt Stundenlohn nach Tarif. Wie hoch ist sein Bruttolohn?

4. Ein Baufacharbeiter hat 172 Stunden im Monat gearbeitet. Auf seiner Lohnsteuerkarte ist ein Freibetrag von 145,– DM eingetragen. Berechnen Sie den zu versteuernden Bruttolohn.

5. Ein Bauvorarbeiter arbeitet im Monat 137 Stunden. Auf der Lohnsteuerkarte sind eingetragen: Steuerklasse III, 1 Kind. Wieviel Lohnsteuer wird ihm abgezogen?

6. Berechnen Sie den Bruttoverdienst eines Baufachwerkers, der 153 Stunden im Monat gearbeitet und zusätzlich 10 Überstunden (2 Überstunden je Tag) mit 25% geleistet hat.

7. Der Bruttolohn eines Werkpoliers beträgt 4210,– DM im Monat. Berechnen Sie die Abzüge für die
   a) Rentenversicherung (18,6%),
   b) Arbeitslosenversicherung (6,5%),
   c) Krankenversicherung (13%),
   d) für die Pflegeversicherung.

8. 168 Stunden hat ein gehobener Baufacharbeiter im Monat gearbeitet. Auf der Lohnsteuerkarte sind eingetragen: Steuerklasse III, Kinder 2, Freibetrag 220,– DM (Kirchensteuer 10%). Berechnen Sie den Nettolohn.

9. Ein Bauvorarbeiter (Steuerklasse III, keine Kinder) hat im Monat insgesamt 132 Stunden gearbeitet. Hinzu kommen noch 8 Überstunden (25% Zuschlag). Der Kirchensteuersatz beträgt 8%. Freibetrag laut Lohnsteuerkarte 120,– DM.
   Berechnen Sie
   a) den Bruttolohn,
   b) den Nettolohn.

Leistungslohn

10. Zwei Einschaler haben eine Deckenschalung für 85 m² Betondecke $d = 22$ cm, auf Geschoßhöhe mit Schaltafeln auf Deckenträgern erstellt. Beide haben einen Stundenlohn von 23,58 DM. Für die Schalungsarbeiten war ein Leistungssatz von 1,0 Std/m² vorgegeben. Berechnen Sie den Leistungssatz je Einschaler. Für die Arbeit brauchten die beiden 63 Stunden.

11. Ein Putzer stellt den Wandputz MG II als einlagigen, geriebenen Putz her. Die Gesamtputzfläche beträgt 54 m², Putzdicke 15 mm. Als Leistungssatz ist 0,63 Std/m² vorgegeben. Stundenlohn 15,38 DM. Berechnen Sie
    a) den Leistungsbruttolohn,
    b) den Zeitlohn bei 28 Stunden Arbeitszeit,
    c) den Überschuß in DM.

12. Eine Akkordgruppe aus drei Maurern (Spezialbaufacharbeiter) und einem Bauwerker übernimmt das Erstellen von 175 m², 24er tragende Innenwand in Mz, 2DF. Der Leistungssatz beträgt 1,2 Std/m². Das Mauerwerk wurde in 5 Arbeitstagen je 8 Std fertiggestellt.

    Berechnen Sie
    a) den Lohnverrechnungssatz LVS,
    b) den Bruttozeitlohn,
    c) den Bruttoleistungslohn,
    d) den Akkordüberschuß,
    e) den Anteil je Maurer und Bauwerker in DM.

13. Eine Akkordkolonne hat beim Erstellen eines Wohngeschosses insgesamt 2486,– DM verdient. Sie bestand aus einem Bauvorarbeiter, zwei Maurern (Spezialbaufacharbeiter) und einem Baufacharbeiter. Berechnen Sie die Verdienstanteile für Vorarbeiter, Maurer und Baufacharbeiter!

14. Zwei Maurer (Tariflohn 23,58 DM) übernehmen das Aufmauern von 12 m dreizügigem Kamin 20/26 in 2DF. Nach dem Leistungslohntarif stehen ihnen 4,7 Std/stgdm Kamin zu.
    a) Wieviel verdient jeder der beiden im Leistungslohn?
    b) Wie groß ist der Zeitlohn nach 48 Stunden Gesamtarbeitszeit?
    c) Wie groß ist der Akkordüberschuß in Prozent?

Gemeinkosten

15. Berechnen Sie die Bruttokosten für eine Baufacharbeiterstunde. Tariflohn 21,04 DM, Lohngemeinkosten 185%, Wagnis und Gewinn 9%, Mehrwertsteuer 15%.

16. Für die Arbeitsstunde eines gehobenen Baufacharbeiters sind die Bruttokosten zu ermitteln. Tariflohn nach Tabelle 4.1. Lohngemeinkosten 190%, Wagnis und Gewinn 6%, Mehrwertsteuer 15%.

17. Beschreiben Sie, welche Kosten mit dem Zuschlag für Wagnis und Gewinn abgedeckt werden (s. Abschn. 12.4). Geben Sie an, wieviel DM die Steigerung des Zuschlags für Wagnis und Gewinn um 1% in Aufgabe 16 ausmachen würde.

Einheitspreis der Teilleistung

Bei der Kalkulation ist die Materiallieferung einzurechnen. Berechnen Sie jeweils den Einheitspreis ohne Mehrwertsteuer.

18. 1,00 m³ Mauerwerk der Kelleraußenwände aus KSL-R in NF, $d = 30$ cm, lot- und fluchtgerecht herstellen in MG III.
    Vorgaben: Mittellohn = 21,44 DM/Std, Steine = 121 Stck./m³ mit 0,22 DM/Stck., Mörtel = 200 l/m³ mit 0,11 DM/l, Vorgabezeit 4 Std/m³, Stundenverrechnungssatz 291%, Materialgemeinkosten 8%

19. 1,00 m Balkenholz, Güteklasse II, auf der Baustelle verzimmern, Schnittklasse A.
    Vorgaben: Mittellohn = 19,60 DM/Std, Holzpreis = 475,- DM/m³, Stundenverrechnungssatz 270%, Materialgemeinkosten 6%, Vorgabezeit 0,3 Std/m³

20. 10,00 m³ Außenwandmauerwerk 36,5 cm aus HLZ, 2 DF, lot- und fluchtgerecht herstellen
    Vorgaben: Mittellohn 20,50 DM/Std, Steine = 271 Stck/m³ mit 0,26 DM/Stck., Mörtel = 226 l/m³ mit 0,11 DM/l, Vorgabezeit 5,1 Std/m³, Stundenverrechnungssatz 290%, Materialgemeinkosten 6%

21. 34,00 m² Innenwandverschalung mit Profilbrettern
    Vorgaben: Mittellohn 19,60 DM/Std, Nägel und Krallen = 1,90 DM/m², Vorgabezeit 1,0 Std/m², Holzpreis = 16,60 DM/m², Stundenverrechnungssatz 270%, Verschnitt 8%, Materialgemeinkosten 6%

22. 1,6 m³ Boden für Stützenfundamente von Hand ausheben. Der Boden wird seitlich gelagert. Aushub bis zu einer Tiefe von 1,50 m. Bodenklasse 3. Vorgaben: 3,8 Std/m³, Stundenverrechnungssatz 290%, Mittellohn 19,50 DM

Aufgaben

23. Ermitteln Sie den Einheitspreis der Teilleistung je m³ für das Ausheben einer Baugrube mittels Bagger (Greifer) mit dazugehörendem Personal.
    Vorgabewerte
    1 Maschinist und 2 Bauhelfer, Mittellohn 16,20 DM/h
    Gerätekosten 78,- DM/h
    Geräteleistung 46 m³/h
    GKZ auf Lohn 125%
    GKZ auf Geräte 35%
    Wagnis und Gewinn 5%

24. Wie groß ist der Einheitspreis der Teilleistung (je m² Mauerwerk) für eine Wandverblendung aus DF-Klinkern?
    Vorgabewerte
    Mittellohn 17,09 DM/h
    Stundenbedarf 1,33 h/m²
    Materialkosten 780,- DM/1000 Stück Steine, 0,33 DM/l Mörtel
    Baustoffbedarf 50 Steine/m², 48 l/m² Mörtel
    GKZ auf Lohn 145%, GKZ auf Material 25%
    Wagnis und Gewinn 7%

25. Eine 24 cm dicke Kalksandsteinwand von 5,73 m Länge und 2,48 m Höhe im Lichten soll mit Profilbrettern verschalt werden. Berechnen Sie den Einheitspreis der Teilleistung und den Brutto-Angebotspreis für die Arbeit.
    Vorgabewerte je Einheit 0,85 m²/h, Mittellohn 18,05 DM/h
    Profilbretter mit Nut und Feder 14,95 DM/m²
    Verschnitt 10%
    Unterkonstruktion und Befestigung 3,74 DM/m²
    GKZ auf Lohn 130%, GKZ auf Material 30%
    Wagnis und Gewinn 2%

26. Für das Betonieren von 34 m³ Streifenfundamentgräben brauchen drei Baufacharbeiter einen neunstündigen Arbeitstag. Ihr Mittellohn beträgt 14,92 DM/h. Ermitteln Sie den Einheitspreis für den Einbau von 1 m³ Fundamentbeton B 25, K1.

    Vorgabewerte
    Material B 25, K1: 113,– DM/m³ (Verdichtung um 12%)
    GKZ auf Lohn 140%, auf Material 20%
    Wagnis und Gewinn 3%

27. Auf einer Großbaustelle sollen im Lauf der Bauzeit (5 bis 10 Monate, je nach Witterung) 6200 m³ Beton eingebaut werden.
    a) Ist die Herstellung von Baustellenbeton mit 81,50 DM/m³ günstiger als die Verwendung von Transportbeton zum Preis von 84,– DM/m³? Berücksichtigen Sie, daß beim Herstellen von Baustellenbeton der An- und Abtransport einer Mischanlage als feste Kosten von 2300,– DM sowie für die Vorhaltung und Bedienung der Mischanlage 2200,– DM im Monat anfallen.
    b) Stellen Sie fest, bei welcher Bauzeit die Kosten gleich hoch sind.

5 Vermessung

Alle Bauausführungen beginnen mit den Vermessungsarbeiten. Durch Abstecken werden Punkte (z.B. Gebäudeecken) und Höhen (z.B. Oberkante Erdgeschoßfußboden) nach dem Bauplan in die Örtlichkeit (Gelände) übertragen. Diese Vermessungsarbeiten müssen sehr genau ausgeführt werden, da bei Meßfehlern z.B. Gebäude falsch stehen, eine Grenze überbaut wird oder eine Geschoßdecke die falsche Höhe hat.

5.1 Winkligkeit von Gebäuden

Rechtwinkligkeit. Wenn die Gebäudeecken mit Holzpflöcken oder Fluchtstäben abgesteckt sind, wird die Rechtwinkligkeit des Gebäudes durch Nachmessen der Diagonalen kontrolliert. Dazu berechnen wir die Diagonalen mit dem Lehrsatz des Pythagoras aus den Gebäudeseitenlängen bzw. den Absteckmaßen.

Beispiel 1 (5.1) Gebäudelänge $27{,}00\ m - 6{,}00\ m = 21{,}00\ m$
Gebäudebreite $22{,}25\ m - 8{,}00\ m = 14{,}25\ m$

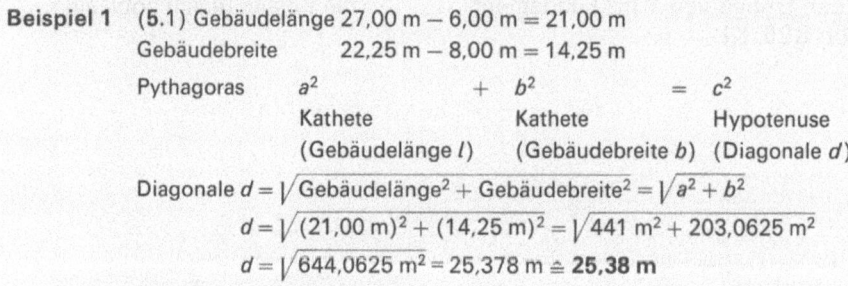

Pythagoras $\quad a^2 \quad + \quad b^2 \quad = \quad c^2$
Kathete　　　　Kathete　　　　Hypotenuse
(Gebäudelänge l)　(Gebäudebreite b)　(Diagonale d)

Diagonale $d = \sqrt{\text{Gebäudelänge}^2 + \text{Gebäudebreite}^2} = \sqrt{a^2 + b^2}$

$d = \sqrt{(21{,}00\ m)^2 + (14{,}25\ m)^2} = \sqrt{441\ m^2 + 203{,}0625\ m^2}$

$d = \sqrt{644{,}0625\ m^2} = 25{,}378\ m \triangleq \mathbf{25{,}38\ m}$

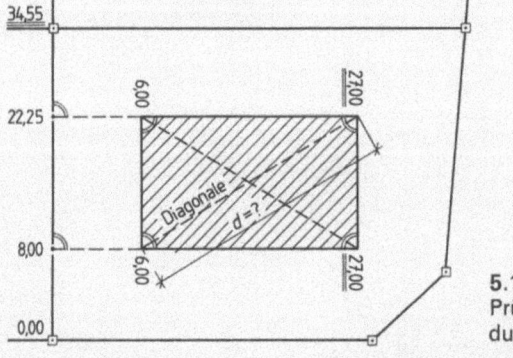

5.1 Prüfen der Rechtwinkligkeit durch Diagonalen

Winkligkeit. Wenn Gebäude nicht nur rechte Winkel haben, müssen wir nach dem Abstecken die Winkligkeit prüfen. Dazu berechnen wir außer den Diagonalen d auch die Länge der Gebäudeseite a, die miteinander den Winkel bilden. Die Berechnung können wir mit dem Lehrsatz des Pythagoras oder über Winkelfunktionen ausführen.

Beispiel 2 Für das Gebäude 5.2 sind die Diagonalen d und die Außenmaße a zu bestimmen.
Gebäudelänge 44,62 m − 11,84 m = 32,78 m
Gebäudebreite 21,86 m − 5,00 m = 16,86 m
Diagonale $d = \sqrt{(32{,}78\text{ m})^2 + (16{,}86\text{ m})^2}$ = **36,86 m**

Berechnung a mit Pythagoras
$a = \sqrt{(11{,}84\text{ m} - 6{,}97\text{ m})^2 + (13{,}43\text{ m} - 5{,}00\text{ m})^2}$ = 9,7356 m = **9,74 m**

Berechnung mit Winkelfunktion
$\measuredangle \alpha = 180° - 120° = 60°$
$$a = \frac{13{,}43\text{ m} - 5{,}00\text{ m}}{\sin 60°} = \frac{8{,}43\text{ m}}{0{,}866} = 9{,}7341\text{ m} = \mathbf{9{,}73\text{ m}}$$

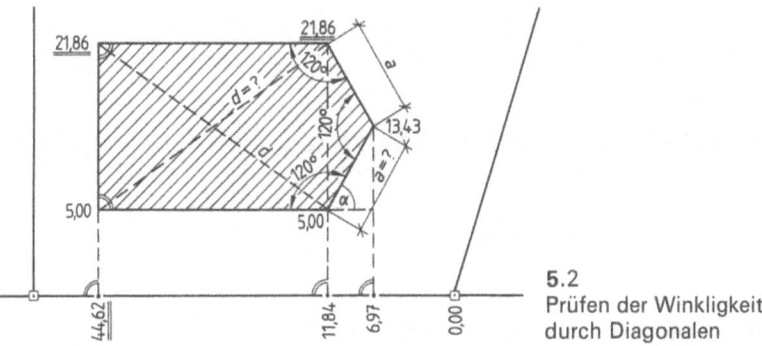

5.2 Prüfen der Winkligkeit durch Diagonalen

Prüfen der Absteckung. Durch Vergleichen gemessener Gebäudelängen und -breiten sowie von Streben mit den gerechneten Werten können wir die Absteckung prüfen.

Beispiel 3 Für die Bauabsteckung 5.3 sind die Gebäudelängen und -breiten sowie die Streben mit Pythagoras zu berechnen.

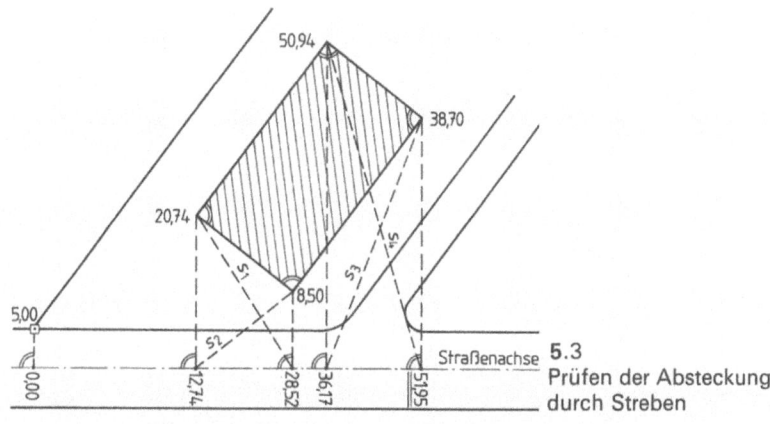

5.3 Prüfen der Absteckung durch Streben

Beispiel 3, **Gebäudebreite**
Fortsetzung
$$b = \sqrt{(28{,}52\text{ m} - 12{,}74\text{ m})^2 + (20{,}74\text{ m} - 8{,}50\text{ m})^2}$$
$$b = \sqrt{249{,}01\text{ m}^2 + 149{,}82\text{ m}^2} = \sqrt{398{,}83\text{ m}^2} = \mathbf{19{,}97\text{ m}}$$

Gebäudelänge
$$l = \sqrt{(50{,}94 - 20{,}74\text{ m})^2 + (36{,}17\text{ m} - 12{,}74\text{ m})^2}$$
$$l = \sqrt{912{,}04\text{ m}^2 + 548{,}96\text{ m}^2} = \sqrt{1461{,}00\text{ m}^2} = \mathbf{38{,}22\text{ m}}$$

Streben
$$S_1 = \sqrt{(28{,}52\text{ m} - 12{,}74\text{ m})^2 + (20{,}74\text{ m})^2}$$
$$S_1 = \sqrt{249{,}01\text{ m}^2 + 430{,}15\text{ m}^2} = \sqrt{679{,}16\text{ m}^2} = \mathbf{26{,}06\text{ m}}$$

S_2, S_3 und S_4 werden entsprechend berechnet.

Die berechneten Gebäudebreiten und -längen sind mit den im Lageplan angegebenen Maßen zu vergleichen.

Unstimmigkeiten müssen vor der Bauausführung geklärt werden.

Aufgaben

1. Die Diagonalen sind zu berechnen, um bei der Bauabsteckung **5.4** die Rechtwinkligkeit prüfen zu können.

2. Für das abzusteckende Gebäude **5.5** sollen die Diagonale d und das Außenmaß b ermittelt werden.

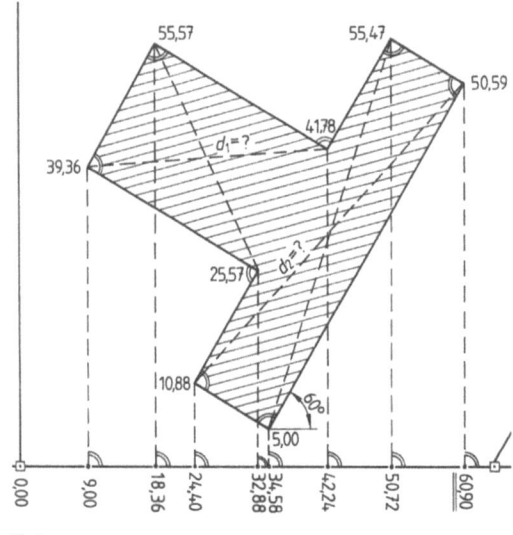

5.4

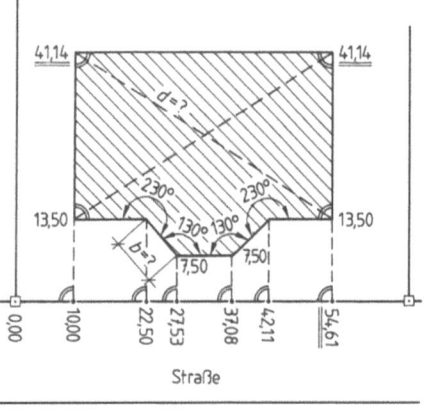

5.5

3. Berechnen Sie die Streben S_1 bis S_4 sowie die Diagonale d, um die Absteckung **5.**6 zu prüfen.

4. Zur Prüfung der Absteckung **5.**7 sind zu berechnen:
   a) die drei Außenmaße l, b und a,
   b) die beiden Diagonalen d_1 und d_2.

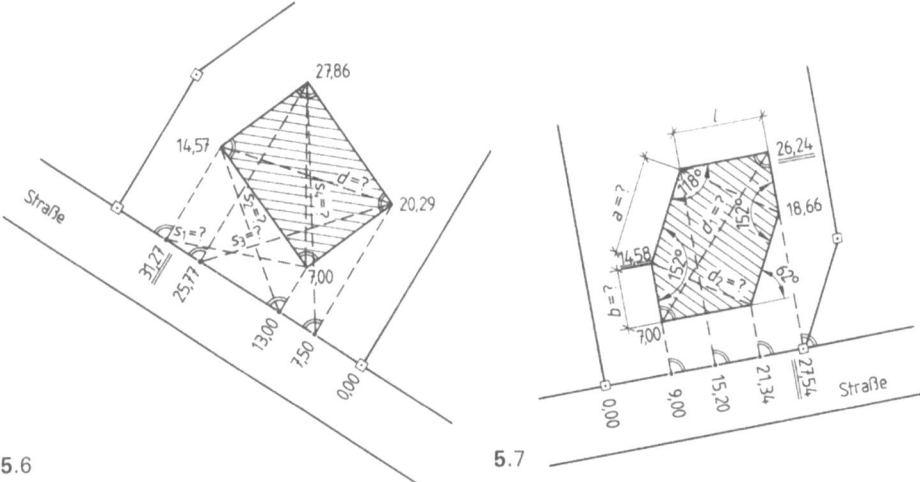

5.6

5.7

5. Wie lang sind bei der Bauabsteckung **5.**8
   a) die Außenmaße des Gebäudes l_1 bis l_3 sowie b_1 bis b_3?
   b) die Diagonalen d_1 bis d_4?

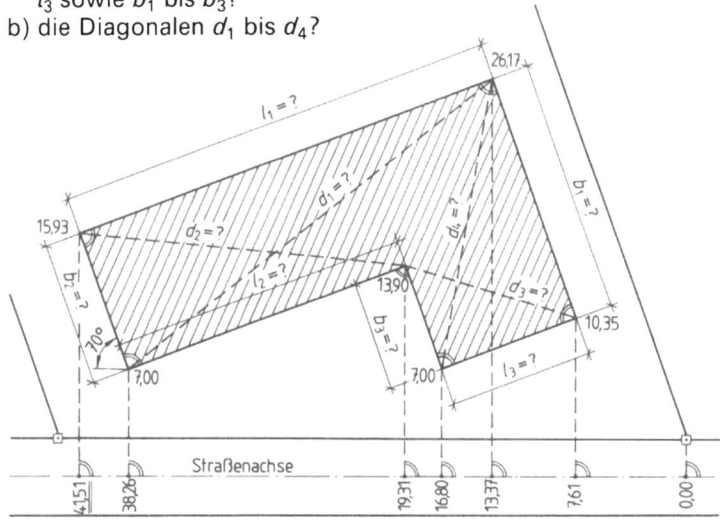

5.8

5.2 Höhenmessung

Übertragen von Höhen durch Nivellieren. Der Architekt bestimmt im Bauantrag die Höhe der Oberkante des Erdgeschoßfußbodens. Wir legen bei Baubeginn auf der Baustelle die Höhe der Oberkante (OK) Erdgeschoßfußboden (EG) am Schnurgerüst fest. Dazu schlagen wir auf dieser Höhe einen Nagel ein oder befestigen ein Brett mit der Oberkante als Bezugshöhe am Schnurgerüst. Um die Höhe OK Erdgeschoßfußboden einmessen zu können, wird die bekannte Höhe vom nächstgelegenen verbindlichen **Höhenfestpunkt** an das Schnurgerüst übertragen. Ist dieser Punkt zu weit entfernt, wird die Höhe eines näher gelegenen **Hilfspunkts** (Kanal- oder Hydrantendeckel, Bordsteinkante oder Festpunkte an Nachbargebäuden) übertragen.

Beispiel 4 Die Höhe des Erdgeschoßfußbodens im Haus **5.9** ist mit 99,54 m ü. NN festgelegt. Bekannt ist die Höhe eines Höhenfestpunkts an einem benachbarten Haus mit 98,54 m. In welchem Abstand von OK Pfosten des Schnurgerüsts muß die Brettoberkante festgenagelt werden? Beim Rückblick liest man 2,68 m, beim Vorblick 1,53 m ab.

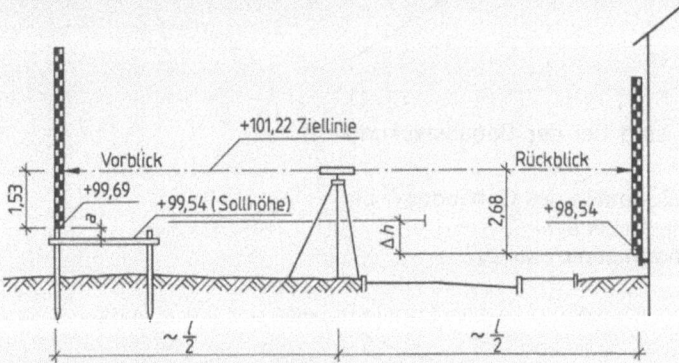

5.9 Nivellement vom Höhenfestpunkt

Ausrechnung über Ziellinie

Zunächst brauchen wir die Höhe der Ziellinie.

Ziellinie = Höhe des Festpunkts + Rückblick
= + 98,54 m + 2,68 m = + 101,22 m ü. NN

Höhe des Pfostens am Schnurgerüst = Ziellinie − Vorblick
= + 101,22 m − 1,53 m = + 99,69 m ü. NN

Pfostenabstand bis Brettoberkante ($\triangleq$ Erdgeschoßfußboden)
a = + 99,69 m − (+ 99,54 m) = **0,15 m**

Ausrechnung über Höhenunterschied

Höhenunterschied Δh = Rückblick R − Vorblick V
Δh = 2,68 m − 1,53 m = 1,15 m

Höhe des Pfostens = + 98,54 m + (+ 1,15 m) = + 99,69 m ü. NN

Pfostenabstand bis Brettoberkante
a = + 99,69 m − (+ 99,54 m) = **0,15 m**

Ist der nächstgelegene Höhenfestpunkt oder Hilfspunkt zu weit weg, so daß wir ihn vom Gerätestandpunkt mit einem Rückblick nicht anvisieren können, legen wir **Wechselpunkte** dazwischen (**5.10**). Die Höhe wird nun erst auf die Wechselpunkte übertragen und zum Schluß auf das Schnurgerüst. Bei mehr als einem Rückblick und Vorblick wird ein Feldbuch in tabellarischer Form geführt (**5.11**), worin auch die Höhen ausgerechnet werden.

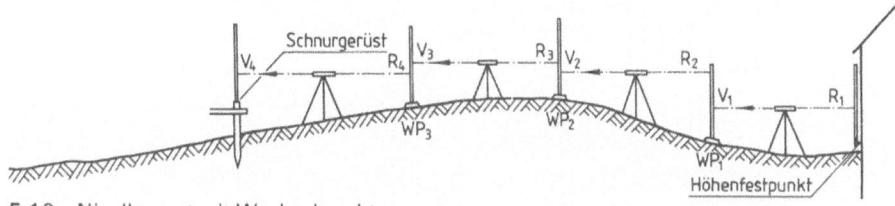

5.10 Nivellement mit Wechselpunkten

Niv. Formular					Datum:		
					Beobachter:		
Wetter:					Instrument:		

Station	Pkt. Nr.	Ablesungen			Ziellinie oder Höhenunterschied Δh	Höhe über N.N.	Bemerkungen
		Rückblick	Zwischenblick	Vorblick			

5.11 Feldbuch mit Nivellementformular

Festpunkt- und Schleifennivellement. Um festzustellen, ob wir einen Fehler in der Höhenmessung gemacht haben, führen wir ein Festpunkt- oder Schleifennivellement aus. Beim Festpunktnivellement beginnen wir bei einem Höhenfestpunkt, nivellieren zum Schnurgerüst und messen weiter zu einem anderen Höhenfestpunkt, an dem wir die Messung abschließen. Beim Schleifennivellement schließen wir die Höhenmessung dagegen an e i n e m Höhenfestpunkt an und ab.

Beispiel 5   Welche Höhe über NN hat der Pflock des Schnurgerüsts an der Baustelle Kaiserstraße? Ausgeführt wurde ein Festpunktnivellement, das am Höhenfestpunkt 12, Jülicher Straße 12, anschloß und am Höhenfestpunkt 16, Danziger Straße 18, abschloß (**5.12**).

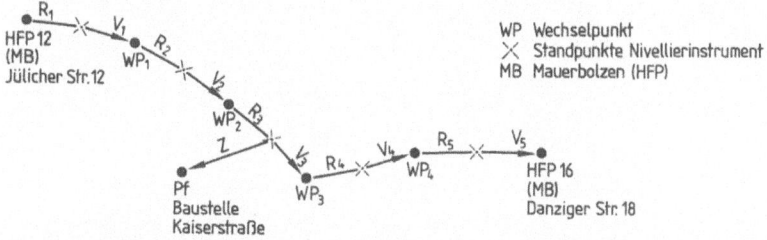

5.12 Festpunktnivellement

Fehlerverteilung. Bevor wir die Höhen über NN ausrechnen, müssen wir den Fehler in unserer Messung feststellen. Wir ermitteln ihn aus der Differenz von Δh_{Soll} und Δh_{Ist}.

Δh_{Soll} = Anfangshöhe − Endhöhe
Δh_{Ist} = Σ Rückblicke − Σ Vorblicke ($\Sigma \triangleq$ Summe)
Fehler = $\Delta h_{Soll} - \Delta h_{Ist}$

Solange der Fehler in der Höhenmessung nur bis zu ± 0,5 cm beträgt, wird er auf die größten Rückblicke mit einem oder mehreren ganzen Millimetern verteilt. Zurück zu unserem Beispiel.

Beispiel 5, **Ausrechnung über Ziellinie (5.13)** nach der Formel
Fortsetzung

Ziellinie = bekannte Höhe + Rückblick
Neue Höhe = Ziellinie − Vorblick oder Zwischenblick

Niv. Formular

Datum: 24.6.1994
Beobachter: Kukartz
Wetter: bedeckt, wenig Wind
Instrument: Ni 2, Nr. 55048

Station	Pkt. Nr.	Ablesungen Rückblick	Ablesungen Zwischenblick	Ablesungen Vorblick	Ziellinie	Höhe über N.N.	Bemerkungen
	HFP12	0,312			153,728	153,416	Mauerbolzen Jülicher Str. 12
	WP1	1,139		1,701	153,166	152,027	
	WP2	1,936	+2	1,628	153,476	151,538	
	Pf.			0,286	153,476	153,190	Pflock, Baustelle Kaiserstraße
	WP3	2,524	+2	1,432	154,570	152,044	
	WP4	1,793	+2	0,985	155,380	153,585	
	HFP16			1,327		154,053	Mauerbolzen Danziger Str. 18
	ΣR = 7,704		ΣV = 7,073			0,637	Δh SOLL
	Δh IST = 7,704 − 7,073			= − (+ 0,631)			Δh IST
						+ 6 mm	Verbesserung
	Der Pflock des Schnurgerüsts auf der Baustelle Kaiserstraße						
	hat eine Höhe von 153,190 m ü. NN						

5.13 Ausrechnung über Ziellinie

Beispiel 5, **Ausrechnung über Höhenunterschied (5.14) nach der Formel**
Fortsetzung

> Höhenunterschied
> Δh = Rückblick R − Vorblick V oder Zwischenblick Z
> oder
> Δh = Zwischenblick Z − Vorblick V

Niv. Formular

Datum: 24.6.1994
Beobachter: Kukartz
Wetter: bedeckt, wenig Wind
Instrument: Ni 2, Nr. 55048

Station	Pkt. Nr.	Ablesungen Rückblick	Ablesungen Zwischenblick	Ablesungen Vorblick	Höhenunterschied Δh	Höhe über N.N.	Bemerkungen
	HFP12	0,312				153,416	Mauerbolzen Jülicher Str. 12
	WP1	1,139		1,701	−1,389	152,027	
	WP2	1,936	+2	1,628	−0,489	151,538	
	Pf		0,286		1,652	153,190	Pflock, Baustelle Kaiserstraße
	WP3	2,524	+2	1,432	−1,146	152,044	
	WP4	1,793	+2	0,985	1,541	153,585	
	HFP16			1,327	0,468	154,053	Mauerbolzen Danziger Str. 18
Σ	R	7,704	Σ V =	7,073		0,637	Δh SOLL
Δh	IST= 7,704	− 7,073			= − (+ 0,631)		Δh IST
						+6 mm	Verbesserung
	Der Pflock des Schnurgerüsts auf der Baustelle Kaiserstraße						
	hat eine Höhe von 153,190 m ü. NN						

5.14 Ausrechnung über Höhenunterschied Δh

Aufgaben

1. Die Baugrube 5.15 soll 2,95 m tief unter OK Erdgeschoßfußboden ($\pm$ 0,0) ausgeschachtet werden.

   a) Wieviel cm müssen noch ausgehoben werden?

   b) Welche NN-Höhen haben OK EG und Baugrubensohle, wenn die Ziellinie auf 95,63 m ü. NN liegt?

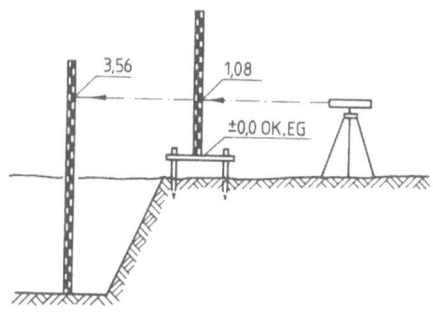

5.15 Höhenbestimmung Baugrube

2. Beim Einschalen der Erdgeschoßdecke **5.16** ist zu prüfen, ob diese die angegebene Höhe von 185,53 m über NN hat. Als Deckendicke sind insgesamt 26 cm anzunehmen. Um wieviel cm ist die Schalung anzuheben oder zu senken?

3. a) Wie groß ist die NN-Höhe der Baugrubensohle und
b) wie tief ist die Baugrube **5.17**, wenn der Festpunkt eine Höhe von 124,51 m ü. NN hat?

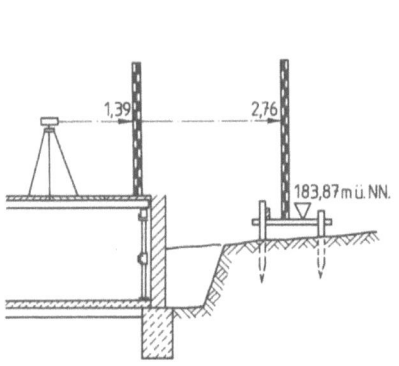

5.16 Höhenmessung Deckenschalung

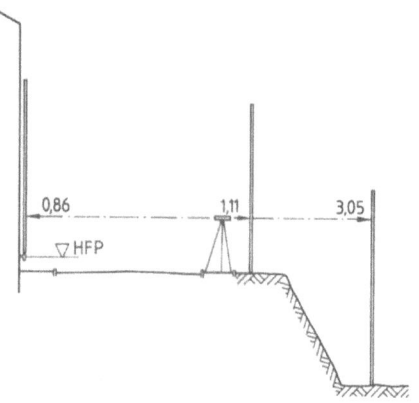

5.17 Höhe der Baugrubensohle

4. Zur Massenermittlung der Erdarbeiten wurde vor dem Baugrubenaushub die Oberflächenform des Geländes durch Querprofile erfaßt. Welche NN-Höhe haben die aufgenommenen Geländepunkte im Querprofil **5.18**?

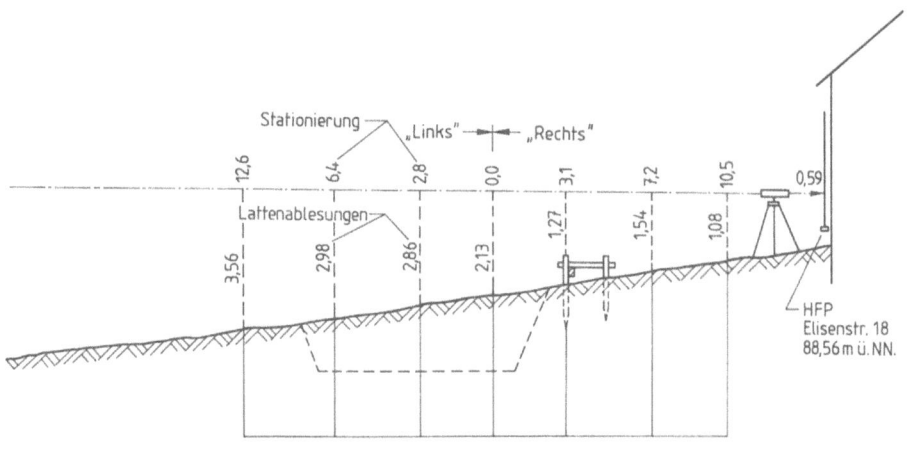

5.18 Höhenaufnahme des Geländes

5. Die verlegte Grundleitung ist nach den Höhenangaben im Querprofil **5.19** zu kontrollieren. Welche Ablesungen zeigt die Meßlatte, wenn die Grundleitung richtig verlegt wurde?

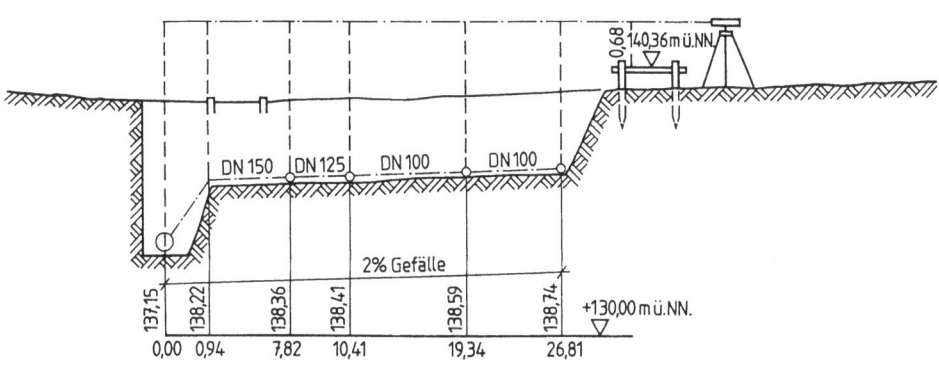

5.19 Höhenkontrolle der Grundleitung

6. Um die Höhe des Schnurgerüstpflocks auf der Baustelle Tannenweg zu bestimmen, wurde ein Schleifennivellement gemessen, das anhand des Nivellementformulars **5.20** auszurechnen ist.

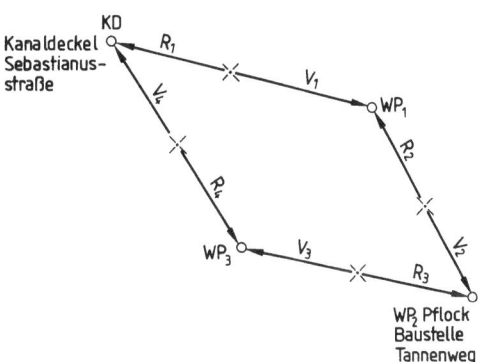

Niv. Formular				Datum:	20.11.1994	
				Beobachter:	Schöbeck	
Wetter:	sonnig			Instrument:	Ni 2, Nr. 76154	
	windig					

Station	Pkt. Nr.	Ablesungen			Ziellinie	Höhe über N.N.	Bemerkungen
		Rückblick	Zwischenblick	Vorblick	Höhenunterschied Δh		
	KD	2,685				205,689	Kanaldeckel, Sebastianusstr.
	WP1	3,714		2,562			
	WP2	2,165		2,884			Pflock, Baustelle Tannenweg
	WP3	3,543		3,976			
	KD			2,683		205,689	Kanaldeckel, Sebastianusstr.

5.20 Schleifennivellement Baustelle Tannenweg

7. Rechnen Sie die Feldbuchaufnahme 5.21 zu einem Nivellement aus und bestimmen Sie die NN-Höhe des Pflocks auf der Baustelle Kupferstr. 32.

Niv. Formular						Datum: 10.9.1994 Beobachter: Weidenpech Instrument: Ni 2, Nr. 56123	

Wetter: sonnig, windstill

Station	Pkt. Nr.	Ablesungen			Ziellinie	Höhe über N.N.	Bemerkungen
		Rückblick	Zwischenblick	Vorblick	Höhenunterschied Δh		
	HFP	2,734				58,734	Höhenfestpunkt Ringstr. 44
	WP1	3,146		1,831			
	WP2	2,461		1,984			
	WP3	1,645		2,138			
	Z1		3,486				Pfahl Baustelle Kupferstr. 32
	WP4	1,923		1,587			
	WP5	1,085		2,127			
	WP6	0,765		2,642			
	HFP			2,895		57,292	Höhenfestpunkt Grabenstr. 88

5.21 Feldbuchaufnahme Baustelle Kupferstraße 32

8. In welchem Abstand von OK Pfosten des Schnurgerüsts **5.22** muß die Brettoberkante festgenagelt werden, wenn die Höhe des Erdgeschoßfußbodens 278,63 m ü. NN betragen soll?

9. Vom Schnurgerüst aus soll der Meterriß im Gebäude **5.23** eingemessen werden. Wieviel cm über der Ziellinie des Nivellierinstruments müssen Sie den Meterriß anzeichnen?

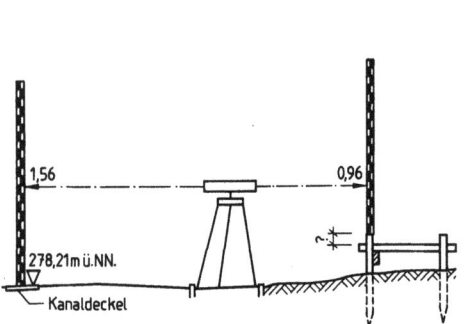

5.22 Höhenübertragung Schnurgerüst

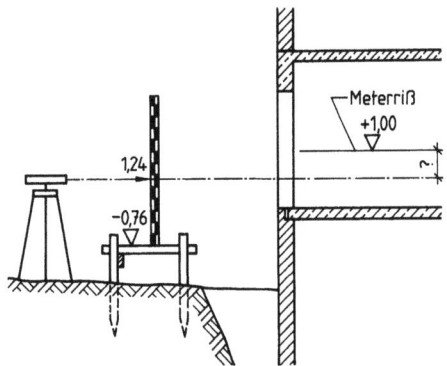

5.23 Höhenbestimmung des Meterrisses

6 Grundbau und Gründungen

Grundlage für Aufmaß und Abrechnung von Bauleistungen ist die Verdingungsordnung für Bauleistungen VOB, Teil C Allgemeine Technische Vorschriften. Sie enthält Berechnungsgrundlagen für alle Baugewerke unter Berücksichtigung der DIN-Normen (**6.1**).

Aus Längenmaßen, die sich aus der Zeichnung oder durch Aufmaß ergeben, werden durch Multiplikation Flächen (m²) berechnet (z. B. m² Trennwand, m² Estrich). Eine Multiplikation der Flächen mit der Höhe ergibt Rauminhalte (z. B. m³ Mauerwerk). Dabei werden die Rohbaumaße zugrunde gelegt.

Tabelle 6.1 VOB Teil C und DIN-Normen

VOB T C/DIN	Gewerk
18300	Erdarbeiten
18303	Verbauarbeiten
18306	Entwässerungskanalarbeiten
18317	Straßenbauarbeiten
18330	Maurerarbeiten
18331	Beton- und Stahlbetonarbeiten
18334	Zimmerer- und Holzarbeiten
18350	Putz- und Stuckarbeiten
18352	Fliesen- und Plattenarbeiten
19353	Estricharbeiten

Erdarbeiten werden in der Praxis meist gesondert aufgemessen und berechnet, weil ihre Ausführung häufig nicht mit der Planung übereinstimmt. Grundsätzlich kann eine Erdmassenberechnung nur so genau sein, wie es das Aufmaß und das Berechnungsverfahren sind.

Formulare vereinfachen die Massenberechnung, machen sie übersichtlicher und leichter prüfbar (**6.2**).

Baustelle: _____

Pos.	Bauteil	Länge in m	Höhe in m	Fläche in m²	Breite in m	Inhalt in m³	Abzug	Bemerkungen
43	Streifenfundamentgraben	12,46	0,50	6,23	0,60	3,74	-	

6.2 Berechnungsformular

Datum: _____
Unterschrift: _____

6.1 Bodenaushub für Baugruben

Die Baugrubenmaße zum Berechnen des Aushubs erhalten wir aus den Außenmaßen des Bauwerks zuzüglich der Mindestbreiten für Arbeitsräume nach DIN 4124 sowie der Zuschläge für Schalung und Verbau bei nicht abgeböschten

Baugruben (**6.3**). Für abgeböschte Baugruben sind die Böschungswinkel je nach der Bodenklasse vorgeschrieben (**6.4**). Den Platzbedarf für Arbeitsräume und Böschungen lesen wir aus Tabelle **6.5** ab.

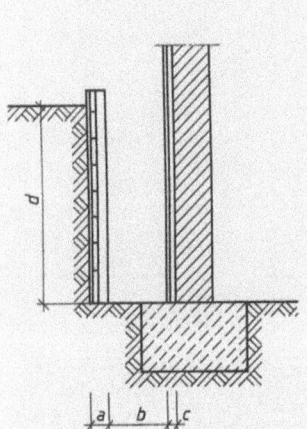

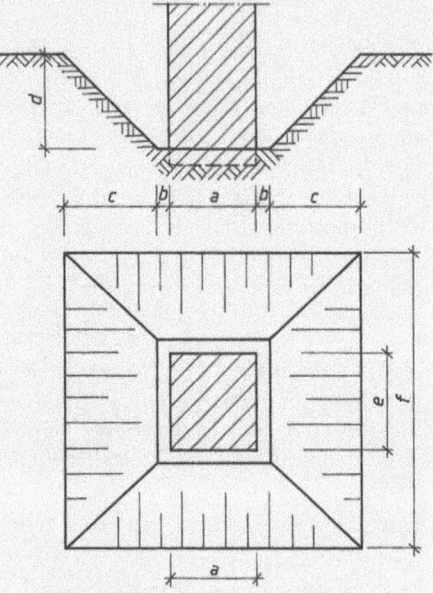

6.3 Senkrechte Baugrubenwände
 a Verbaukonstruktion 0,15 m
 b Arbeitsraum $\geq$ 0,50 m
 c Schalungskonstruktion ~0,15 m
 d Baugrubentiefe

6.4 Arbeitsräume bei Böschungen
 a Gebäudebreite
 b Arbeitsraum $\geq$ 50 cm
 c Böschungsbreite
 d Tiefe
 e Gebäudelänge
 f Baugrubenlänge

Tabelle **6.5 Böschungswinkel und -breiten für Baugruben**

Bodenart	Böschungs-winkel	Böschungs-breite c	Schalungs- oder Verbaukonstruktion (ohne Nachweis)	betretbarer Arbeitsraum
schwer/leicht lösbarer Fels Bodenklasse 6/7	80°	0,17 · Tiefe oder $\dfrac{\text{Tiefe}}{\tan 80°}$		
schwer lösbarer Boden Bodenklasse 5	60°	0,58 · Tiefe oder $\dfrac{\text{Tiefe}}{\tan 60°}$	0,15 m	0,50 cm
leicht/mittel-schwer lösbarer Boden Bodenklasse 3/4	40°	1,2 · Tiefe oder $\dfrac{\text{Tiefe}}{\tan 40°}$		

Beispiel 1 Für ein Wohnhaus ist der Baugrubenaushub zu berechnen. Gebäudeaußenmaße 6,50 m · 12,72 m, Baugrubentiefe 1,81 m, Bodenklasse 5, horizontales Gelände, keine Verbau- oder Schalungskonstruktion (**6.6**).

Baugrubensohle

Breite = 6,50 m + 2 · 0,50 m
= **7,50 m**

Länge = 12,72 m + 2 · 0,50 m
= **13,72 m**

Deckfläche

Breite = 6,50 m + 2 · 0,50 m

$+ 2 \dfrac{1,81 \text{ m}}{\tan 60°}$

= 6,50 m + 2 · 0,50 m

$+ 2 \dfrac{1,81 \text{ m}}{1,732 \text{ m}}$ = **9,58 m**

Länge = 12,72 m + 2 · 0,50 m

$+ 2 \dfrac{1,81 \text{ m}}{\tan 60°}$

= 12,72 m + 2 · 0,50 m

$+ 2 \dfrac{1,81 \text{ m}}{1,732 \text{ m}}$ = **15,82 m**

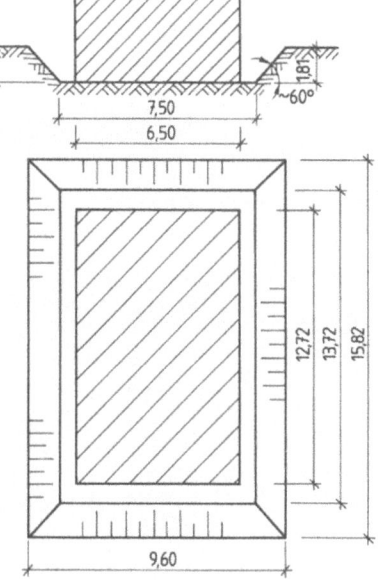

6.6 Baugrubenabmessungen (Maße in m)

Die Aushubmassen einer Baugrube kann man in Näherungsverfahren oder mathematisch genau berechnen. Näherungsberechnung und genaue Berechnung können unterschiedliche Ergebnisse haben.

Aushub in horizontalem Gelände

Näherungsverfahren 1 (**6.7**). Der 20 cm starke Mutterboden ist vorher abgetragen worden; er wird nach m² abgerechnet. Aushubberechnung nach der Formel

V = Länge · Breite · Tiefe (Quader)

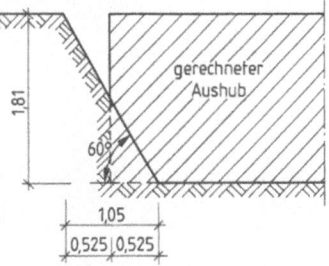

Beispiel 2 Länge = 12,72 m + 2 · 0,50 m + $2 \dfrac{1,05 \text{ m}}{2}$

= **14,77 m**

Breite = 6,50 m + 2 · 0,50 m + $2 \dfrac{1,05 \text{ m}}{2}$

= **8,55 m**

Volumen V = 14,77 m · 8,55 m · 1,81 m
= **228,57 m³**

6.7 Berechnen des Baugrubenaushubs in horizontalem Gelände nach dem Näherungsverfahren (Maße in m)

Näherungsverfahren 2 nach der Formel

$$V = \frac{A_1 + A_2}{2} h$$

Beispiel 3 $A_1 = 13{,}72 \text{ m} \cdot 7{,}50 \text{ m} = 102{,}90 \text{ m}^2$
$A_2 = 15{,}82 \text{ m} \cdot 9{,}60 \text{ m} = 151{,}87 \text{ m}^2$
$V = \dfrac{102{,}90 \text{ m}^2 + 151{,}87 \text{ m}^2}{2} \cdot 1{,}81 \text{ m} = \mathbf{230{,}57 \text{ m}^3}$

Genaue Berechnung nach der Simpsonschen Regel

$$V = \frac{h}{6}(A_1 + 4A_M + A_2)$$

Beispiel 4 A_1 = Sohle der Baugrube = 102,90 m²
A_2 = Deckfläche = 151,87 m²
A_M = Fläche der Baugrube in halber Höhe, zu berechnen aus den gemittelten Längen und Breiten
$A_M = \dfrac{15{,}82 \text{ m} + 13{,}72 \text{ m}}{2} \cdot \dfrac{9{,}60 \text{ m} + 7{,}50 \text{ m}}{2} = 126{,}28 \text{ m}^2$
$V = \dfrac{1{,}81 \text{ m}}{6}(102{,}90 \text{ m}^2 + 4 \cdot 126{,}28 \text{ m}^2 + 151{,}87 \text{ m}^2) = \mathbf{229{,}23 \text{ m}^3}$

Genaue Berechnung durch Aufteilen des Baugrubeninhalts in geometrische Körper (6.8)

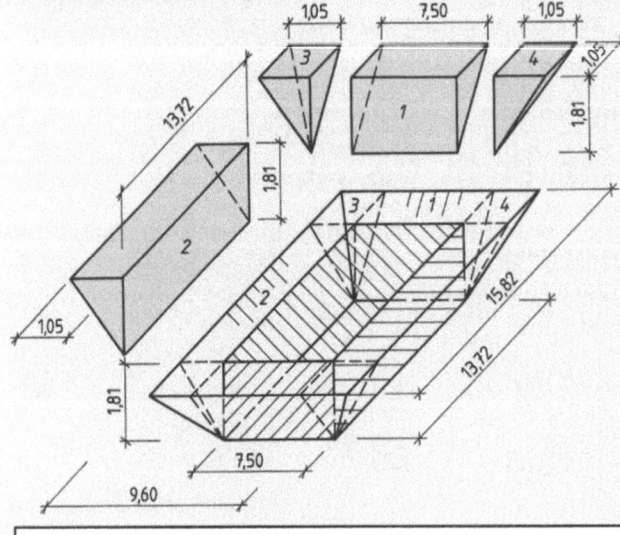

6.8
Genaues Berechnen des Baugrubenaushubs in horizontalem Gelände (Maße in m)

$$V = V_{\text{Quader}} + 2\,V_{\text{Prisma 1}} + 2\,V_{\text{Prisma 2}} + 4\,V_{\text{Pyramide}}$$

Beispiel 5 $V_{Quader} = 12{,}72 \text{ m} \cdot 7{,}50 \text{ m} \cdot 1{,}81 \text{ m} = 172{,}674 \text{ m}^3$

$V_{Prisma\,1} = \dfrac{1{,}81 \text{ m} \cdot 1{,}05 \text{ m}}{2} \cdot 7{,}50 \text{ m} \cdot 2 = 14{,}25 \text{ m}^3$

$V_{Prisma\,2} = \dfrac{1{,}81 \text{ m} \cdot 1{,}05 \text{ m}}{2} \cdot 13{,}72 \text{ m} \cdot 2 = 26{,}07 \text{ m}^3$

$V_{Pyramide} = \dfrac{1{,}05 \text{ m} \cdot 1{,}05 \text{ m} \cdot 1{,}81 \text{ m}}{3} \cdot 4 = \dfrac{2{,}66 \text{ m}^3}{\mathbf{229{,}23 \text{ m}^3}}$

Für die Verfüllung ermitteln wir die Erdmassen durch Abzug des Baukörpers

$$V = V_{Gesamt} - V_{Quader}$$

Beispiel 6 $V = 229{,}23 \text{ m}^3 - 172{,}674 \text{ m}^3 = \mathbf{56{,}556 \text{ m}^3}$

> Nach welcher Formel und welchem Verfahren abgerechnet wird, soll in der Praxis vor Beginn der Aushubarbeiten in der Ausschreibung festgelegt werden.

Wie der Aushub einer Baugrube in geneigtem Gelände berechnet wird, zeigen wir in der ausführlichen Erdmassenberechnung (Abschn. 14.2), ebenso die Erdmassenberechnung nach Querprofilen und von Rampen. Dagegen wird der Aushub von Leitungsgräben im Abschn. 13 behandelt.

Aufgaben

Bodenaushub in horizontalem Gelände

1. Berechnen Sie den Bodenaushub für eine nicht abgeböschte Baugrube mit Schalung und Verbau. Gebäudeaußenmaße 12,78 m · 8,50 m, Baugrubentiefe im Mittel 1,65 m.

2. Für eine abgeböschte Baugrube in horizontalem Gelände, Bodenklasse 4, ist der genaue Aushub zu berechnen. Die Gebäudeaußenmaße betragen 13,75 m · 11,35 m. Schalung und Verbau sind nicht erforderlich. Baugrubentiefe 2,10 m.

3. Für die folgenden Fälle sind die Böschungsbreiten der jeweiligen Baugrube gesucht.

4. Die Maße der Baugrube **6**.9 sind zu berechnen. Bodenklasse 5, kein Verbau, keine Schalung. Gesucht: Länge und Breite der Baugrubensohle und der Baugrubendeckfläche.

	Bodenklasse	Aushubtiefe
a)	6	1,60 m
b)	3	2,15 m
c)	5	0,75 m
d)	7	2,30 m

5. Berechnen Sie den Rauminhalt der Baugrube **6**.9 nach der
   a) Näherungsformel (Quader),
   b) Simpsonschen Regel.

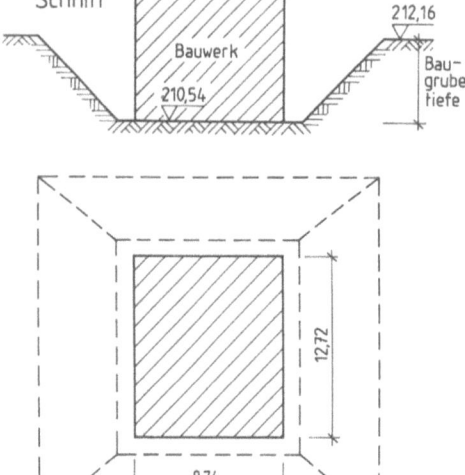

6.9 Baugrube (Maße in m)

7. Berechnen Sie die genaue Aushubmasse der Baugrube **6**.10. Neigung der Böschung allseitig 1:1, Aushubtiefe im Mittel 1,67 m, Arbeitsraum 50 cm.

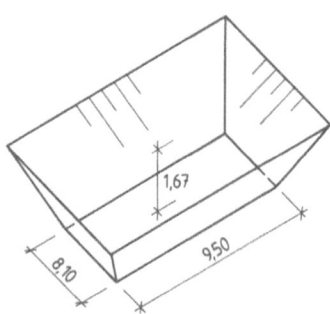

6.10 Baugrube (Maße in m)

6. Wieviel m³ Boden (feste Masse) werden für die Verfüllung des Arbeitsraums in der Baugrube **6**.9 gebraucht?

8. Stellen Sie für die Streifenfundamentgründung **6**.21 anhand eines Massenermittlungsformulars den erforderlichen Bodenaushub fest.

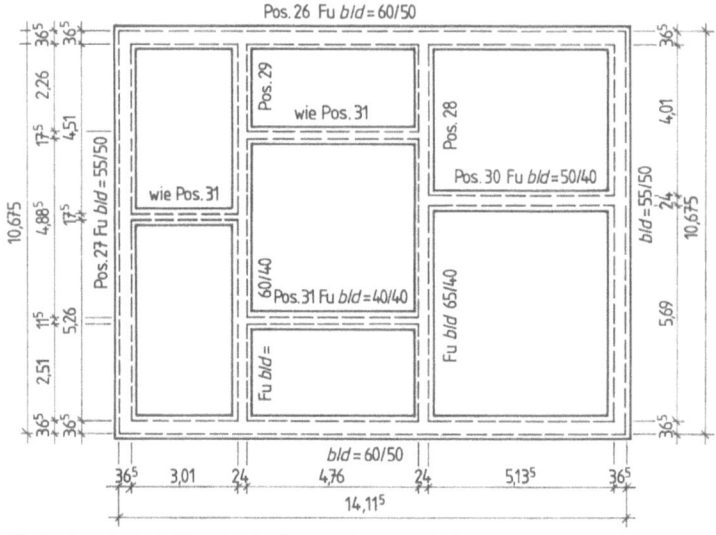

Alle Fundamente sind mittig unter den Kellerwänden angeordnet

6.11 Fundamentplan (M 1:200)

6.2 Fundamentberechnungen – Bodenspannungen

Fundamente haben die Aufgabe, alle auftretenden Lasten sicher in den Baugrund abzuleiten. In der DIN 1054 kann man zulässige Bodenspannungen für verschiedene Böden nachlesen (**6.12** und **6.13**).

Tabelle 6.12 Zulässige mittlere Bodenpressung in kN/m² für Streifenfundamente auf nichtbindigen und schwach feinkörnigen Böden nach DIN 1054

Bauwerk	setzungsempfindlich						setzungsunempfindlich			
Breite des Streifenfundaments b bzw. b' in m	0,5	1	1,5	2	2,5	3	0,5	1	1,5	2
Einbindetiefe t in m 0,5	200	300	330	280	250	220	200	300	400	500
1	270	370	360	310	270	240	270	370	470	570
1,5	340	440	390	340	290	260	340	440	540	640
2	400	500	420	360	310	280	400	500	600	700
bei kleinen Bauwerken	150 mit Breiten $\geq$ 0,3 m und Gründungstiefen $\geq$ 0,3 m									

Tabelle 6.13 Zulässige mittlere Bodenpressung für Streifenfundamente bei bindigem und gemischt körnigem Baugrund in kN/m² nach DIN 1054

Bodenart	reiner Schluff	gemischtkörniger Boden, der Korngrößen vom Ton- bis in den Sand-, Kies- oder Steinbereich enthält			tonig-schluffiger Boden			fetter Ton		
Bodengruppe	UL	SŪ, ST, SŤ, GŪ, GŤ			UM, TL, TM			TA		
Konsistenz	steif bis halbfest	steif	halbfest	fest	steif	halbfest	fest	steif	halbfest	fest
Einbindetiefe[1]) in m 0,5	130	150	220	330	120	170	280	90	140	200
1	180	180	280	380	140	210	320	110	180	240
1,5	220	220	330	440	160	250	360	130	210	220
2	250	250	370	500	180	280	400	150	230	300

[1]) Zwischenwerte können geradlinig eingeschaltet werden.

6.2.1 Streifenfundamente

Bei Streifenfundamenten treten linienförmige Belastungen auf. Daher wird die Last stets je laufenden Meter ermittelt. Die erforderliche Fundamentbreite muß genau berechnet werden, wobei die zulässige Bodenpressung (Druckspannung) nicht überschritten werden darf. Spannungen berechnet man nach der Formel

$$\boxed{\sigma = \frac{F}{A}\,.}$$

Die Spannung wird in kN/m², die Kraft in kN, die Fläche in m² eingesetzt.

Die sonst allgemein übliche Angabe von Spannungen in N/mm² hat sich in der Baubranche noch nicht durchgesetzt. Sie wird im folgenden jedoch auch beispielhaft angewendet.

Beispiel 7 Ein Streifenfundament eines Einfamilienhauses wird mit einer Linienlast $F = 65{,}3$ kN/lfd. m belastet. Als Baugrund steht schwach feinkörniger Boden an. Berechnen Sie die erforderliche Fundamentbreite erf b (6.14).

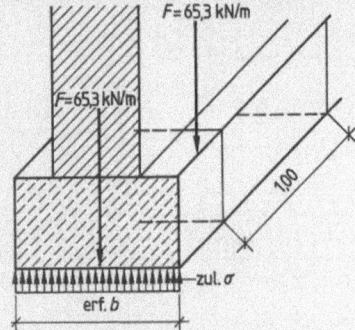

Als erstes suchen wir aus der Tabelle 6.12 die zulässige Bodenpressung für kleinere Bauwerke heraus. Wir finden: zul $\sigma = 150$ kN/m². Dann stellen wir unsere Spannungsformel um:

$$\sigma = \frac{F}{A} = \frac{f}{b \cdot 1{,}00\,\text{m}} \rightarrow \text{erf}\, b = \frac{F}{\text{zul}\,\sigma \cdot 1{,}00\,\text{m}}$$

6.14 Streifenfundament

Wir setzen alle bekannten Größen ein, wobei wir der Übersichtlichkeit wegen die Einheiten (Dimensionen) gesondert in eckigen Klammern hinter dem reinen Zahlenansatz berechnen.

$$\text{erf}\, b = \frac{65{,}3}{150 \cdot 1{,}00} \left[\frac{\text{kN}}{\frac{\text{kN}}{\text{m}^2} \cdot \text{m}}\right] = \mathbf{0{,}44\,m}$$

Fundamentbreiten werden nicht cm-weise gewählt, sondern auf volle 5 cm aufgerundet. Demnach können wir sagen:

gewählt: $b = \mathbf{45\,cm}$

Immer wenn in der Statik eine Größe gewählt wird, ist ein Nachweis erforderlich, der die Zulässigkeit der gewählten Größe beweist. Unser Spannungsnachweis sieht also so aus:

$$\text{vorh}\,\sigma = \frac{F}{A} = \frac{65{,}3}{45 \cdot 1{,}00}\left[\frac{\text{kN}}{\text{m} \cdot \text{m}}\right] = 145{,}11\,\frac{\text{kN}}{\text{m}^2} < 150\,\frac{\text{kN}}{\text{m}^2} \rightarrow \textbf{zulässig}$$

Beispiel 8 Weisen Sie die Zulässigkeit der geplanten Streifenfundamentausführung mit $b = 40$ cm auf reinem Schluff nach. Das Fundament bindet 80 cm tief in den Boden ein und wird mit $F = 56$ kN je m belastet.

Aus Tabelle 6.13 entnehmen wir für die Einbindetiefe von 0,50 m zul σ = 130 kN/m², für die Einbindetiefe von 1,00 m zul σ = 180 kN/m². Wir interpolieren und finden für 0,80 m Einbindetiefe zul σ = 160 kN/m². Jetzt berechnen wir die vorhandene Bodenpressung.

$$\text{vorh}\,\sigma = \frac{F}{A} = \frac{56{,}0}{40 \cdot 1{,}00}\left[\frac{\text{kN}}{\text{cm} \cdot \text{m}}\right]$$

Wir sehen, daß wir die Benennungen ändern müssen, damit sich die Einheit der Spannung in kN/m² ergibt. Deshalb ändern wir 40 cm in 0,40 m und erhalten:

$$\text{vorh}\,\sigma = \frac{56{,}0}{0{,}40 \cdot 1{,}00}\left[\frac{\text{kN}}{\text{m} \cdot \text{m}}\right] = \mathbf{140{,}0}\,\frac{\text{kN}}{\text{m}^2} < \text{zul}\,\sigma = 160\,\frac{\text{kN}}{\text{m}^2}$$

Da das vorhandene σ kleiner ist als das zulässige, ist die geplante Ausführung möglich.

Beispiel 9 Das vorhandene Streifenfundament 6.15 soll durch die nachträgliche Aufstockung des Gebäudes höher belastet werden. Als Baugrund steht kiesiger Sand an, der mit 250 kN/m² belastet werden darf. Bestimmen Sie die höchstzulässige Auflast zul F unter Berücksichtigung des vorhandenen Fundamentgewichts. ($\varrho = 2{,}3$ t/m³)

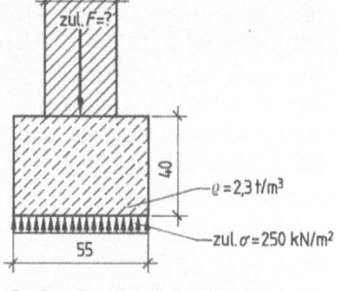

6.15 Streifenfundament

Als erstes stellen wir unsere Spannungsgleichung um.

$$\sigma = \frac{F}{A} \rightarrow F = \sigma \cdot A$$

Nun setzen wir die bekannten Größen ein.

$$F = \text{zul}\,\sigma \cdot \text{vorh}\,A = 250 \cdot 0{,}55 \cdot 1{,}00 \left[\frac{\text{kN}}{\text{m}^2} \cdot \text{m} \cdot \text{m}\right] = 137{,}5 \text{ kN}$$

Jetzt berechnen wir die Gewichtskraft F_{Fu} unseres vorhandenen Fundaments nach der Formel $F_{Fu} = V \cdot \varrho \cdot g$. Das Volumen V wird in m³, die Rohdichte ϱ in t/m³, die Erdbeschleunigung g in m/s² angegeben.

$$F_{Fu} = 0{,}55 \cdot 0{,}40 \cdot 1{,}00 \cdot 2{,}3 \cdot 10 \left[\text{m} \cdot \text{m} \cdot \text{m} \cdot \frac{\text{t}}{\text{m}^3} \cdot \frac{\text{m}}{\text{s}^2}\right] = 5{,}06 \text{ kN}$$

$$F_{zul} = 137{,}50 - 5{,}06 = 132{,}44 \text{ kN}$$

Unsere Gesamtauflast muß also **kleiner oder gleich 132,44 kN** sein.

Aufgaben

1. Berechnen Sie die vorhandene Bodenpressung unter dem Streifenfundament 6.16.

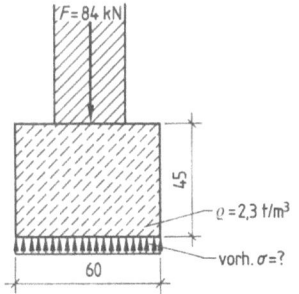

6.16 Streifenfundament

2. Bestimmen Sie die zulässige Bodenpressung eines setzungsunempfindlichen Bauwerks auf nichtbindigem Boden in N/mm², wenn die Fundamentbreite 50 cm und die Einbindetiefe 1,00 m betragen.

3. Ermitteln Sie die erforderliche Fundamentbreite für das Streifenfundament 6.17 auf fettem Ton (halbfeste Konsistenz), wenn die Einbindetiefe 1,20 m beträgt. Wählen Sie b und führen Sie den Spannungsnachweis.

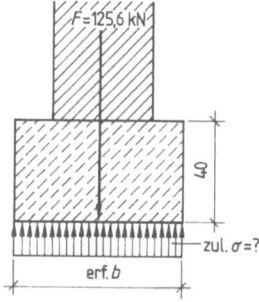

6.17 Streifenfundament

4. Weisen Sie die Zulässigkeit der geplanten Streifenfundamentausführung eines Einfamilienhauses nach. Als Baugrund steht kiesiger Sand an (**6.**18).
5. Wie groß darf maximal die Auflast auf dem Streifenfundament **6.**19 werden? Aufgrund eines Bodengutachtens kann die zul. Spannung mit 0,25 N/mm² angenommen werden.
6. Die vorhandene Bodenpressung unter dem Fundament **6.**20 beträgt 0,134 N/mm². Die zulässige Bodenpressung kann jedoch mit 200 kN/m² angesetzt werden. Berechnen Sie die mögliche Zusatzbelastung.

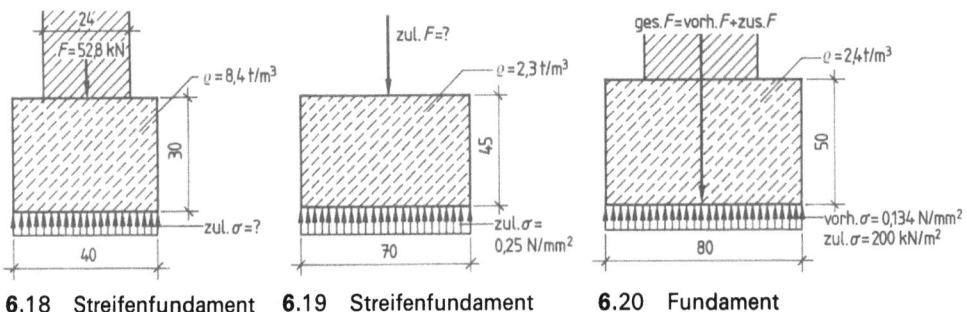

6.18 Streifenfundament   **6.**19 Streifenfundament   **6.**20 Fundament

6.2.2 Einzelfundamente

Einzelfundamente wählt man unter Stützen und Pfeilern. Sie nehmen also punktförmige Lasten auf und leiten sie in den Baugrund. Vereinfacht gehen wir von einer gleichmäßigen Spannungsverteilung unter der ganzen Einzelfundamentfläche aus. Dann berechnen wir die Bodenpressung ebenso wie bei den Einzelfundamenten nach der Formel $\sigma = F/A$.

Beispiel 10 Eine Stahlbetonstütze überträgt eine Einzellast von 315 kN auf ein quadratisches Einzelfundament ($\varrho = 2,5$ t/m³). Bestimmen Sie die erforderliche Seitenabmessung, wählen Sie geeignete Maße und führen Sie einen Spannungsnachweis durch. Der Boden darf laut Bodengutachten mit 250 kN/m² belastet werden (**6.**21).

Zuerst führen wir eine Überschlagsrechnung durch, bei der das Fundamentgewicht geschätzt werden muß.

Geschätzt: $F_{Fu} \cong 10,0$ kN

Daraus folgt $F_{ges} = 315,0$ kN + 10,0 kN = 325,0 kN.

Mittels Äquivalenzumformung finden wir unseren Formelansatz für erf A.

$$\sigma = \frac{F}{A} \rightarrow \text{erf } A = \frac{\text{vorh } F}{\text{zul } \sigma}$$

$$\text{erf } A = \frac{325,0}{250} \frac{\text{kN}}{\text{kN/m}^2} = 1,30 \text{ m}^2$$

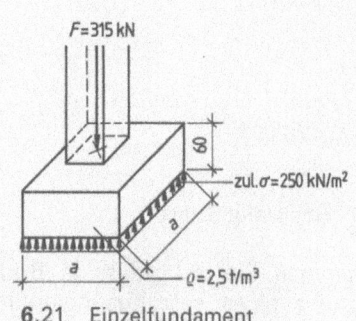

6.21 Einzelfundament

Beispiel 10, Da das Fundament quadratisch sein soll, ziehen wir die Wurzel und erhalten:
Fortsetzung $\text{erf } a = \sqrt{A} = \sqrt{1{,}30 \text{ m}^2} = 1{,}14 \text{ m}$

Nun wählen wir die Seitenabmessung und führen mit dem genau zu berechnenden Fundamentgewicht den Spannungsnachweis durch.

gewählt: $a = \mathbf{1{,}20 \text{ m}}$

$$F_{Fu} = 1{,}20 \cdot 1{,}20 \cdot 0{,}60 \cdot 2{,}5 \cdot 10{,}00 \left[m \cdot m \cdot m \cdot \frac{t}{m^3} \cdot \frac{m}{s^2} \right] = 21{,}6 \text{ kN}$$

$$F_{ges} = 315{,}0 \text{ kN} + 21{,}6 \text{ kN} = 336{,}6 \text{ kN}$$

Nachweis $\text{vorh } \sigma = \dfrac{336{,}6}{1{,}2 \cdot 1{,}2} \left[\dfrac{kN}{m \cdot m} \right] = 233{,}75 \dfrac{kN}{m^2} < \text{zul } \sigma = 250{,}0 \dfrac{kN}{m^2}$

Die vorhandene Spannung ist **kleiner** als die zulässige. Folglich kann die Fundamentbemessung wie berechnet vorgenommen werden.

Beispiel 11 Durch die Aufstockung einer Halle werden sämtliche Stützenfundamente höher belastet als ursprünglich geplant. Zum Glück waren die abgetreppten Einzelfundamente aus konstruktiven Gründen reichlich bemessen. Bestimmen Sie die maximal zulässige Auflast zul F, wenn die Bodenpressung zul $\sigma = 200 \text{ kN/m}^2$ nicht überschritten werden darf. Die Rohdichte des Fundaments kann mit 2,4 t/m³ angesetzt werden (**6.**22).

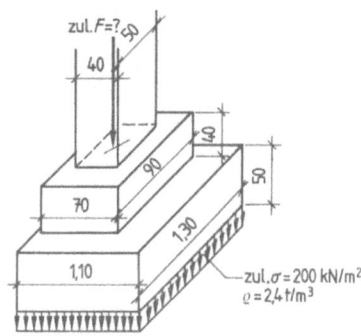

6.22   Einzelfundament

Zunächst muß die maximal zulässige Gesamtkraft F_{ges} ermittelt werden. Anschließend wird die Gewichtskraft des Fundaments bestimmt und abgezogen. Die Differenz ergibt die maximal zulässige Auflast zul F.

$$\sigma = \frac{F}{A} \rightarrow F = \sigma \cdot A$$

$$F_{ges} = 200 \cdot 1{,}10 \cdot 1{,}30 \left[\frac{kN}{m^2} \cdot m \cdot m \right] = 286{,}0 \text{ kN}$$

$$V_{Fu} = 0{,}70 \cdot 0{,}90 \cdot 0{,}40 + 1{,}10 \cdot 1{,}30 \cdot 0{,}50 \ [m \cdot m \cdot m] = 0{,}967 \text{ m}^3$$

$$F_{Fu} = 0{,}967 \cdot 2{,}4 \cdot 10{,}00 \left[m^3 \cdot \frac{t}{m^3} \cdot \frac{m}{s^2} \right] = 23{,}208 \text{ kN}$$

zul $F = 286{,}000 \text{ kN} - 23{,}208 \text{ kN} = \mathbf{262{,}792 \text{ kN}}$

Die Fundamentbelastung darf demnach 262,792 kN nicht überschreiten.

Aufgaben

7. Berechnen Sie für das Einzelfundament **6.**23 die vorhandene Bodenpressung.
8. Wählen Sie für das quadratische Einzelfundament **6.**24 eine geeignete Seitenabmessung. Führen Sie den Spannungsnachweis. Die zulässige Bodenpressung kann mit 150 kN/m² angenommen werden, die Rohdichte des Fundaments ist 2,5 t/m³.

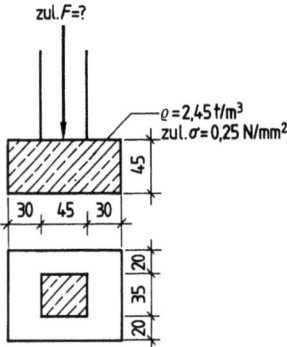

6.23 Einzelfundament

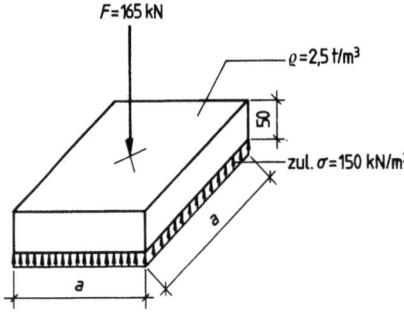

6.24 Einzelfundament

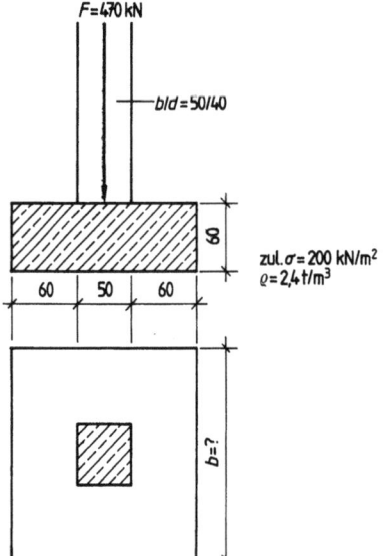

6.25 Einzelfundament

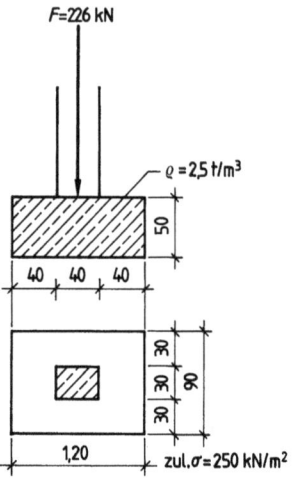

6.26 Einzelfundament

9. Bestimmen Sie die fehlende Fundamentabmessung und führen Sie den Spannungsnachweis. zul σ = 200 kN/m², ϱ = 2,4 t/m³ (**6.25**).

10. Berechnen Sie die zul. Auflast für das Einzelfundament **6.26** unter Berücksichtigung der maximal zulässigen Bodenpressung von 0,25 N/mm².

11. Ermitteln Sie die zulässige Auflast für das abgetreppte Einzelfundament **6.27** unter Einhaltung der Bodenspannung von 100 kN/m². Die Rohdichte beträgt 2,5 t/m³.

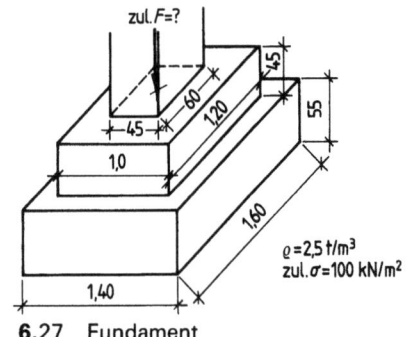

6.27 Fundament

7 Holzbau

7.1 Spannung, Festigkeit, Schub- und Abscherkraft

Spannungs- und Festigkeitsberechnungen dienen dazu, die Stabilität einzelner Bauglieder und die Gesamtstabilität der Holzbauwerke nachzuweisen. Die vorhandenen Kräfte dürfen in keinem Fall größer sein als die von DIN 1055 vorgegebenen zulässigen Kräfte.

> Der Festigkeitsnachweis ist erbracht, wenn die vorhandene Spannung kleiner bzw. gleich der zulässigen Spannung ist.
>
> $\sigma_{vorh} = \sigma_{zul}$

Die zulässigen σ-Werte sind Tabellen zu entnehmen. Die allgemeine Spannungsformel lautet $\sigma = F/A$. Einheiten sind MN/m², kN/cm² und N/mm².
Im Holzbau brauchen wir die Spannungsberechnung vor allem für die Nachweise der Holzverbindungen (**7.1** und **7.2**).

Tabelle 7.1 Zulässige Spannungen für Voll- und Brettschichtholz in N/mm²

Beanspruchung	Vollholz Güteklasse III	Vollholz Güteklasse II	Vollholz Güteklasse I	Brettschichtholz Güteklasse II	Brettschichtholz Güteklasse I	Vollholz (Laubholz, z. B. Eiche, Buche, Teak) Güteklasse i. M. = GK II
Biegung $\sigma_{B\,zul}$	7	10	13	11	14	11
Zug $\sigma_{Z\|zul}$		8,5	10,5	8,5	10,5	10
$\sigma_{Z\perp zul}$		0,05		0,2		0,05
Druck $\sigma_{D\|zul}$	6	8,5	11	8,5	11	10
$\sigma_{D\perp zul}$		2		2,5		3
Abscheren $\tau_{A\,zul}$ Schub $\tau_{Q\,zul}$		0,9		0,9 1,2		1

Tabelle 7.2 Zulässige Druckspannungen bei schrägem Kraftangriff in N/mm²

Holzart	Winkel $\angle$ zwischen Kraft- und Faserrichtung									
	0°	10°	20°	30°	40°	50°	60°	70°	80°	90°
Nadelholz GK II	8,5	7,4	6,3	5,2	4,3	3,5	2,9	2,4	2,1	2,0

Schub- oder Scherkräfte berechnet man in Holzverbindungen, bei denen zwei gegeneinandergerichtete Kräfte in einer Querschnittsebene wirken (**7.3**). Hierbei tritt keine Biegung auf. Beim Stahlbetonbalken wirken infolge der Durchbiegung Schubkräfte im Innern (**7.4**). Die Berechnungsformel lautet:

$$\tau \text{ (tau)} = \frac{\text{Kraft}}{\text{Fläche}} = \frac{F}{A}$$

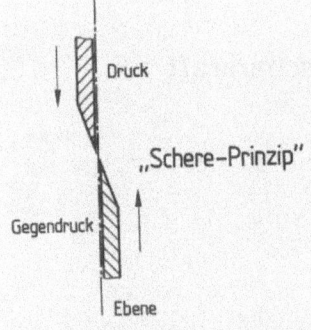

"Schere-Prinzip"

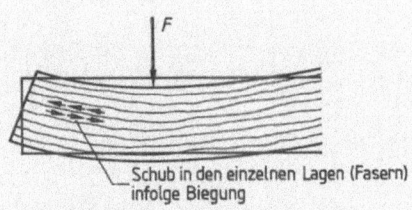

7.3 Abscheren ohne Biegung

7.4 Schub infolge Balkendurchbiegung

Die Einheiten entsprechen den allgemeinen Spannungsberechnungen. Fassen wir zusammen:

> Druck- und Zugspannungen entstehen durch rechtwinklig zur Querschnittsfläche wirkende Kräfte.
>
> $\sigma = \dfrac{F}{A} \quad F = \sigma \cdot A \quad A\,\dfrac{F}{\sigma}$
>
> $\sigma = \dfrac{F_{vorh}}{A_{vorh}} \quad F_{zul} = A_{vorh} \cdot \sigma_{zul} \quad A_{erf} = \dfrac{F_{vorh}}{\sigma_{zul}} \rightarrow$ Nachweis $\sigma_{zul} \geqq \sigma_{vorh}$
>
> Schubspannungen treten auf, wenn Kräfte zwei Querschnitte in einer Ebene verschieben.
>
> $\tau = \dfrac{F}{A} \quad F = \tau \cdot A \quad A = \dfrac{F}{\tau}$
>
> $\tau_{vorh} = \dfrac{F}{A_{vorh}} \quad F_{zul} = A_{vorh} \cdot \sigma_{zul} \quad A_{erf} = \dfrac{F}{\tau_{zul}} \rightarrow$ Nachweis $\tau_{zul} \geqq \tau_{vorh}$

Beispiel 1 Für die Unterstützung eines Holzständergerüsts werden Kanthölzer 10/12 cm verwendet. Beim weiteren Ausbau der Holzkonstruktion soll die maximal zulässige Kraft ermittelt werden, die die Ständer noch aufnehmen können. Eingesetzt wurden Hölzer der GK II (7.5; ein evtl. Ausknicken der Stützen soll hier unberücksichtigt bleiben).

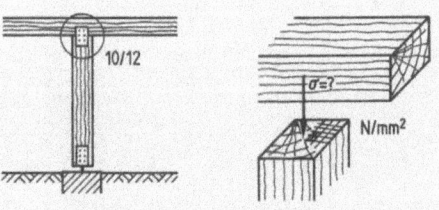

7.5 Holzunterstützung einer Laubengangüberdachung

Lösung $\sigma_{zul} \geqq \sigma_{vorh} \quad F_{zul} = A_{vorh} \cdot \sigma_{zul}$

Aus Tab. 7.1 entnehmen wir GK II Vollholz, zulässiger Druck $\rightarrow$ 8,5 N/mm². Also:
$F_{zul} = 100\ mm \cdot 120\ mm \cdot 8{,}5\ N/mm^2 = 102\,000\ N = \mathbf{102\ kN}$

Beispiel 2 Ermitteln Sie für einen auskragenden Holzbalken 24/24 cm die Scherspannung, wenn an der äußeren Kante von oben eine Kraft von 50 kN wirkt (**7.6**). Die Konstruktion ruht auf einer nach innen versetzten Schwelle. Der Balken ist zur Schwellenaufnahme um jeweils 3 cm geschwächt. Die zulässige Scherspannung rechtwinklig zur Faser beträgt 2 N/mm².

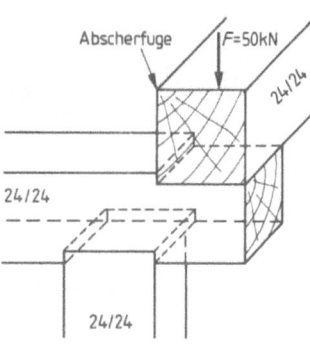

7.6 Deckenbalken mit versetzten Schwellen

Lösung

$$\tau_{a\perp zul} = \tau_{a\,vorh} = \frac{F}{A} = \frac{F}{b \cdot h}$$

$$= \frac{50\,kN}{24\,cm \cdot (24\,cm - 2 \cdot 3\,cm)} = \frac{50\,kN}{24\,cm \cdot 18\,cm}$$

$\tau_{a\,vorh} = 0{,}116\,kN/cm^2 = 1{,}16\,N/mm^2$

Spannung in der Druckfläche

$$\sigma_{D\,vorh} = \frac{F}{A} = \frac{50\,kN}{24\,cm \cdot 24\,cm} = 0{,}09\,kN/cm^2 = \mathbf{0{,}9\,N/mm^2}$$

Spannungsnachweis

$\sigma_{D\,vorh} = 0{,}9\,N/mm^2 < 2{,}0\,N/mm^2$

7.2 Holzverbindungen und -verbindungsmittel

7.2.1 Versatz

Aus der Vielzahl der zimmermannsmäßigen Verbindungen spielt einzig noch der Versatz eine bedeutsame Rolle im Ingenieurholzbau. Hierbei wird unterschieden

Tabelle 7.7 **Berechnungsformeln für Versätze**

Versatzart	Überschlagsformel	genaue Formel		
Einfacher Versatz	$t_{v1\,erf} \cong \dfrac{S_1}{0{,}7 \cdot b}$	$t_{v1} = \dfrac{S_1 \cdot \cos^2 \alpha/2}{b \cdot \sigma_{D\,zul\,\cdot\,\alpha/2}}$		$l_{v1} = \dfrac{S_1 \cdot \cos \alpha}{b \cdot \tau_{Q\,zul}}$
Fersenversatz	$t_{v2\,erf} \cong \dfrac{S_2}{0{,}56 \cdot b}$	$t_{v2} = \dfrac{S_1 \cdot \cos \alpha}{b \cdot \sigma_{D\,zul\,\alpha}}$		$l_{v2} = \dfrac{S_2 \cdot \cos \alpha}{b \cdot \tau_{Q\,zul}}$
Doppelter Versatz	$t_{v2\,erf} \cong \dfrac{S}{1{,}12 \cdot b}$	$S = S_1 + S_2$ $t_{v1} = 0{,}8 \cdot t_{v2}$		$l_v = \dfrac{S \cdot \cos \alpha}{b \cdot \tau_{Q\,zul}}$
Für $t_{v\,zul}$ gilt	$\alpha \leq 50°\quad t_v \leq \dfrac{h}{4}$	$\alpha > 50° \leq 60°\quad t_v = \dfrac{h}{4}$ bis $\dfrac{h}{6}$		$\alpha > 60°\quad t_v \leq \dfrac{h}{6}$

zwischen dem einfachen Versatz (Stirnversatz), dem Fersenversatz (Rückversatz) und dem doppelten Versatz. Bei den Berechnungen geht es vor allem um die Bestimmung der Vorholzlänge und der Einschnittiefen. Wie bei allen handwerklichen Verbindungen werden die Querschnitte geschwächt, so daß an diesen Stellen mit Hilfe von Überschlagsformeln oder genauen Formeln die Spannungsnachweise zu führen sind (7.7).

Beispiel 3 Der Versatz der Dachkonstruktion 7.8 ist auf die zulässigen Werte und Spannungen zu untersuchen. Die Druckkraft im Sparren beträgt 25 kN, die Versatztiefe ist mit 4 cm vorgesehen. Die Deckenbalken und Sparren haben die Vorzugsmaße 12/16 (b/h in cm) nach DIN 4070.

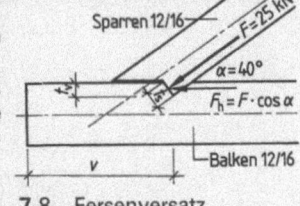

7.8 Fersenversatz

Lösung Es handelt sich um einen Fersenversatz. Die zulässige Druckspannung σ_D bei einem Winkel von 40° zwischen Kraft- und Faserrichtung beträgt 4,3 N/mm² nach Tab. **7.2** (NH, GK II). Die zulässige Abscherspannung τ_A wird nach Tab. **7.1** mit 0,9 N/mm² entnommen.

Nachweis der Versatztiefe

Bedingung $\alpha \leq 50° \rightarrow t_v \leq h/4$ (Tab. 7.7) → 4 cm angenommen

$$t_{v2} = \frac{S_2 \cdot \cos\alpha}{b \cdot \sigma_{D\,zul\,*\,\alpha}} = \frac{25\,000\,N \cdot 0{,}766}{120\,mm \cdot 4{,}3\,N/mm^2} = \mathbf{37{,}11\,mm}$$

Nachweis: $t_{v\,vorh} = 3{,}7$ cm $< t_{v\,zul} = 4$ cm

Berechnen der Vorholzlänge

$$l_{v2} = \frac{S_2 \cdot \cos\alpha}{b \cdot \tau_{Q\,zul}} = \frac{25\,000\,N \cdot 0{,}766}{120\,mm \cdot 0{,}9\,N/mm^2} = 177{,}3\,mm \quad \text{gew. } \mathbf{18\,cm}\ (20\,cm)$$

Berechnen der Druckspannung in der Versatzfläche

$$\sigma_{D\,vorh} = \frac{F}{A} = \frac{F \cdot \cos\alpha}{b \cdot t_v} \text{ (schräge Fläche)} = \frac{25\,000\,N \cdot 0{,}766}{120\,mm \cdot 40\,mm} = \mathbf{3{,}99\,N/mm^2}$$

Nachweis: $\sigma_{D\,vorh} = 4\,N/mm^2 < \sigma_{D\,zul} = 4{,}3\,N/mm^2$

Berechnen der Spannung in der Abscherfläche

$$\tau_{A\,vorh} = \frac{F_h}{l_v \cdot b}$$

$F_h = F \cdot \cos\alpha = 25\,000\,N \cdot 0{,}766 = 19\,150\,N$

$$\tau_{A\,vorh} = \frac{19\,150\,N}{180\,mm \cdot 120\,mm} = \mathbf{0{,}887\,N/mm^2}$$

Nachweis: $\tau_{A\,vorh} = 0{,}887\,N/mm^2 < \tau_{A\,zul} = 0{,}9\,N/mm^2$

7.2.2 Nagelverbindungen

Bei Nagelverbindungen sind die Nagelgröße (Drahtstifte), Holzdicken, Einschlagtiefen, Nagelabstände und die zulässige Nagelbelastung zu untersuchen. Die Werte und Angaben liefern uns die Tabellen **7.9** bis **7.12**. Die Bezeichnung der Nägel gibt man in Nageldurchmesser in 1/10 mm × Nagellänge l_N in mm an

(s. Baufachkunde 1, Abschn. 10.4). Die Nachweise sind auf Abscheren und/oder Herausziehen (rechtwinklig bzw. längs zur Nagelachse) zu erbringen. Jede Verbindung muß mindestens 4 Nägel aufweisen.

Tabelle 7.9 Mindestholzdicken

ohne Vorbohrung	$a \geq d_n (3 + 0{,}8 d_n) \geq 24$ mm d_n Nageldurchmesser in mm
mit Vorbohrung für $d_n \geq 4{,}2$ mm und Laubholz	$a \geq 6 d_n$, bei $a < 6 d_n$ gilt: $\text{zul} N_1 \cdot a / (6 \cdot d_n)$

Tabelle 7.10 **Mindesteinschlagtiefen** (runde Drahtstifte nach DIN 1151 und 1143 für alle Holzgüteklassen)

Nagelgröße d_n in 1/10 mm mal l_n in mm	Mindestholzdicke a in mm bei Nagellöchern ohne Vorbohrung	Mindestholzdicke a in mm bei Nagellöchern mit Vorbohrung	Mindesteinschlagtiefe s in mm einschnittig	Mindesteinschlagtiefe s in mm mehrschnittig	zul. Nagelbelastung N_1 in N für eine Scherfläche bei Nadelholz ohne Vorbohrung	zul. Nagelbelastung N_1 in N für eine Scherfläche bei Nadelholz mit Vorbohrung	Laubholz, stets vorgebohrt
18 × 35	24		22	15	135	170	205
20 × 40/45	24		24	16	165	205	250
22 × 45/50	24		27	18	200	250	300
25 × 55/60	24		30	20	250	310	375
28 × 65	24		34	23	300	375	450
31 × 65/70/80	24		38	25	375	460	560
34 × 80/90	24		41	27	430	540	650
38 × 100	24		46	30	525	650	780
42 × 100/110/120	26		51	34	625	775	930
46 × 130	30	28	56	37	725	905	1090
55 × 140/160	40	35	66	44	975	1220	1460
60 × 180	50	35	72	48	1120	1400	1680
70 × 210	60	45	84	56	1450	1800	2170
76 × 230/260	70	45	92	62	1640	2050	2460
88 × 260	90	55	106	70	2050	2570	3080

Tabelle 7.11 Mindestnagelabstände

Werte in ( ) gelten für $d_n > 4{,}2$ mm	Lage zur Faserrichtung	Nagelabstände parallel der Kraftrichtung	
		nicht vorgebohrt	vorgebohrt
untereinander	∥	$10\,d_n$ ($12\,d_n$)	$5\,d_n$
	⊥	$5\,d_n$	
vom belasteten Rand	∥	$15\,d_n$	$10\,d_n$
	⊥	$7\,d_n$ ($10\,d_n$)	$5\,d_n$
vom unbelasteten Rand	∥		
	⊥	$5\,d_n$	$3\,d_n$

einschnittig   1) bei α<30°: $5\,d_n$ ($7\,d_n$)

Im dünnsten Holz, Nägel versetzt anordnen.
Bei biegesteifen Stößen oder Koppelträgern gelten alle Ränder als beansprucht.
Bei sich übergreifenden Nägeln und zweischnittiger Nagelung gilt DIN 1052.

Berechnungsformeln

Nageltragfähigkeit $\quad N_{zul} = \dfrac{500 \cdot d_n^2}{10 + d_n}$

Nagelanzahl $\quad n_{erf} = \dfrac{F}{N_{zul}}$

Tragfähigkeit der Nagelverbindung

$F_{zul} = m \cdot r \cdot n_{ef} \cdot N_{zul} \quad n_{ef} = 10 + \dfrac{2}{3}(n - 10)$

N_{zul} in N
d_n in mm
F Gesamtlast
N_{zul} zul. Nagelbelastung
m Schnittigkeit
r Anzahl der Nagelreihen
n_{ef} wirksame Nagelanzahl

Bei Stößen und Anschlüssen mit mehr als 10 Nägeln ist $n_{erf} = n_{ef}$ (effektiv) anzunehmen. Maximal dürfen 30 Nägel eingerechnet werden.

Tabelle 7.12 Zul. Belastung der Nägel auf Herausziehen LF–H (runde Drahtstifte)

d_n in 1/10 mm	zul N_z in N/mm der Einschlagtiefe
31	4,0
34	4,4
46	6,0
55	7,1
60	7,8
70	9,1
76	9,9
88	11,4

Runde Drahtstifte dürfen nur kurzfristig, z. B. durch Windsogkräfte beansprucht werden.
In Hirnholz eingeschlagene Nägel dürfen nicht in Rechnung gestellt werden.
zul N_z abmindern auf 2/3, wenn in halbtrockenes oder frisches Holz eingeschlagen, auch dann, wenn Holz nachtrocknen kann.
Gilt nicht für Laubhölzer, Gr. C.

7.3 Dachflächen

Bei der Dachdeckung gibt man die Dachflächen in m² an, wobei die bis zu 1 m² großen Aussparungen (Schornstein, Dachflächenfenster usw.) nicht abgezogen werden. Grat- und Firstlängen sowie Kehlen werden in m angegeben, Abzüge erst ab 1 m eingerechnet (**7.13**).

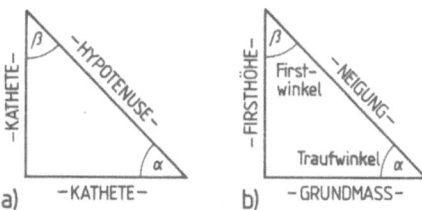

7.13 a) Mathematische Bezeichnung
b) Dachbezeichnungen

Die mathematischen Grundkenntnisse haben wir in Abschn. 1.2 und 2.3.3 kennengelernt (Satz des Pythagoras, Winkelfunktionen). Zur Anwendung der Winkelfunktionen am Dach merken wir uns:

$$\sin\alpha = \frac{\text{Firsthöhe}}{\text{Neigung}} \quad \cos\alpha = \frac{\text{Grundmaß}}{\text{Neigung}} \quad \tan\alpha = \frac{\text{Firsthöhe}}{\text{Grundmaß}} \quad \cot\alpha = \frac{\text{Grundmaß}}{\text{Firsthöhe}}$$

$$\sin\beta = \frac{\text{Grundmaß}}{\text{Neigung}} \quad \cos\beta = \frac{\text{Firsthöhe}}{\text{Neigung}} \quad \tan\beta = \frac{\text{Grundmaß}}{\text{Firsthöhe}} \quad \cot\beta = \frac{\text{Firsthöhe}}{\text{Grundmaß}}$$

Der Winkel α ist bei den angegebenen Formeln stets der Traufwinkel. Zum Berechnen der Firstwinkel β sind die Winkelfunktionen entsprechend zu berücksichtigen.

Beispiel 4 Berechnen Sie die Neigung des Daches 7.14.

Lösung Nach dem Satz des Pythagoras ist die Neigung

$$c = \sqrt{4{,}50^2\,\text{m}^2 + 3{,}25^2\,\text{m}^2} = \mathbf{5{,}55\,m}.$$

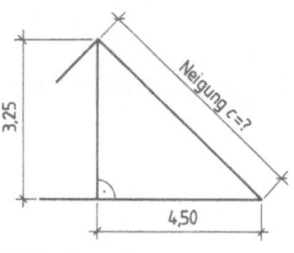

7.14 Beispiel

Beispiel 5 Wie groß sind die Winkel α und β im Bild 7.15?

Lösung
$$\tan\alpha = \frac{\text{Firsthöhe}}{\text{Grundmaß}} = \frac{3{,}25\,\text{m}}{4{,}50\,\text{m}} = 0{,}722$$
$\rightarrow \alpha = \mathbf{35{,}8°}$

$$\tan\beta = \frac{\text{Grundmaß}}{\text{Firsthöhe}} = \frac{4{,}50\,\text{m}}{3{,}25\,\text{m}} = 1{,}38$$
$\rightarrow \beta = \mathbf{54{,}2°}$

Kontrolle: $90° + 35{,}8° + 54{,}2°$
= Winkelsumme $180°$

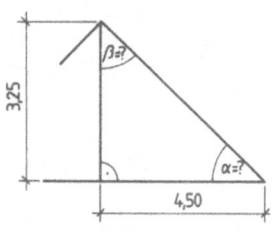

7.15 Beispiel

Wenn alle Dachflächen gleich geneigt sind, läßt sich die gesamte Dachfläche aus der Grundfläche und dem Kosinus des Traufwinkels nach dieser Formel berechnen:

$$\text{Dachfläche} = \frac{\text{Grundfläche}}{\cos\alpha\,(\text{Traufwinkel})} \qquad A_D = \frac{A_G}{\cos\alpha}$$

Aufgaben

1. Eine Holzstütze 14/16 cm überträgt auf eine Pfette (Schwelle) die Einzellast von 24 kN.
   a) Wie groß ist die vorhandene Druckspannung?
   b) Führen Sie den Spannungsnachweis für Nadelholz GK II.

2. Ein Brettschichtbinder 28/16 cm soll auf ein Gasbetonmauerwerk aufgelagert werden. Er wirkt mit der Kraft von 32 kN. Das Mauerwerk hat σ_{zul} = 1,2 N/mm² (**7.16**). Wie weit muß der Binder mindestens aufgelagert werden?

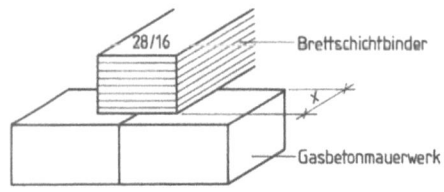

   7.16 Brettschichtbinder auf Gasbetonmauerwerk

3. Für einen einfachen Versatz ist die Vorholzlänge zu bestimmen. Die Strebe – 16/18 cm, NH, GK II – wirkt mit einem waagerechten Schub von 28000 N (**7.17**).

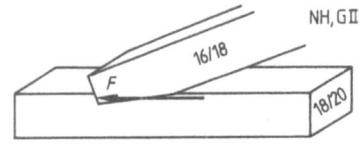

   7.17 Einfacher Versatz

4. Wie groß ist die Einschlagtiefe von Nägeln der Größe
   a) 46/130 bei einschnittiger und mehrschnittiger Verbindung?
   b) 31/70 bei mehrschnittiger Verbindung?
   c) 20/40 bei einschnittiger Verbindung?

5. Welche Mindestholzdicken müssen für die Nägel der Aufgabe 4 angenommen werden?

6. Der zweiteilige Diagonalstab eines Brettbinders wird mit einer einschnittigen Nagelverbindung unter einem Winkel von 45° an einen Untergurt angeschlossen. Es werden 20 Nägel 42/100 verwendet (**7.18**).
   a) Berechnen Sie die Tragfähigkeit der Nagelverbindung.
   b) Ermitteln Sie die Mindestabstände der Nägel (Skizze).

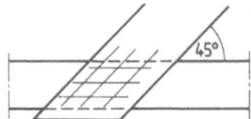

   7.18 Zweiteiliger Diagonalstab (Skizze zum Eintragen der Nagelabstände)

7. Fersenversatz **7.8**, Druckspannungskraft S = 40 kN, Winkel = 40°, Abmessungen der Strebe 12/20 cm, des Balkens 12/24 cm.

Führen Sie die Spannungsnachweise a) für die Versatztiefe, b) für die Vorholzlänge, c) für die Druckspannung in der Versatzfläche, d) für die Spannung in der Abscherfläche.

8. Berechnen Sie die Nagelverbindung **7.19** als Zugstoß eines Kantholzes 10/14 cm mit 2 Seitenhölzern 4,5/18 cm. Die Nagelgröße ist 46/130, die Zugkraft $F_z = 73$ kN. Zu berechnen sind
   a) die Zugspannung im Mittelholz,
   b) die Spannung der Seitenhölzer,
   c) die Anzahl der Nägel,
   d) die zulässige Nagelbelastung.
   e) Fertigen Sie eine Skizze mit den Nagelabständen an.
   Sicherheiten und Materialschwächungen im Querschnitt bleiben unberücksichtigt.

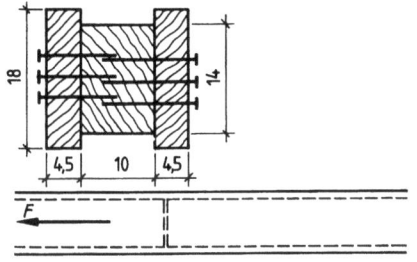

7.19 Zugstoß einer Nagelverbindung

9. Für das Dach **7.20** sind die Gratlängen $l_{G1 \text{ und } 2}$ sowie die Dachfläche zu berechnen. Das Dach hat eine Neigung von 38°.

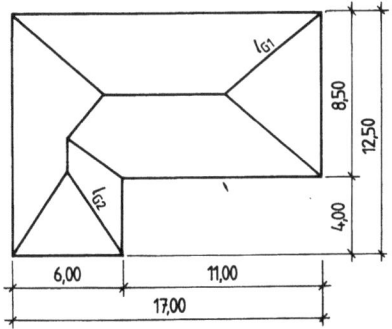

7.20 Dachkonstruktion, Draufsicht

10. Ein rechtwinkliges Wohnhaus mit Pfettendach (28°) hat die Außenmaße 7,49 m × 11,49 m. Der waagerecht gemessene Dachüberstand beträgt 1,12 m. Berechnen Sie die Sparrenlänge und die Firsthöhe über Traufe.

11. Ermitteln Sie die Sparrenlängen l_1 und l_2 sowie die Trauf- und Firstwinkel α_1, α_2, β_1, β_2 des Daches **7.21**.

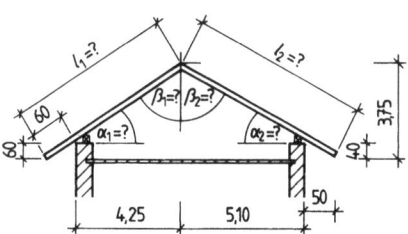

7.21 Pfettendach, Querschnitt

12. Für des Sheddach **7.22** einer Fertigungshalle mit 5 Abschnitten sind
    a) die Neigungswinkel α und β der Holz- und Glaskonstruktion zu bestimmen,
    b) die wahren Längen der Holz- bzw. Glasdachkonstruktionen l_H und l_G zu berechnen,
    c) aus den einzelnen Angaben die gesamte Hallenlänge zu ermitteln.

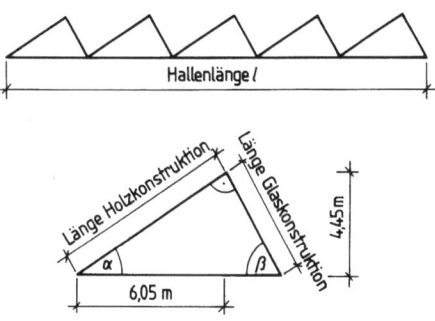

7.22 Sheddach

13. Für den Lagerhallenanbau **7.23** mit Satteldach (Neigung 1:6) an ein bereits fertiggestelltes Bürogebäude sind zu ermitteln:
a) Dachfläche nach VOB,
b) Grundmaße der Sparren l_1 und l_2,
c) Firstwinkel,
d) Traufwinkel,
e) Differenz ΔT der Traufkantenhöhen.

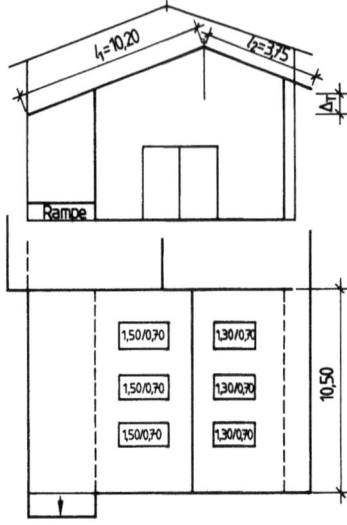

7.23 Bürohaus mit Anbau

8 Mauerwerk

In den Berechnungen zu diesem Abschnitt ist die DIN 18330 „Mauerarbeiten" zugrunde gelegt. Sie ist Bestandteil der VOB Teil C.

8.1 Grundlagen der Massenberechnung und des Baustoffbedarfs

Die Massen des Mauerwerks sind für die Abrechnung eines Bauvorhabens aus den Zeichnungen zu ermitteln. Wenn die Zeichnungen nicht der tatsächlichen Ausführung entsprechen, sind Aufmaße zu fertigen. Bauteile aus Mauerwerk sind nach Konstruktionsmaßen zu berechnen. Die Berechnung wird nach Geschossen, Mauerwerksarten und Mauerdicken getrennt ausgeführt (s. Beispiel).

Beispiel 1	Beschreibung des Konstruktionsmaßes
2,37 m	Höhe von Oberkante Fundament bis Oberfläche Kellerdecke
2,80 m	Oberfläche Stahlbetondecke KG bis Oberfläche Stahlbetondecke EG
2,01 m	Lichtes Maß zwischen den unverputzten Mauerwerks-Innenflächen
36,5/24 cm	Mauerwerksdicken unverputzt

Die aufgeführten Konstruktionsmaße gelten für durchgehendes Mauerwerk, wie z.B. die 36,5 cm Außenwand in Bild **8.1**. Nicht durchgehendes Mauerwerk, wie die 24er Wand in Bild **8.1**, wird auch nicht durchgerechnet. Die Mauerhöhe wird in diesem Fall bis Unterkante Betondecke gerechnet.

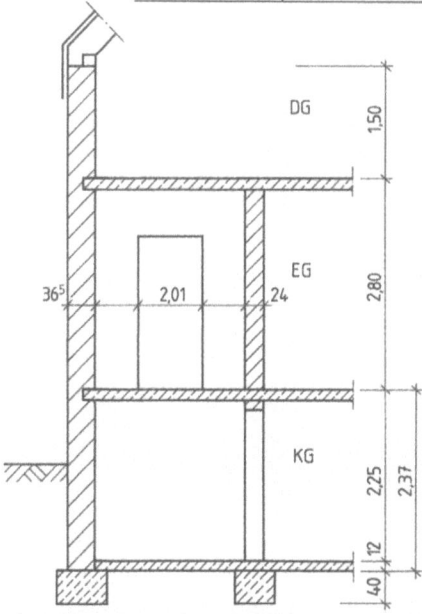

8.1 Mauer-Konstruktionsmaße (Maße in cm, m)

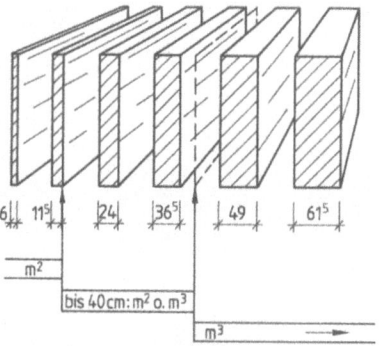

8.2 Aufmaß und Abrechnung nach Flächen- oder Raummaß (Maße in cm)

> Für die Abrechnung wird das Mauerwerk je nach der Mauerdicke im Flächenmaß (m²) oder Raummaß (m³) getrennt ermittelt (**8.2**).

Für Öffnungen, Nischen und einbindende Bauteile sind nach DIN 18330 Abzüge vom Mauerwerk zu machen (**8.3**).

Tabelle 8.3 **Abzüge bei Mauerwerksberechnung**

Abzug nach Flächenmaß	Beispiel
Öffnungen > 1,00 m²	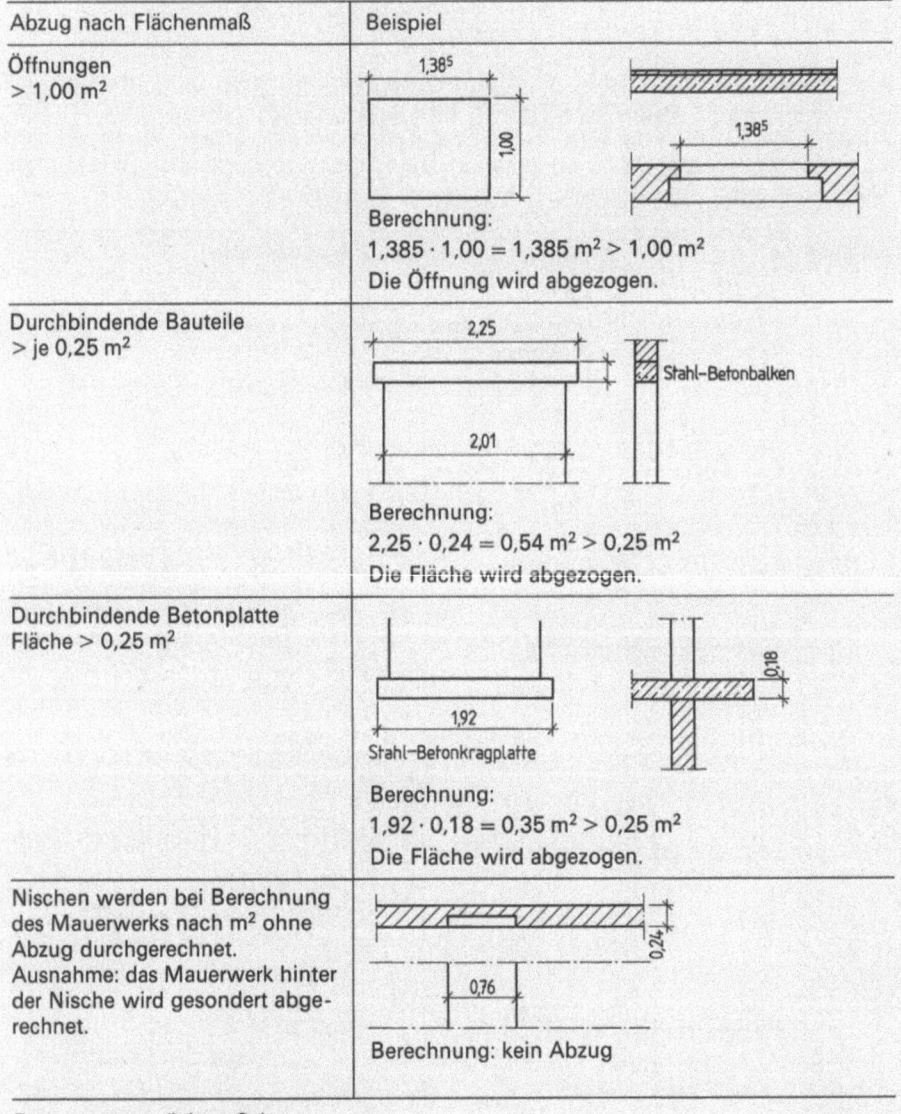 Berechnung: 1,385 · 1,00 = 1,385 m² > 1,00 m² Die Öffnung wird abgezogen.
Durchbindende Bauteile > je 0,25 m²	Stahl-Betonbalken Berechnung: 2,25 · 0,24 = 0,54 m² > 0,25 m² Die Fläche wird abgezogen.
Durchbindende Betonplatte Fläche > 0,25 m²	Stahl-Betonkragplatte Berechnung: 1,92 · 0,18 = 0,35 m² > 0,25 m² Die Fläche wird abgezogen.
Nischen werden bei Berechnung des Mauerwerks nach m² ohne Abzug durchgerechnet. Ausnahme: das Mauerwerk hinter der Nische wird gesondert abgerechnet.	Berechnung: kein Abzug

Fortsetzung s. nächste Seite

Tabelle 8.3, Fortsetzung

Abzug nach Raummaß	Beispiel
Öffnungen > 0,25 m³	Fensteröffnung mit Kellerlichtschacht Berechnung: 1,01 · 0,51 · 0,365 = 0,19 m³ < 0,25 m³ Die Öffnung wird nicht abgezogen.
Nischen mit Einzelgröße > 0,25 m³	Berechnung: 1,75 · 0,76 · 0,24 = 0,32 m³ > 0,25 m³ Nische wird abgezogen.
Einbindende und durchbindende Bauteile > 0,25 m³	Berechnung: 2,25 · 0,24 · 0,365 = 0,197 m³ < 0,25 m³ Der eingebundene Betonbalken wird nicht abgezogen.
Schlitze für Rohrleitungen > 0,1 m² Querschnitt	Berechnung: 0,26 · 0,25 = 0,07 m² < 0,1 m² Kein Abzug

Bei der Abrechnung von Mauerwerk nach Raummaßen werden die Massen auf drei Stellen hinter dem Komma ermittelt.

8.2 Abrechnung nach Flächenmaß/Raummaß

Neben den beschriebenen Abzügen bei der Berechnung nach dem Flächenmaß (m^2) oder dem Raummaß (m^3) sind einige Regeln zu beachten, die in den folgenden Beispielen gezeigt werden.

Beispiel 2 Die Abrechnungsmasse in m^2 11,5er Mauerwerk für Trennwände im Erdgeschoß ist zu ermitteln. Die Höhe von OK-Kellerdecke bis OK-Erdgeschoßdecke beträgt 2,80 m. Die Deckendicke der EG-Decke ist 14 cm (**8.4**).

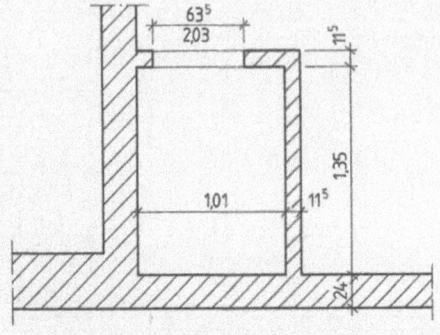

8.4 Abstellraum (Maße in m, cm)

Berechnung Höhe = 2,80 m − 0,14 m = 2,66 m
Länge = 1,01 + 0,115 + 1,35 = 2,475 m
Öffnung = 0,635 · 2,03 = 1,29 m^2 > 1,00 m^2
Abrechnungsmasse: 2,475 · 2,66 = 6,58 m^2
Abzug = 1,29 m^2
= **5,29 m^2**

Bei Zusammentreffen zweier gemauerter Wände an Mauerecken wird nur eine Wand durchgerechnet.

Beispiel 3 Die Abrechnungsmassen in m^2 für 11,5er und 24er Mauerwerk, Mauerhöhe 2,66 m sind zu ermitteln (**8.5**).

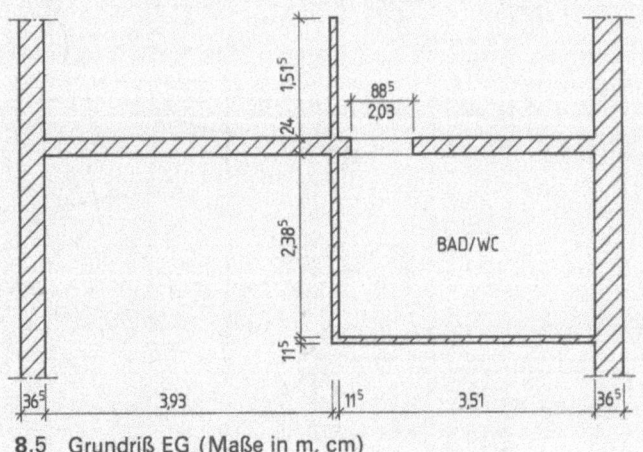

8.5 Grundriß EG (Maße in m, cm)

Berechnung 24er Mauerwerk

$(3{,}93 + 0{,}115 + 3{,}51) \cdot 2{,}66$ $\quad = 20{,}10 \text{ m}^2$

Abzug $0{,}885 \cdot 2{,}03$ $\quad = \underline{\ 1{,}80 \text{ m}^2}$

$\quad = \mathbf{18{,}30 \text{ m}^2}$

11,5er Mauerwerk

$(3{,}51 + 0{,}115 + 2{,}385 + 1{,}515) \cdot 2{,}66 = 20{,}02 \text{ m}^2$

> Bei Wandkreuzungen wird nur eine Wand durchgerechnet. Bei ungleichen Dicken der Wände die dickere.
>
> Bei Abrechnung von Mauerwerk nach Flächenmaßen werden die Massen auf zwei Stellen hinter dem Komma ermittelt.

Beispiel 4 Die Mauerwerksmassen für 24er Mauerwerk, 11,5er Mauerwerk und Schornsteinmauerwerk sind zu berechnen. Geschoß-Mauerwerkshöhe nach Bild 7.1 = 2,25 m KG. Deckenstärke KG-Decke = 14 cm (**8.6**).

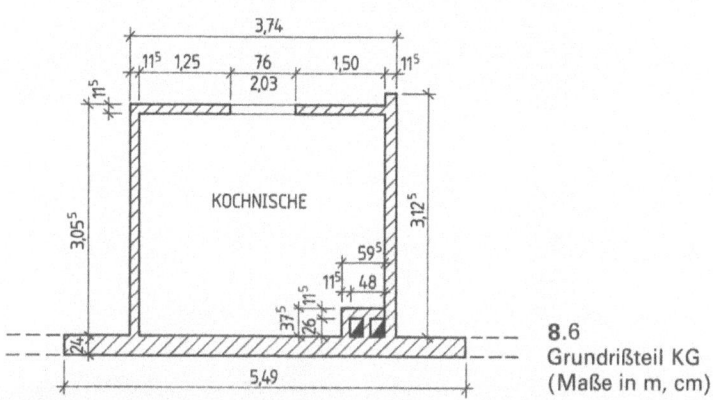

8.6
Grundrißteil KG
(Maße in m, cm)

Berechnung Höhe = $2{,}25 - 0{,}14 = 2{,}11$ m

24er Mauerwerk

$[5{,}49 - (0{,}595 + 0{,}115)] \cdot 2{,}11$ $\quad = 10{,}09 \text{ m}^2$

11,5er Mauerwerk

$(3{,}055 + 1{,}25 + 0{,}76 + 1{,}50 + 3{,}125 - 0{,}375) \cdot 2{,}11 = 19{,}68 \text{ m}^2$

Abzug: $0{,}76 \cdot 2{,}03$ $\quad = \underline{\ 1{,}54 \text{ m}^2}$

Schornsteinmauerwerk $\quad = \mathbf{18{,}14 \text{ m}^3}$

nach Längenmaß = $2{,}25 + 0{,}12$ $\quad = \mathbf{2{,}37 \text{ m}}$

nach Raummaß: $[(0{,}595 + 0{,}115) \cdot (0{,}375 + 0{,}24)] \cdot 2{,}37 = \mathbf{1{,}035 \text{ m}^3}$

> Bei Abrechnung nach Flächen- und Raummaß werden gemauerte Schornsteine abgezogen. Schornsteine werden nach Längenmaß m oder Raummaß m³ abgerechnet, Fertigteilschornsteine immer nach Längenmaß. Das dabei nicht mitgemessene Wandmauerwerk rechnet zum Schornstein.

Beispiel 5 Für die Nische **8.7** mit einer bogenförmigen Überdeckung ist die Öffnungsgröße nach Raummaß und Flächenmaß zu berechnen.

Berechnung $(1{,}50 + 0{,}385 \cdot {}^2\!/_3) \cdot 2{,}135 = \mathbf{3{,}75\ m^2}$
$3{,}75\ m^2 \cdot 0{,}24 \qquad\qquad = \mathbf{0{,}90\ m^3}$

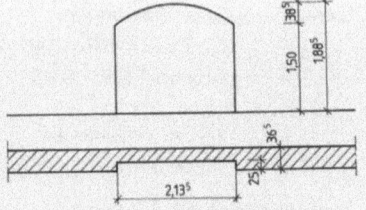

8.7 Bogenförmige Überdeckung (Maße in m, cm)

> Bei der Berechnung von Öffnungsgrößen und Nischen im Mauerwerk, die mit Bögen überdeckt sind, wird die Höhe des Bogens um ⅓ verringert.

Beispiel 6 Die verblendete Fläche 8.8 ist zu berechnen. Die Geschoßhöhe beträgt 2,8 m.

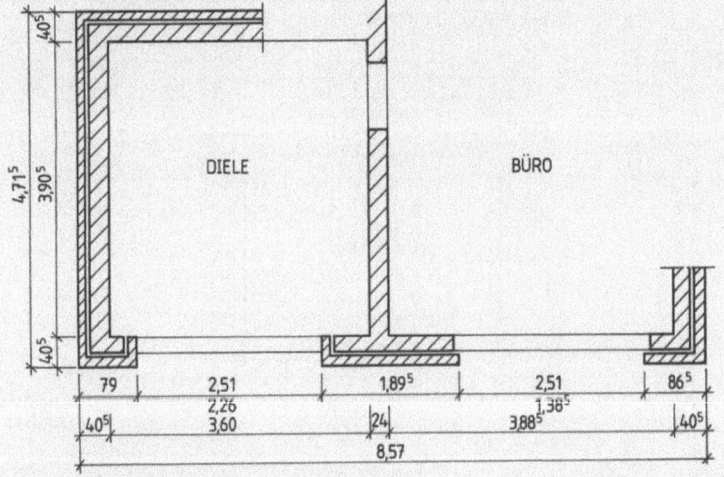

8.8 Verblendmauerwerk (Maße in m, cm)

Berechnung $(4{,}715 + 8{,}57) \cdot 2{,}80 \qquad = 37{,}20\ m^2$
Leibungstiefe > 13 cm
$(0{,}405 + 0{,}405) \cdot 2{,}26 \qquad = \underline{\ 1{,}83\ m^2}$
$\qquad\qquad\qquad\qquad\qquad\qquad = 39{,}03\ m^2$

Abzüge > 1,00 m²
$2{,}51 \cdot 2{,}26 + 2{,}51 \cdot 1{,}385 = \underline{\ 9{,}15\ m^2}$
$\qquad\qquad\qquad\qquad\qquad\qquad = \mathbf{29{,}88\ m^3}$

> Das Aufmaß der Verblendung erfolgt nach Ansichtsflächen in m². Öffnungen > 1 m² werden abgezogen, Leibungstiefen > 13 cm mitgerechnet.

Wegen der Übersichtlichkeit und leichteren Überprüfbarkeit werden Aufmaße und Massenberechnungen im Baugewerbe häufig auf Formularen durchgeführt. Bild 8.9 zeigt das Schema für ein Abrechnungsformular.

MASSENBERECHNUNG			BAUVORHABEN: Reineckenstr. 42			
FIRMA: W. Krottmann KG			TEILOBJEKT: Verblendung			BLATT: 3
POS. ▽	LEISTUNG, SKIZZE NEBENRECHNUNG	Länge	Breite	Höhe	Fläche	Inhalt	Abzug
		in m	in m	in m	in m²	in m³	in m²/m³
42	Verblendmauerwerk II OG, KS	4,71⁵	-	2,80	13,20	-	
		8,57	-	2,80	24,00		
	Leibungen 2·0,40⁵	0,81	-	2,26	1,83		
	Abzüge > 1,00 m²						
	2,26 + 1,38⁵	3,64⁵	-	2,51			9,15
					39,04		
					Σ 29,88		

8.9 Abrechnungsformular

Tabelle 8.10 **Baustoffbedarf (Steine und Mörtel) für Maurerarbeiten**

Steinformat		Maße in cm			Schicht-anzahl je 1 m Höhe	Wand-dicke cm	je m² Wand		je m³ Mauerwerk	
		Länge	Breite	Höhe			Steine Stück	Mörtel Liter	Steine Stück	Mörtel Liter
Lochsteine (für Voll- steine bis zu 10% Mörtel weniger)	DF	24	×11,5 ×	5,2	16	11,5 24 36,5	66 132 198	29 68 109	573 550 541	242 284 300
	NF	24	×11,5 ×	7,1	12	11,5 24 36,5	50 99 148	26 64 101	428 412 406	225 265 276
	2DF	24	×11,5 ×	11,3	8	11,5 24 36,5	33 66 99	19 49 80	286 275 271	163 204 220
	3DF	24	×17,5 ×	11,3	8	17,5 24	33 45	28 42	188 185	160 175
	4DF	24	×24 ×	11,3	8	24	33	39	137	164
	8DF	24	×24 ×	23,8	4	24	16	20	69	99
Block- und Hohlblock- steine		49,5 49,5 49,5 37 37 24,5	×17,5 ×24 ×30 ×24 ×30 ×36,5	×23,8 ×23,8 ×23,8 ×23,8 ×23,8 ×23,8	4 4 4 4 4 4	17,5 24 30 24 30 36,5	8 8 8 12 12 16	16 22 26 26 32 36	46 33 27 50 42 45	84 86 88 110 105 100

Tabelle 8.11 **Abzüge nach VOB** (Verdingungsverordnung für Bauleistungen)

bei Berechnung nach	Abzug von
m²	Öffnungen > 1,0 m², Decken und Stürze > 0,25 m²
m³	Öffnungen, Nischen > 0,25 m³, Schlitze mit Querschnitt > 0,1 m²

Aufgaben

Ergebnisse in m³ auf drei Stellen, in m² auf zwei Stellen hinter dem Komma runden. Stückzahlen (Steine) sind aufzurunden.

1. Für das Kellergeschoß 8.12 sollen berechnet werden:
   a) m³ 36,5er Außenmauerwerk – KSV – 2DF
   b) m² 24er Mauerwerk Tragende Innenwände – KSV – 2DF
   c) m² 11,5er Trennwände – 2DF
   d) m³ Kaminmauerwerk

   Die Geschoßhöhe beträgt 2,50 m, die Deckenstärke KG 14 cm. Für das Deckenauflager ist eine Aussparung von 0,125/0,14 m vorzusehen.

2. Berechnen Sie den Baustoffbedarf zu Aufgabe 1 in Stück Steinen und Liter Mörtel.
   a) das Außenmauerwerk (Steine 2DF),
   b) die tragenden Innenwände (Steine 2DF),
   c) die Trennwände (Steine 2DF).

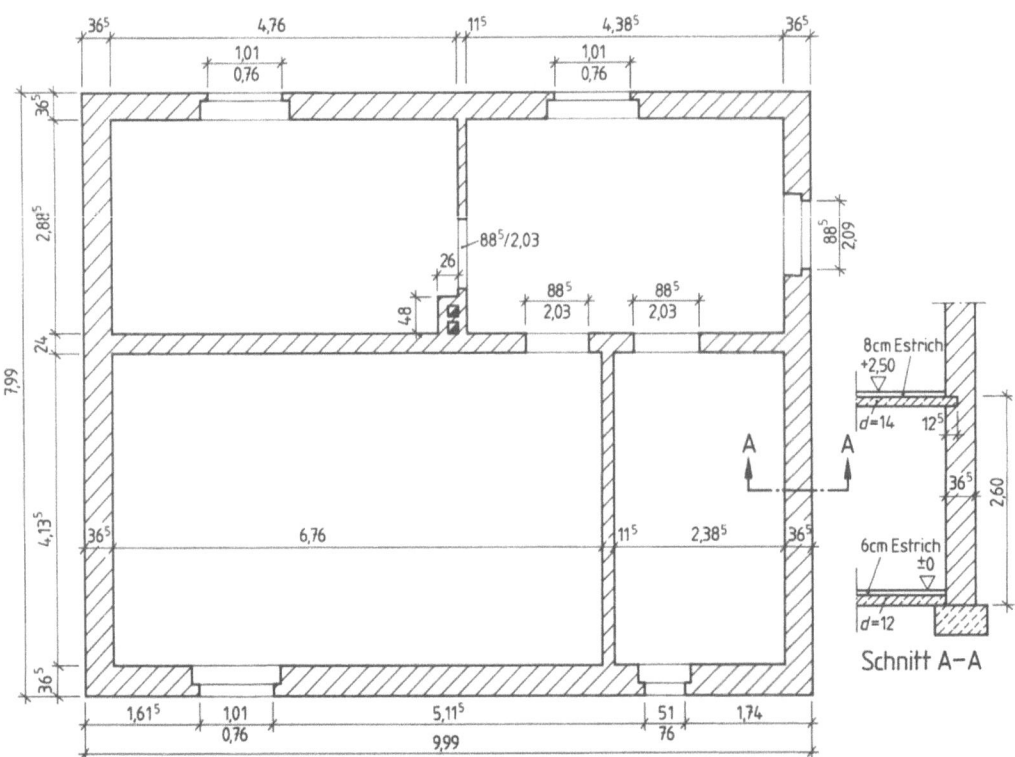

8.12 Grundriß Kellergeschoß (Maße in m, cm)

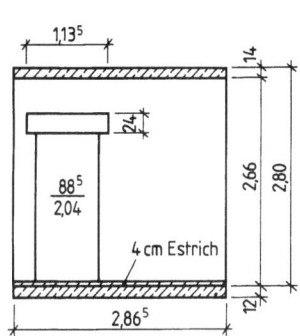

8.13 Innenwand (Maße in m, cm)

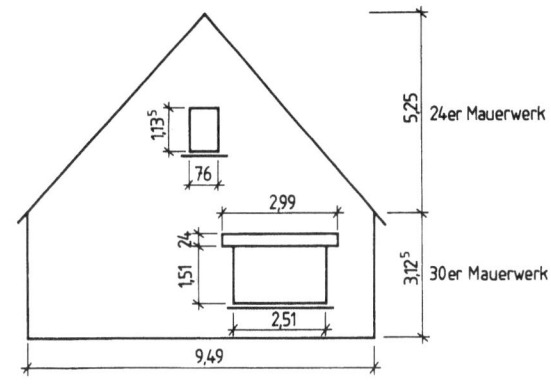

8.14 Giebel (Maße in m, cm)

3. Ein kreisrunder Kanalschacht mit der lichten Weite 1,00 m und einer Höhe von 1,62 m wird aus 7,1 cm hohen Kanalklinkern gemauert.
   Berechnen Sie den Steinbedarf (24 Stck. je Schicht).

4. Für die 24er Innenwand von Bild **8.13** ist der Baustoffbedarf zu ermitteln.
   a) 24er Mauerwerk in m^2 und m^3,
   b) Stck. Steine 2 D F,
   c) Liter Mörtel.

5. Die Giebelwand **8.14** wird aus Hohlblocksteinen 49,5 × 30 × 23,8 cm und 49,5 × 24 × 23,8 cm in Kalkzementmörtel 2 : 1 : 8 erstellt.
   Berechnen Sie a) m^2 30er Mauerwerk,
   b) m^2 24er Mauerwerk.

6. Für die Giebelwand aus Aufgabe 5 ist der Baustoffbedarf zu ermitteln.
   a) Hohlblocksteine
      49,5 × 30 × 23,8 cm
   b) Hohlblocksteine
      49,5 × 24 × 23,8 cm
   c) l Mörtel
   d) l Zement, Kalk und Sand

7. Die in Bild **8.15** im Grundriß dargestellte Garage soll in KS-2DF und hydraulischem Kalkmörtel 1 : 3 erstellt werden. Berechnen Sie:
   a) die m^2 24er Mauerwerk,
   b) den Bedarf an Steinen 2DF,
   c) den Bedarf an Kalk und Sand in (l).

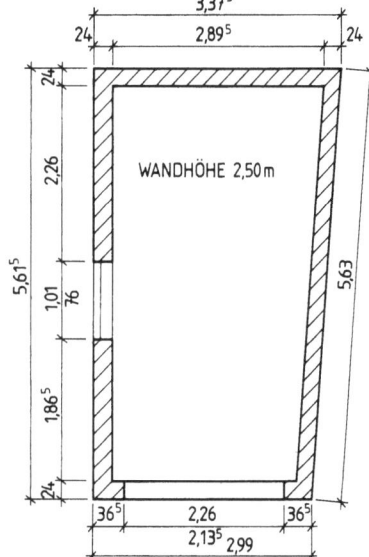

8.15 Garage (Maße in m, cm)

8. Der Rauminhalt der Mauernische **8.16** ist für den Abzug in der Abrechnung nach m^3 zu ermitteln.

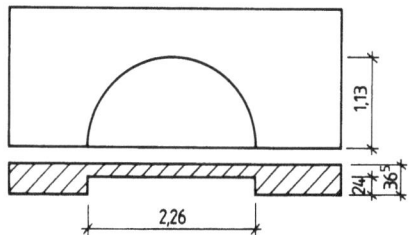

8.16 Nische (Maße in m, cm)

9. Eine Betonsäule 50/50 cm ist verblendet worden (**8.17**). Berechnen Sie die m² Verblendung für die Abrechnung.

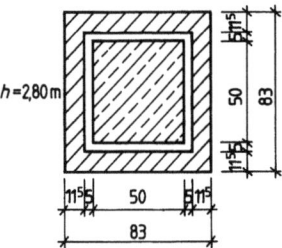

8.17 Verblendete Säule (Maße in cm)

10. Für die Abrechnung der Abfallgrube **8.**18 sind die Abrechnungsmassen zu ermitteln. Berechnen Sie die m³ Mauerwerk.

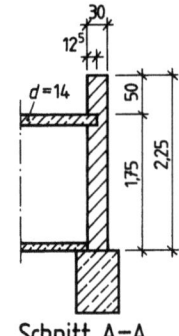

Schnitt A–A

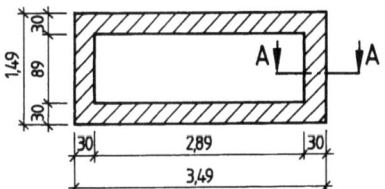

8.18 Abfallgrube

11. Der in Bild **8.**19 als Grundriß gegebene Mauerpfeiler soll mit 11,5 cm Vormauerziegeln und 5 cm Wärmedämmschicht verblendet werden. Ermitteln Sie

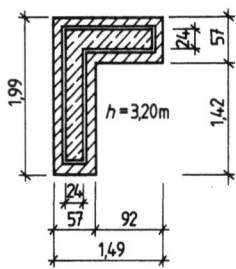

8.19 Verblendeter Mauerpfeiler (Maße in m, cm)

a) die Abrechnungsfläche in m²,
b) den Bedarf an Ziegeln DF,
c) den Mörtelbedarf in Liter.

11. Der im Grundriß-Ausschnitt dargestellte Kamin **8.**20 muß abgerechnet werden. Ermitteln Sie für die Geschoßhöhe
a) m³ Kaminmauerwerk,
b) m Kamin 2zügig.

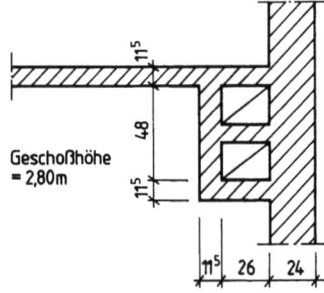

8.20 Zweizügiger Kamin (Maße in cm)

12. Berechnen Sie für eine 7,1 cm dicke, 5,51 m lange und 2,625 m hohe Zwischenwand den
a) Steinbedarf in NF (33 Stck./m²),
b) Mörtelbedarf (13 l/m²).

13. Bild **8.**21 zeigt einen Kamin, der in eine 36,5er Wand einbindet. Berechnen Sie
a) m³ Kaminmauerwerk,
b) m³ Giebelwand.

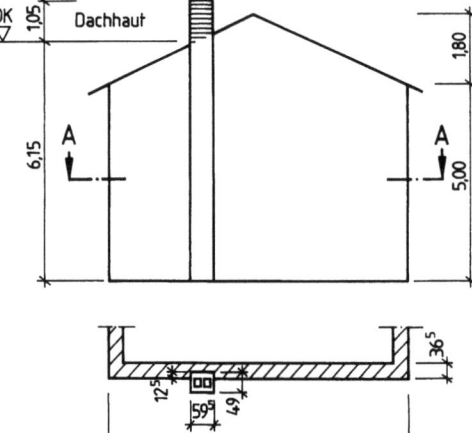

Schnitt A–A

8.21 Kamin in Giebelwand (Maße in m, cm)

8.3 Natursteinmauerwerk

Natursteinmauerwerk wird getrennt nach Mauerung in Gräben, einhäuptigem und mehrhäuptigem Mauerwerk abgerechnet (**8.22**).

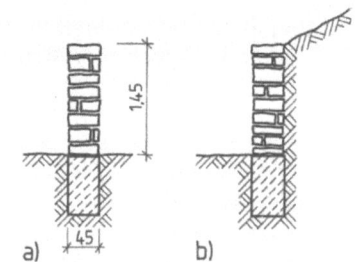

8.22
Natursteinmauerwerk (Maße in m, cm)
a) einhäuptig, b) zweihäuptig

Tabelle 8.23 **Berechnungsgrundlagen**

Art	Einheit	Steinbedarf je m³	Mörtelbedarf je m³
Volles Mauerwerk, einhäuptig	m³	1,25 m³	380 l
Volles Mauerwerk, zweihäuptig	m³	1,30 m³	380 l
Natursteinverblendung wird nach m² abgerechnet.			
Schichtenmauerwerk Verblendung	m³	je m² 0,4 m³ + 120 Steine NF	25 l
Verfugen von Natursteinmauerwerk	m²	–	14 l

Abzüge bei der Mauerwerksberechnung (DIN 18330/18332)
nach Flächenmaß: Öffnungen, Aussparungen für Vorlagen > 0,25 m²
nach Raummaß: Öffnungen, Nischen > 0,25 m³
 Durchbindende und eingebaute Bauteile > 0,25 m³
 Schlitze z. B. für Rohrleitungen, Querschnitt > 0,10 m²
Bogenförmige Überdeckungen s. Abschn. 7.4

Aufgaben

1. Für die in Bild **8.24** dargestellte, 6,20 m lange Gartenmauer in Natursteinverblendung mit Ziegelhintermauerung ist der Baustoffbedarf zu berechnen.

   (Anmerkung: Bei Verblendung wird gleichzeitig die Hintermauerung ausgeführt. Der Baustoffbedarf wird als Zulage zum Natursteinmauerwerk gerechnet.)

   a) Natursteinverblendung in m²
   b) Naturstein für die Verblendung in m³
   c) Zementmörtel 1 : 3 in l
   d) Mörtel für das Verfugen in l

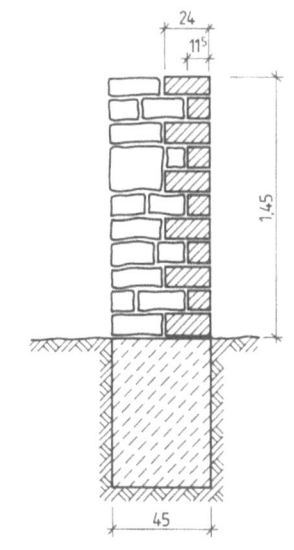

8.24 Bruchsteinverblendung (Maße in m, cm)

2. Für die Einfriedungsmauer **8.**25 sind zu berechnen
   a) Rauminhalt des Mauerwerks in m³,
   b) der Bedarf an Natursteinen in m³,
   c) der Bedarf an Zementmörtel in Liter.

   a) das Mauerwerksvolumen in m³,
   b) den Bedarf an Natursteinen in m³,
   c) den Bedarf an Mauermörtel in Liter,
   d) den Bedarf an Fugenmörtel in Liter einschließlich Leibungen.

4. Die Stützmauer **8.**27 aus Beton wurde mit Naturstein verblendet. Berechnen Sie:
   a) die m² Verblendung,
   b) den Steinbedarf in m³.

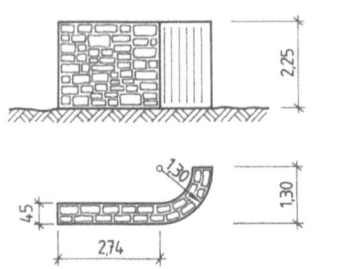

8.25 Einfriedungsmauer (Maße in m, cm)

3. Der Durchgang zwischen zwei Wohnhäusern (**8.**26) wurde durch eine Natursteinwand von 50 cm Stärke geschlossen. Berechnen Sie:

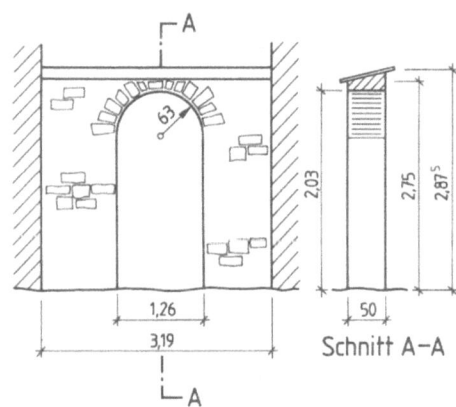

8.26 Durchgang (Maße in m, cm)

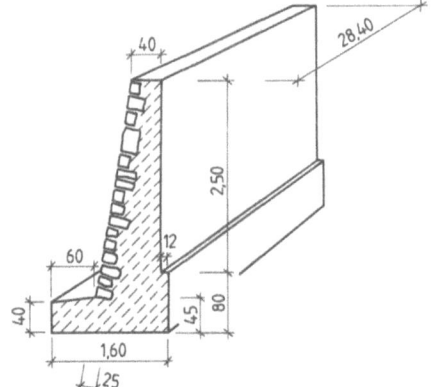

8.27 Stützmauer (Maße in m, cm)

8.4 Mauerbogen

Überdeckungen von Fenster- und Türöffnungen werden in der Praxis mit Stahlträgern, Stahlbetonbalken, Holzbalken und Mauerbögen ausgeführt. Die Überdeckungen haben die Aufgabe, die darüberliegenden Wand- und Deckenlasten auf das angrenzende Mauerwerk zu übertragen. Üblich sind heute der scheitrechte Bogen, der Segmentbogen und der Rundbogen (**8.**28).

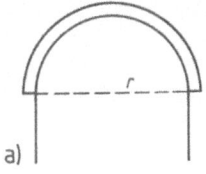 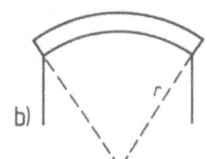 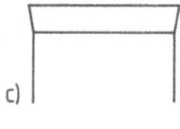

8.28 Bogenformen
a) Rundbogen, b) Segmentbogen, c) scheitrechter Bogen

Die senkrecht auf den Bogen wirkenden Lasten werden in Richtung der Stützlinie im Bogen bis in die Widerlager abgeleitet. Hier treten dann die horizontale Schubkraft F_H und die vertikale Druckkraft F_V auf. Die horizontale Schubkraft wird um so größer, je flacher der Bogen konstruiert ist. Die Widerlager sind also so zu bemessen, daß ein Wegdrücken ausgeschlossen wird (**8.29**).

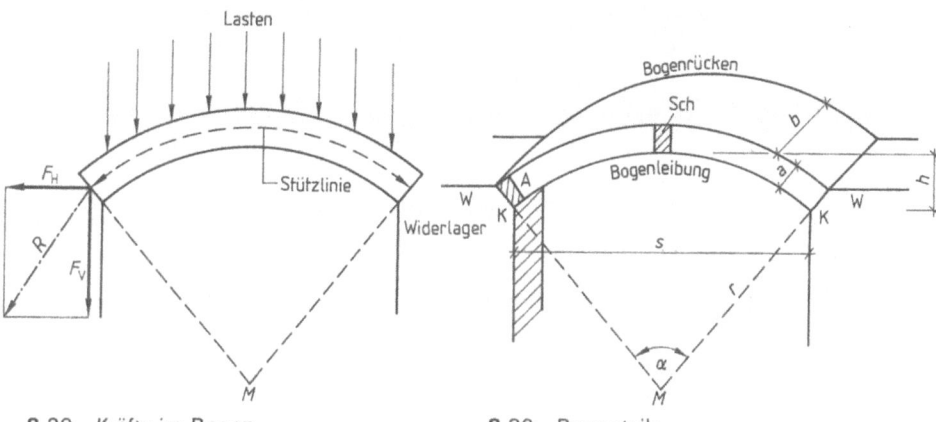

8.29 Kräfte im Bogen   **8.30** Bogenteile

Bezeichnungen der Bogenteile am Segmentbogen (8.30)

W Widerlager	Sch Schlußstein
K Kämpferpunkt	A Anfangsstein
s Spannweite	h Stich oder Bogenhöhe
d Bogendicke	b Bogentiefe

Bögen werden meist aus kleinformatigen Steinen mit keilförmigen Lagerfugen gemauert. Die Dicke der Fugen darf hierbei an der Bogenleibung nicht geringer als 5 mm und am Bogenrücken nicht mehr als 2 cm betragen. Bei breiteren Fugen sind Keilsteine zu verwenden. Mauerbögen erhalten grundsätzlich eine ungerade Anzahl von Schichten. Im Scheitel des Bogens liegt der Schlußstein.

Fugendicke an der Bogenleibung $\geq$ 0,5 cm
            am Bogenrücken $\leq$ 2,0 cm
Grundsätzlich **ungerade** Schichtenzahl

Die Schichtenzahl wird wie beim beidseitig angebauten Mauerwerk berechnet.

$$\text{Schichtenzahl } n = \frac{\text{Länge der Bogenleibung } b_1 - \text{Mindestfugendicke}}{\text{Steinhöhe } h_s \text{ (5,2 bzw. 7,1)} + \text{Mindestfugendicke}}$$

$$\text{Fugendicke } t = \frac{\text{Länge der Bogenleibung } b_1 - \text{Summe der Steinhöhen}}{\text{Anzahl der Fugen } n}$$

$$n = \frac{b_1 - 0,5 \text{ cm}}{h_s + 0,5 \text{ cm}} \qquad t = \frac{b_1 - n \cdot h_s}{n + 1}$$

Beispiel 7 Berechnen Sie die Schichtenzahl n für eine Länge der Bogenleibung von 1,63 m, Steine in NF.

$$n = \frac{163 \text{ cm} - 0,5 \text{ cm}}{7,1 \text{ cm} + 0,5 \text{ cm}} = \frac{162,5 \text{ cm}}{7,6 \text{ cm}} = \textbf{21 Schichten}$$

Rest wird auf die Fugen verteilt.

$$t = \frac{163 \text{ cm} - 21 \cdot 7,1 \text{ cm}}{22} = 0,63 \text{ cm} = 0,6 \text{ cm}$$

Es bleibt zu prüfen, ob bei der berechneten Fugenbreite die zulässige Breite der Fuge am Bogenrücken nicht überschritten wird.

Beispiel 8 Die Stichhöhe h soll bei Flach- oder Segmentbögen zwischen $s/6$ bis $s/12$ liegen. Für einen Segmentbogen mit der Spannweite $s = 1,76$ m und der Stichhöhe $s/10$ ist die vollständige Berechnung durchzuführen. Bogendicke 24 cm, Steine in NF

Berechnung des Stichs in cm:

$$h = \frac{s}{10} = \frac{176 \text{ cm}}{10} = \textbf{17,6 cm}$$

Radius der Bogenleibung (8.31)

$$\left(\frac{s}{2}\right)^2 + (r_1 - h)^2 = r_1^2 \quad \text{(Pythagoras)}$$

Auflösung der Formel nach r_1 ergibt:

$$\boxed{r_1 = \frac{h}{2} + \frac{s^2}{8h}} = \frac{17,6 \text{ cm}}{2} + \frac{(176 \text{ cm})^2}{8 \cdot 17,6 \text{ cm}}$$

$r_1 = \textbf{228,8 cm}$

Radius des Bogenrückens r_2

$r_2 = 228,8 \text{ cm} + 24 \text{ cm} = \textbf{252,8 cm}$

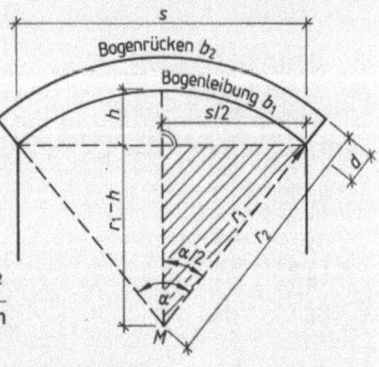

8.31 Radien

Mittelpunktswinkel

$$\sin \frac{\alpha}{2} = \frac{s/2}{r_1} = \frac{88 \text{ cm}}{228,8 \text{ cm}} = 0,3846$$

$\frac{\alpha}{2} = 22,62°$

$\alpha = \textbf{45,24°}$

Beispiel 8, Länge der Bogenleibung
Fortsetzung
$$b_1 = 2 \cdot r_1 \cdot \pi \cdot \frac{\alpha}{360°} = 2 \cdot 2{,}288 \text{ m} \cdot \pi \cdot \frac{45{,}24°}{360°} = \mathbf{180{,}7 \text{ cm}}$$

Länge des Bogenrückens b_2
$$b_2 = 2 \cdot r_2 \cdot \pi \cdot \frac{\alpha}{360°} = 2 \cdot 252{,}8 \text{ cm} \cdot \pi \cdot \frac{45{,}24°}{360°} = \mathbf{199{,}6 \text{ cm}}$$

Anzahl der Schichten n
$$n = \frac{b_1 - 0{,}5 \text{ cm}}{7{,}1 + 0{,}5 \text{ cm}} = \frac{180{,}7 \text{ cm} - 0{,}5 \text{ cm}}{7{,}1 + 0{,}5 \text{ cm}} = 23{,}71 = \mathbf{23 \text{ Schichten}}$$

Fugendicken
$$t_1 = \frac{b_1 - n \cdot h_s}{n+1} = \frac{180{,}7 \text{ cm} - 23 \cdot 7{,}1 \text{ cm}}{24} = 0{,}725 \text{ cm} > \mathbf{0{,}5 \text{ cm}}$$

$$t_2 = \frac{199{,}6 \text{ cm} - 23 \cdot 7{,}1 \text{ cm}}{24} = 1{,}513 \text{ cm} < \mathbf{2{,}0 \text{ cm}}$$

> Für die Praxis ist es erforderlich, die Bogenlängen und die Schichtenzahl zu berechnen, um ein Überschreiten der Mindest- und Höchstfugendicke zu vermeiden.

Wenn beim Berechnen eines Segmentbogens der Mittelpunktswinkel bekannt ist, kann man die Bogenleibungslänge und die Bogenrückenlänge nach diesen Formeln berechnen:

> Bogenleibung $b_1 = \dfrac{2 r_1 \cdot \pi \cdot \alpha}{360°}$ Bogenrücken $b_2 = \dfrac{2(r_1 + d) \cdot \pi \cdot \alpha}{360°}$

Zur Vereinfachung der Rechnung werden die Mittelpunktswinkel in Abhängigkeit von der Stichhöhe wie folgt angenommen:

Stichhöhe	1/6 s	1/7 s	1/8 s	1/9 s	1/10 s	1/11 s	1/12 s
Mittelpunktswinkel	74°	64°	56°	50°	45°	41°	38°

Aufgaben

1. Für einen Segmentbogen mit der Spannweite s ist der Bogenradius r_1 zu berechnen. Ergebnisse auf zwei Stellen hinter dem Komma runden.

	a)	b)	c)	d)	e)
Spannweite s	1,35 m	1,51 m	1,885 m	2,01 m	2,26 m
Stichhöhe	1/10 s	1/8 s	1/12 s	1/7 s	1/6 s

2. Berechnen Sie die Länge der Bogenleibung und des Bogenrückens 8.32 in m.
   a) $s = 2{,}51$ m, $h = 1/10$
   b) $s = 2{,}76$ m, $h = 1/8$
   c) $s = 3{,}26$ m, $h = 1/12$

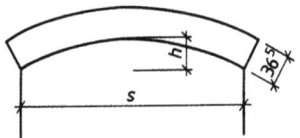

8.32 Segmentbogen (Maße in cm)

3. Eine Toröffnung mit 1,51 m lichter Weite soll mit einem Rundbogen überdeckt werden. Steine in NF (8.33). Berechnen Sie
   a) die Länge der Bogenleibung und des Bogenrückens,
   b) die Schichtenzahl,
   c) die Fugendicken t_1 und t_2.

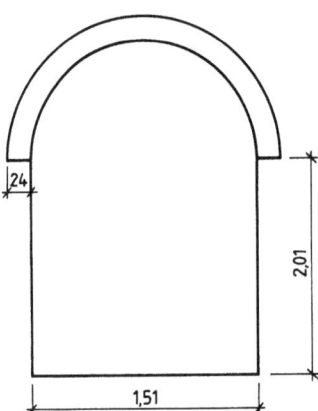

8.33 Torbogen (Maße in m, cm)

4. Für einen Segmentbogen mit der Spannweite $s = 1{,}61$ m, Bogendicke 24 cm, Steinformat NF und der Stichhöhe $s/10$ sind zu berechnen
   a) Länge der Bogenleibung
   b) Länge des Bogenrückens,
   c) Anzahl der Schichten,
   d) die Fugendicken.

5. Für einen Dachgeschoßausbau sollen zwei Zwischenwände in KSV-2DF ausgeführt werden. Jede Wand erhält eine Öffnung von 1,26/1,385 m (8.34). Berechnen Sie
   a) das Mauerwerk in m² und m³,
   b) den Bedarf an Steinen,
   c) den Mörtelbedarf.

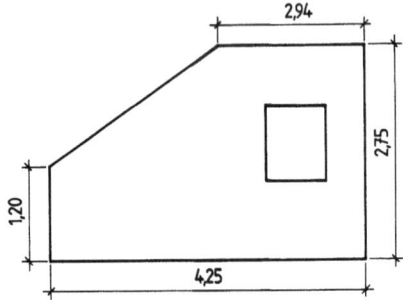

8.34 Zwischenwand Dachgeschoß (Maße in m)

6. Der Mauerpfeiler 8.35 hat eine Gesamthöhe von 2,75 m. Berechnen Sie:
   a) das 36,5er Mauerwerk in m³,
   b) das 24er Mauerwerk in m²,
   c) das 11,5er Mauerwerk in m².

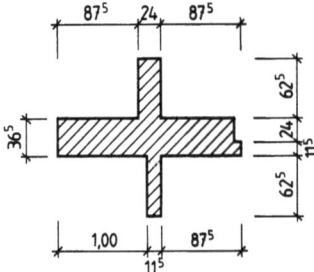

8.35 Mauerpfeiler (Maße in m, cm)

7. Für den Schornstein 8.36 ist die Masse an m³ Kaminmauerwerk zu berechnen. Alle Wangen und Zungen sind 11,5 cm dick. Der Schornstein ist insgesamt 3,75 m hoch.

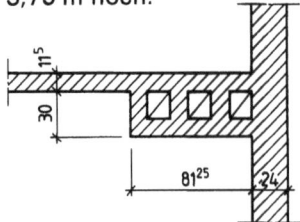

8.36 Schornstein (Maße in cm)

8. Berechnen Sie die Längen der Bogenleibung b_1 und des Bogenrückens b_2 in m für folgende Rundbögen (8.37):

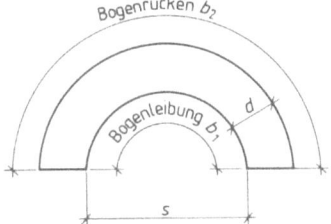

8.37 Rundbogen

Rundbogen	a)	b)	c)	d)
Spannweite s	1,51 m	2,26 m	3,135 m	1,26 m
Dicke d	24 cm	36,5 cm	49 cm	24 cm

9. Eine 3,76 m breite Toreinfahrt soll mit einem 49 cm dicken Rundbogen aus Steinen im Normalformat überspannt werden. Wie groß sind
   a) die Längen der Bogenleibung b_1 und des Bogenrückens b_2 in m,
   b) die Schichtenzahl an der Bogenleibung,
   c) die Fugendicke an der Bogenleibung t_1?

10. Für die Einrüstung des Rundbogens 8.38 über einer Wandbreite von 36,5 cm sind zwei Lehrbögen herzustellen. Wie groß ist überschlägig der Holzbedarf in m², einschließlich der querlaufenden Schalbretter, aber ohne Laschen? Der Verschnittzuschlag ist mit 20% anzunehmen.

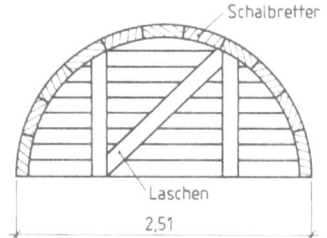

8.38 Lehre für Rundbogen (Maße in m, cm)

11. Berechnen Sie für die in Bild 8.39 dargestellte 11,5 cm starke Zwischenwand mit Türöffnung
    a) das Mauerwerk in m²,
    b) den Bedarf an Steinen NF,
    c) den Bedarf an Mörtel in l.
    (s. Tab. 8.10)

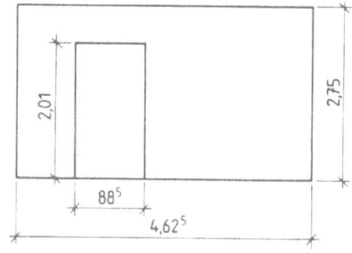

8.39 Zwischenwand (Maße in m, cm)

8.5 Druckspannungen und Schlankheit

Die Schlankheit λ von Mauerwerkspfeilern und gemauerten Wänden beeinflußt die zulässigen Druckspannungen der Bauteile.

> Schlankheit $\lambda = \dfrac{\text{Höhe } h}{\text{Dicke } d}$ d ist immer die kleinste Seite
>
> Je größer λ, desto größer ist die Knickgefahr und geringer die Belastbarkeit.

Wird $h/d > 10$, müssen die zulässigen Druckspannungen $\sigma_{D\,zul}$ nach DIN 1053 vermindert werden. Ist $\lambda > 14$, dürfen nur mittige Belastungen angreifen. $\lambda > 20$ ist nicht zulässig.

Tabelle 8.40 Grundwerte der zulässigen Druckspannungen (MN/m²) für Mauerwerk mit Normalmörtel (neuer Entwurf DIN 1053)

Steifigkeitsklasse	Grundwerte nach Mörtelgruppen				
	I	II	IIa	III	IIIa
2	0,3	0,5	0,5	–	–
4	0,4	0,7	0,8	1,0	–
6	0,6	0,9	1,0	1,2	–
8	0,6	1,0	1,2	1,4	–
12	0,8	1,2	1,6	1,8	–
20	1,0	1,6	1,8	2,2	2,9
28	–	1,8	2,2	2,9	3,3
36	–	–	–	3,3	3,9
48	–	–	–	3,9	4,6
60	–	–	–	4,6	5,3

Tabelle 8.41 Zulässige Druckspannungen (MN/m²) für schlanke Bauteile aus Mauerwerk nach DIN 1053

Schlankheit bzw. Ersatzschlankheit	Grundwerte der zulässigen Druckspannungen in MN/m²														
	0,3	0,4	0,5	0,6	0,7	0,8	0,9	1,0	1,2	1,4	1,6	1,9	2,2	2,5	3,0
$h/d \leq 10$	0,3	0,4	0,5	0,6	0,7	0,8	0,9	1,0	1,2	1,4	1,6	1,9	2,2	2,5	3,0
12			0,3	0,4	0,5	0,6	0,6	0,7	0,8	1,0	1,1	1,3	1,5	1,7	2,0
14				0,3	0,3	0,4	0,4	0,5	0,6	0,7	0,8	0,9	1,0	1,1	1,4
16						0,3	0,3	0,3	0,4	0,5	0,6	0,6	0,7	0,8	1,0
18	Bei Schlankheiten >14 ist nur mittige Belastung zulässig							0,3	0,3	0,4	0,4	0,5	0,5	0,7
20													0,3	0,3	0,5

Bauteile, deren Höhe im Verhältnis zur Dicke sehr groß ist, neigen zum Ausknicken. Dazu zählen besonders Pfeiler und Wände. Zum Nachweis der Stabilität werden Schlankheit und zulässige Druckspannungen ermittelt.

Beispiel 9 Ein Pfeiler aus Klinkermauerwerk (20 kN/m³) 24/24 cm mit einer Höhe (Knicklänge) $h = 2{,}76$ m wird mit 105 kN mittig belastet. Ermitteln Sie die Stein- und Mörtelgüte.

Lösung Gesamtlast = Eigenlast + Auflast

$\sigma = d \cdot b \cdot h \cdot \gamma + 105\,\text{kN} = 0{,}24\,\text{m} \cdot 0{,}24\,\text{m} \cdot 2{,}76\,\text{m} \cdot 20 + 105\,\text{kN}$

$\sigma = 3{,}18\,\text{kN} + 105\,\text{kN} = \mathbf{108{,}2\,\text{kN}}$

Druckspannung $= \dfrac{\text{Kraft}}{\text{Fläche}} = \dfrac{108{,}2\,\text{kN}}{24\,\text{cm} \cdot 24\,\text{cm}} = 0{,}18\,\text{kN/cm}^2 = \mathbf{1{,}8\,\text{N/mm}^2}$

Schlankheit $= \dfrac{\text{Höhe}}{\text{Dicke}} = \dfrac{276\,\text{cm}}{24\,\text{cm}} = 11{,}5 \sim 12$

Gewählt: **Steinfestigkeitsklasse 28 mit MG III**

mit $\sigma_{\text{D zul}} = 3\,\text{N/mm}^2$ (vgl. Tabellen)

$\sigma_{\text{D zul}} = 2{,}0\,\text{N/mm}^2$ für $\lambda = 12$

Aufgaben

1. Für die Stütze **8.42** aus Kalksandsteinen ist die Druckspannung nachzuweisen ($\sigma_{zul} > \sigma_{vorh}$). Ferner ist die Bodenpressung zu ermitteln, die das Normalbetonfundament ($\gamma = 24$ kN/m³) erzeugt.

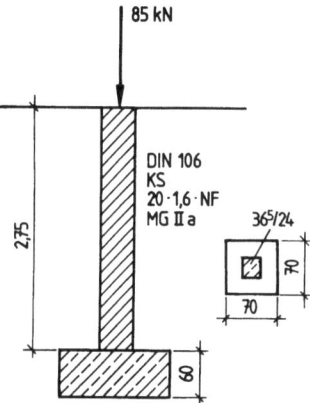

8.42 Kalksandsteinstütze

2. Berechnen Sie die zulässige Last für einen Mauerwerkspfeiler. Die Abmessungen betragen 36⁵/49 cm, die Höhe ist 3,75 m, die Steinfestigkeitsklasse 28. Die Steine werden in MG II a vermauert.

3. Vergleichen Sie die zulässigen Spannungen in den Mauerwerkspfeilern **8.43**, wenn die Mörtelgruppen I und III zur Verfügung stehen.

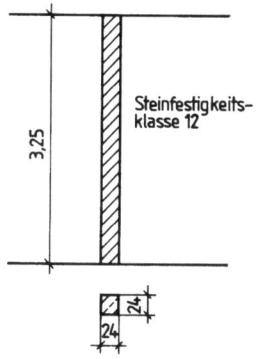

8.43 Mauerwerkspfeiler

4. Ein Pfeiler soll zur Unterstützung einer Balkenkonstruktion verwendet werden. Die Höhe des 43/36⁵ cm großen Pfeilers beträgt 7,50 m. Es werden Mauerziegel der Festigkeitsklasse 48 mit MG III verarbeitet.

  a) Weisen Sie nach, ob der Pfeiler hinsichtlich der Schlankheit hergestellt werden kann.

  b) Ermitteln Sie gegebenenfalls die zulässige Höhe.

5. Ein Mauerpfeiler (20, MH III) erhält aus konstruktiven Gründen eine Dicke von 24 cm. Die Schlankheit ist mit 12 anzunehmen. Die auf den Pfeiler wirkende Belastung beträgt 98 kN. Berechnen Sie die Abmessungen.

9 Beton- und Stahlbetonbau

Da die Massenermittlung Grundlage jeder Ausschreibung ist, müssen Bauzeichner in allen Ausbildungsbereichen immer wieder Baustoffmassen ermitteln. Im Bereich des Beton- und Stahlbetonbaus sind Berechnungen der Beton- und Stahlmengen ebenso erforderlich wie die Erfassung des Schalungsbedarfs. Die Berechnung kann für verschiedene Bauteile nach Raum-, Flächen- oder Längenmaß erfolgen. Teilweise ist auch die Ermittlung von Stückzahlen möglich. Betonstahlmassen werden grundsätzlich gewichtsmäßig erfaßt.

9.1 Massenberechnung Beton

Grundlage der Beton-Massenberechnungen ist DIN 18332 „Beton- und Stahlbetonarbeiten". Sie gilt nicht für Einpreß-, Betonwerkstein-, Estrich- und Oberbauarbeiten im Straßenbau mit hydraulischen Bindemitteln. Wie bei den Massenberechnungen für Mauerwerk sind die Leistungen bei Beton- und Stahlbetonarbeiten aus Zeichnungen zu ermitteln, wenn sie der tatsächlichen Ausführung entsprechen. Abgerechnet werden können sie auf drei Arten – je nachdem, welches Verfahren in der Leistungsbeschreibung festgelegt ist.

> Abrechnung Beton und Stahlbeton
> – einschließlich Schalung und Bewehrung oder
> – einschließlich Schalung, Bewehrung getrennt oder
> – getrennt nach Beton, Schalung und Bewehrung

Wenn die Leistungsbeschreibung nichts anderes festlegt, werden Beton und Stahlbeton einschließlich Schalung und Bewehrung abgerechnet (9.1).

Tabelle 9.1 **Abrechnung Beton und Stahlbeton** (s.a. DIN 18331)

Bauteil im	Raummaß (m^3)	Flächenmaß (m^2)	Längenmaß (m)	Stück
z. B. Streifen-Plattenfundamente, Stützmauer	x			
Wände ≤ 25 cm Dicke	x	x		
Wände > 25 cm Dicke	x			
Stützen	x		x	x
Decken	x	x		

> Die Ergebnisse werden beim Raummaß auf drei, beim Flächenmaß auf zwei Stellen hinter dem Komma gerundet.

Tabelle 9.2 Abzüge bei der Bauteilberechnung nach dem Raummaß

Abzug	Beispiel	
Nischen in Stahlbetonwand > 0,25 m³/St.		Berechnung: 1,30 · 0,90 · 0,12 = 0,140 m³ Abzug: < 0,25 m³ = kein Abzug (Maße in m, cm)
Öffnungen, Nischen > 0,25 m³/St.	Schnitt A-A	Berechnung: 1,35 · 1,00 · 0,30 = 0,405 m³ 1,25 · 0,90 · 0,10 = 0,113 m³ 0,518 m³ Abzug: > 0,25 m³ = Öffnung wird abgezogen (Maße in m, cm)
Schlitze in Stahlbetonwand > 0,25 m³/m		Berechnung: 0,35 · 0,25 · 1,00 = 0,088 m³ Abzug: < 0,25 m³/m = kein Abzug

Tabelle 9.3 Abzüge bei der Bauteilberechnung nach dem Flächenmaß

Abzug	Beispiel	
Öffnungen > 1 m² (Nischen, Kanäle, Schlitze werden nicht abgezogen)	(Maße in m, cm)	Aussparung in Betonstahldecke Berechnung: 0,71 · 0,615 = 0,437 m² Abzug: Aussparung < 1 m² = kein Abzug
Fensteröffnung in Stahlbetonwand > 1 m²	(Maße in cm)	Mittlere Öffnungsgröße: 1,01 · 0,76 = 0,77 m² 1,09 · 0,80 = 0,87 m² 1,64 m² : 2 = 0,82 m² Abzug: Öffnung < 1 m² = kein Abzug

Regeln und Konstruktionsmaße für die Massenermittlung von Betonbauarbeiten:

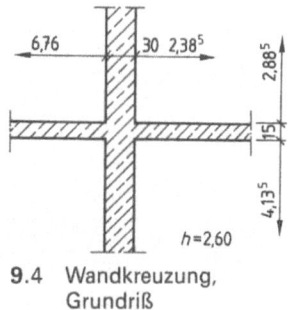

9.4 Wandkreuzung, Grundriß (Maße in m, cm)

> Bei sich kreuzenden Wänden wird die dickere Wand durchgemessen.

Beispiel 1 30er Wand: (4,135 + 0,15 + 2,885) · 0,30 · 2,60
(9.4)   = **5,593 m³**
           15er Wand: (6,76 + 2,385) · 2,60
                                        = **23,78 m²**

> Bei Wandecken wird nur eine, und zwar die breitere Wand durchgerechnet.

Beispiel 2 (9.5)

$(4{,}76 + 0{,}30) \cdot 0{,}35 \cdot 2{,}60 + 2{,}885 \cdot 0{,}30 \cdot 2{,}60 = \mathbf{6{,}885\ m^2}$

> Stützen in Betonwänden werden getrennt abgerechnet.

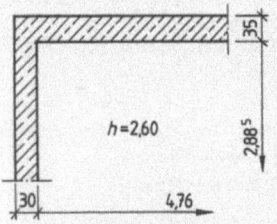

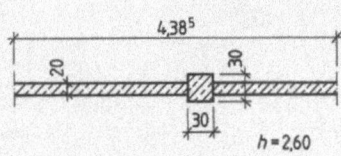

9.5 Wandecke, Grundriß (Maße in m, cm)

9.6 Stütze in Betonwand (Maße in m, cm)

Beispiel 3 (9.6)

Wand: $(4{,}385 - 0{,}30) \cdot 2{,}60 = \mathbf{10{,}62\ m^2}$

Stütze: 2,60 m oder 1 St. oder $0{,}30^2 \cdot 2{,}60 = \mathbf{0{,}234\ m^3}$

> Die Abrechnungshöhe von Wänden wird bei durchgehenden Wänden von Oberfläche Rohdecke bzw. Fundament bis Oberfläche Rohdecke ermittelt. Stützen rechnen von OK Rohdecke bis OK Rohdecke.

Beispiel 4 (9.7)

Abrechnungshöhe für die KG-Wand = **2,37 m**

> Decken werden bis zur äußeren Begrenzung und meist nach Flächenmaß (m^2) abgerechnet.

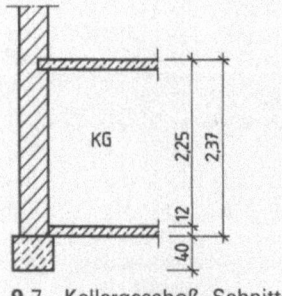

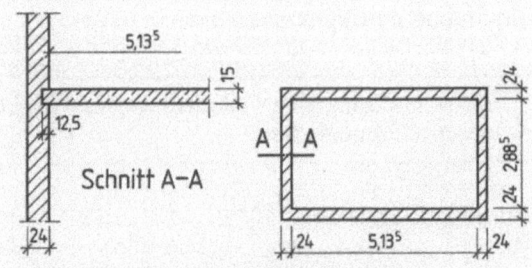

9.7 Kellergeschoß, Schnittdetail (Maße in m, cm)

9.8 Stahlbetondecke (Maße in m, cm)

Beispiel 5 (9.8)

$(5{,}135 + 2 \cdot 0{,}125) \cdot (2{,}885 + 2 \cdot 0{,}125) = \mathbf{16{,}88\ m^2}$

Aufgaben

1. Für die Stütze **9**.14 auf S. 140 ist die Abrechnungsmasse an Stahlbeton zu berechnen. Ergebnis auf drei Stellen hinter dem Komma in m³.

2. Berechnen Sie die 17 cm dicke Stahlbetondecke über dem Wohnraum **9**.16 auf S. 140 in m². Die Deckenauflagerbreite beträgt auf allen Begrenzungswänden 24 cm.

3. Die Garagendecke **9**.19 auf S. 141 besteht aus einer 14 cm dicken Stahlbetondecke und einem 40 cm hohen Ringbalken. Berechnen Sie die Abrechnungsmasse in m³.

4. Für das Kellergeschoß **9**.9 in Betonbauweise ist die Massenermittlung nach Formular durchzuführen. Dafür sind zu berechnen:
   Pos. 1 m³ 30er Wand in B 35
   Pos. 2 m² 24er Wand in B 15
   Pos. 3 m² 15er Wand in B 15
   Pos. 4 m² Stahlbetondecke $d = 14$ cm, B 35

5. Für das Projekt Wohnhaus **9**.20 auf S. 142 ist die Stahlbetonmasse der Kellerdecke ($d = 16$ cm) in m² zu berechnen.

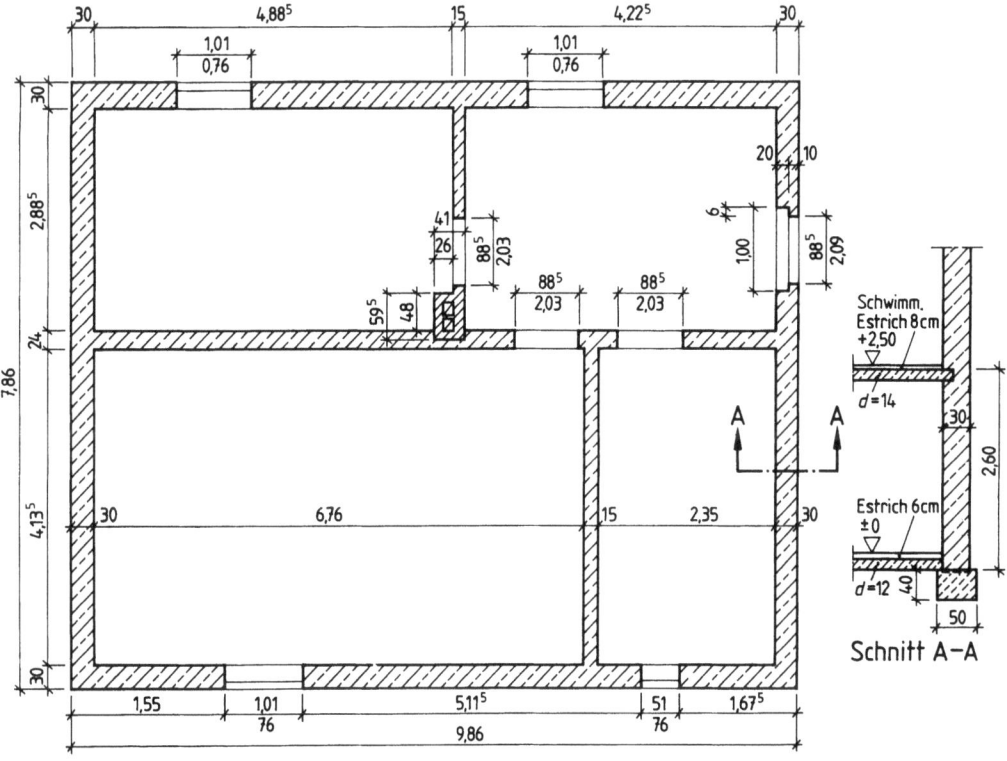

9.9 Kellergeschoßgrundriß (Maße in m, cm)

9.2 Massenberechnung Betonschalung

Die Massenermittlung von Betonschalung erfolgt nach DIN 18331. Sie ist Bestandteil der VOB Teil C. Die Schalung rechnet man nach Flächenmaß (m²), wobei man die Einschalung von Decken und die Einschalung von Balken, Stützen, Wänden und Treppen getrennt ermittelt. Die nötigen Maße können wir im allgemeinen den Ausführungszeichnungen oder den Schalplänen entnehmen, die die Betonkonstruktion im geplanten Endzustand und ihre vollständige Bemaßung darstellen. Als Maß gilt die eingeschalte Betonfläche. Überstehende Schalung wird nicht gerechnet; sie ist im Einheitspreis der Schalung/m² berücksichtigt.

Deckenschalung wird zwischen Wänden und Balken aus der Abwicklung aller eingeschalten Flächen gerechnet. Die Schalung von Deckenrändern wird mitgerechnet.

Deckenöffnungen (z. B. für Treppen, Schornsteine oder Rohrdurchführungen) werden bis zu 1,0 m² Einzelgröße übermessen. Die für die Aussparung erforderliche Randschalung ist jedoch auch dann zu rechnen, wenn die Öffnung übermessen wird. Die Schalung von Aussparungen wird wegen des erhöhten Schalungsaufwands außerdem als Zulage zum Schalungspreis abgerechnet.

> Berechnung der Deckenschalung erfolgt nach Flächenmaß (m²). Abzug für Öffnungen > 1 m² Einzelgröße.
> Randschalung wird unabhängig vom Abzug der Aussparung immer mitgerechnet.

Beispiel 6 Wie groß ist die Masse der Schalung für die 16 cm dicke Betondecke 9.10?

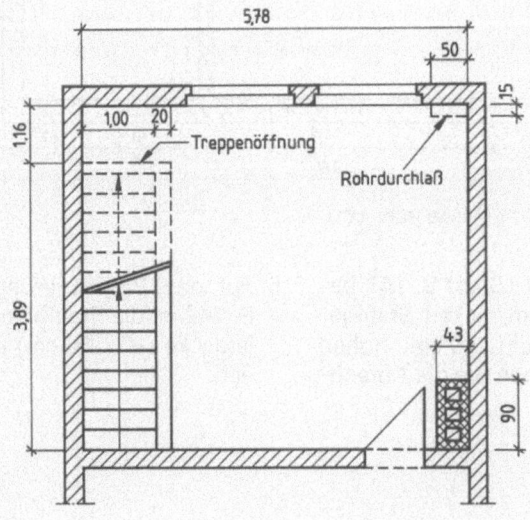

9.10 Deckenschalung (Maße in m, cm)

Beispiel 6, Fortsetzung

Pos.	Gegenstand	Länge in m	Breite in m	Fläche in m²	Abzug in m²
1	Deckenschalung 3,89+1,16	5,05	5,78	29,19	
	Öffnungen Treppe 1,00+0,20 Schornstein Rohrdurchlaß	1,20 0,90 0,50	3,89 0,43 0,15		4,67 < 1 m² < 1 m²
	Randschalung Aussparung Treppenöffnung Rohrdurchlaß Schornstein	3,89 1,20 0,50 0,15 0,43 0,90			
		7,07	0,16	1,13	
				30,32 -4,67	4,67
				25,65	
2	Zulage Schalung Aussparung			1,13	

Die Deckenöffnung für die Treppe wird abgezogen, da sie > 1 m² ist. Dagegen werden die Öffnungen für Rohrdurchlaß und Schornstein übermessen, da sie < 1 m² sind. Die Randschalung für die Aussparungen wird als Zulage erfaßt.

Beispiel 7 Berechnen Sie die Schalung für die 3,74 m lange Balkonkragplatte 9.11.

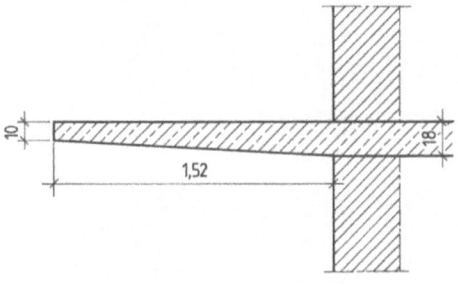

9.11 Balkonkragplatte (Maße in m/cm)

Pos.	Gegenstand	Länge in m	Breite in m	Fläche in m²	Abzug in m²
1	Schalung Balkonkragplatte Untersicht Seitenflächen $2 \cdot \frac{0,18+0,10}{2}$ Stirnfläche	1,52 0,28 3,74	3,74 1,52 0,10	5,68 0,43 0,37 6,48	

Wand-, Balken- und Stützenschalung. Die Maße werden in der gleichen Weise wie bei Deckenschalungen ermittelt. Nicht abgezogen werden Aussparungen für Öffnungen und Schalungsausschnitte für Anschlüsse von Balken an Balken, an Stützen und an Wänden bis zu 1,0 m² Einzelgröße. Auch Schlitze und Kanäle in geschalten Betonflächen bis 0,5 m Breite zieht man nicht ab. Die Schalung für die Aussparungen und Schlitze ermittelt man gesondert und rechnet sie wegen des erhöhten Aufwands als Zulage zum Schalungspreis ab.

> Berechnung der Wand-, Balken- und Stützenschalung nach Flächenmaß (m²).
> Abzüge: Aussparungen > 1 m² Einzelgröße, Schlitze und Kanäle > 0,5 m Breite
> Schalungen für Aussparungen, Schlitze und Kanäle werden gesondert gerechnet.

Beispiel 8 Zu ermitteln ist die Schalung der 2,50 m hohen Betonwand 9.12.

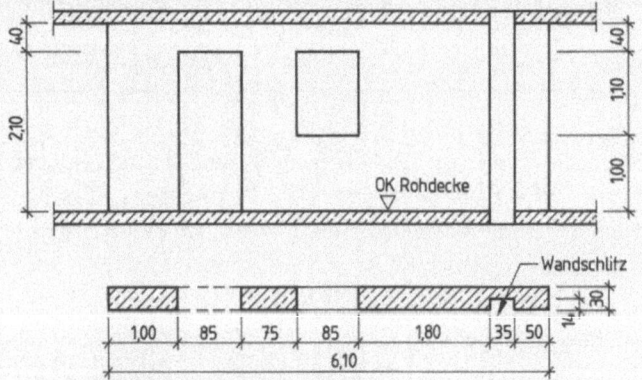

9.12 Wandschalung (Maße in m, cm)

Pos.	Gegenstand	Länge in m	Breite/ Höhe in m	Fläche in m²	Abzug in m²
1	Schalung Betonwand 2·6,10 2·0,30 h = 2,10+0,40	12,20 0,60 12,80	2,50	32,00	
	Aussparungen Türöffnung Fensteröffnung Schlitz	0,85 0,85 0,35	2,10 1,10		1,79 < 1 m² < 0,5 m
				32,00 −1,79 30,21	1,79

Beispiel 8, Fortsetzung

Pos.	Gegenstand	Länge in m	Breite/ Höhe in m	Fläche in m²	Abzug in m²
2	Zulage Schalung Aussparungen Türöffnung 2.2,10 Fensteröffnung 2.0,85 2.1,10	0,85 4,20 1,70 2,20 8,95	0,30	2,69	
	Schlitz 2.0,14	0,35 0,28 0,63	2,50	1,58 4,27	

Die Aussparung für die Türöffnung wird abgezogen, da sie > 1,0 m² ist. Die der Fensteröffnung dagegen nicht, weil sie < 1,0 m² ist. Der Schlitz wird übermessen, denn seine Breite ist < 0,5 m. Die Schalung für die Aussparung wird als Zulage gesondert gerechnet.

Beispiel 9 Wie groß ist die Schalung des Stahlbetonunterzugs über der Fensteröffnung 9.13?

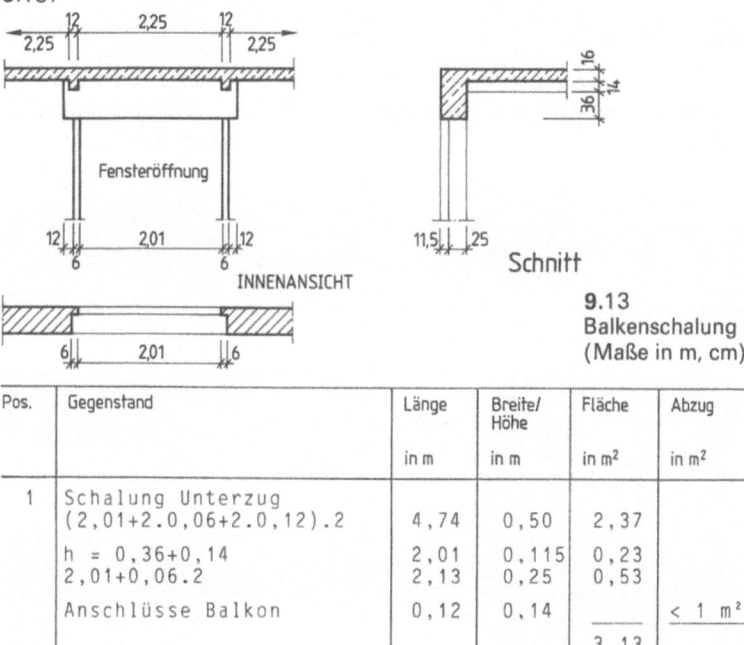

9.13 Balkenschalung (Maße in m, cm)

Pos.	Gegenstand	Länge in m	Breite/ Höhe in m	Fläche in m²	Abzug in m²
1	Schalung Unterzug (2,01+2.0,06+2.0,12).2 h = 0,36+0,14 2,01+0,06.2 Anschlüsse Balkon	4,74 2,01 2,13 0,12	0,50 0,115 0,25 0,14	2,37 0,23 0,53 ⎯⎯ 3,13	< 1 m²

Der einzelne Anschluß von Balken an Unterzug ist < 1 m² und wird somit nicht abgezogen. Da die üblicherweise vorkommenden Schalungsausschnitte bei Anschlüssen von Balken an Balken < 1 m² sind, können wir sie im allgemeinen übermessen.

Beispiel 10 Berechnen Sie die Schalung der Stahlbetonstütze 9.14

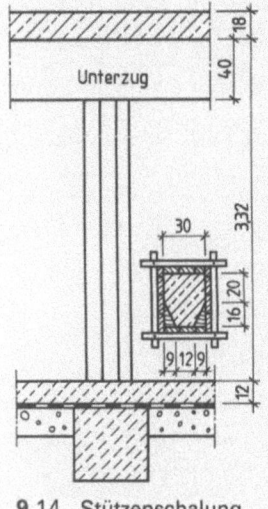

Pos.	Gegenstand	Länge in m	Breite/ Höhe in m	Fläche in m²	Abzug in m²
1	Schalung Stahlbetonstütze Abschrägung: $0,09^2+0,16^2 = 0,18$ $0,20 \cdot 2+0,30+0,12+0,18$ $h = 3,32 - 0,40$	1,18	2,92	3,45	

9.14 Stützenschalung (Maße in m, cm)

Die Länge der Abschrägung ist zu berechnen, weil die Stützenschalung aus der Abwicklung aller eingeschalten Flächen ermittelt wird. Das Brechen von Kanten gilt nicht als Abschrägung und bleibt unberücksichtigt.

Aufgaben

1. Zu ermitteln ist die Schalung der 16 cm dicken Stahlbetondecke über dem Treppenraum 9.15.

2. Berechnen Sie die Schalung der 17 cm dicken Stahlbetondecke über dem Wohnraum 9.16.

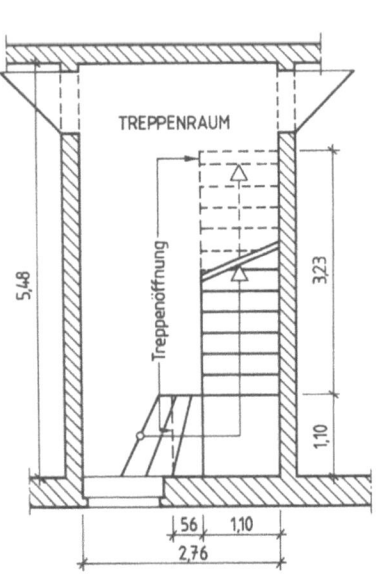

9.15 Deckenschalung Treppenraum (Maße in m, cm)

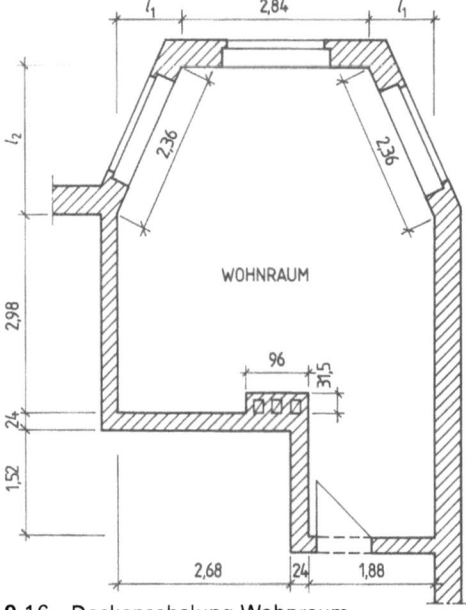

9.16 Deckenschalung Wohnraum (Maße in m, cm)

3. a) Wie groß ist die Schalung der 15 cm dicken Stahlbetondecke über dem Heizraum **9**.17?
   b) Wieviel ganze Holzschalungsplatten (Schaltafel 1,50 m/0,50 cm) können eingesetzt werden?
   c) Wie groß ist die Restfläche in Brettschalung bei einem Schnittverlust von 3,5%?

5. Ermitteln Sie für die Garagendecke in Stahlbeton **9**.19
   a) die Deckenschalung,
   b) die Schalung des umlaufenden Zerrbalkens (Ringanker),
   c) die Gesamtmasse der Schalung.

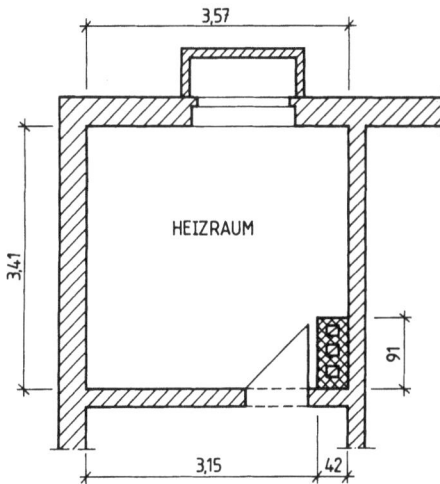

9.17 Deckenschalung Heizraum (Maße in m, cm)

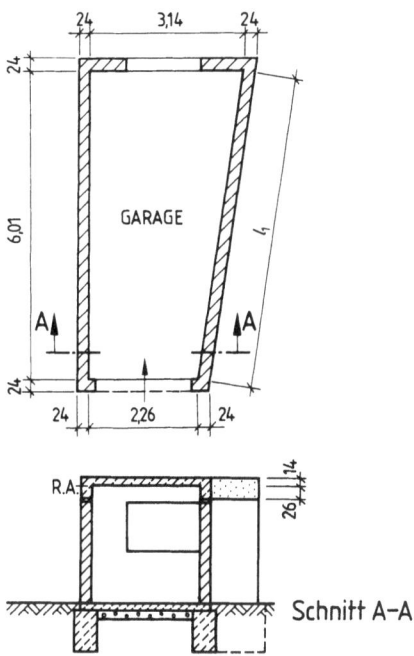

9.19 Decken- und Balkenschalung Garage (Maße in m, cm)

4. Für die Plattenbalkendecke in Stahlbeton **9**.18 sind zu berechnen:
   a) die Deckenschalung
   b) die Balkenschalung,
   c) die Gesamtmasse der Schalung.

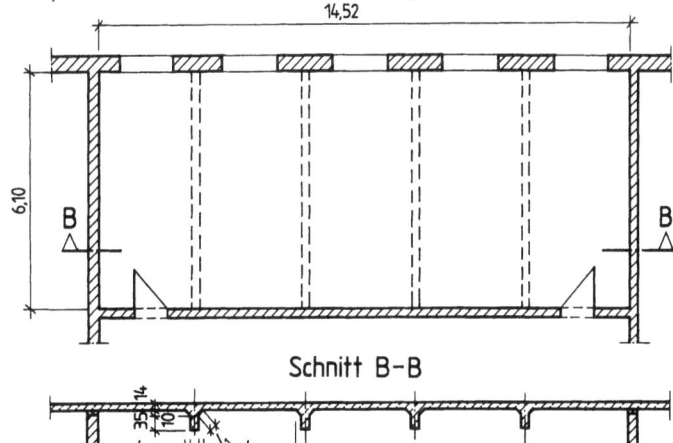

9.18 Plattenbalkendecke (Maße in m, cm)

6. Für das Projekt Wohnhaus 9.20 ist die Schalung der 16 cm dicken Kellerdecke zu berechnen. Die nichttragenden 11,5 cm dicken Wände werden nach dem Betonieren gemauert. Die Deckenschalung soll getrennt berechnet werden
a) für den Öllager- und Heizungsraum,
b) für den Hobbyraum,
c) für den Vorratsraum,
d) für den Treppen- und den Hausanschlußraum.
e) Wie groß ist die Gesamtmasse der Deckenschalung?
f) Wie groß ist die Zulage für Schalungen der Aussparungen?

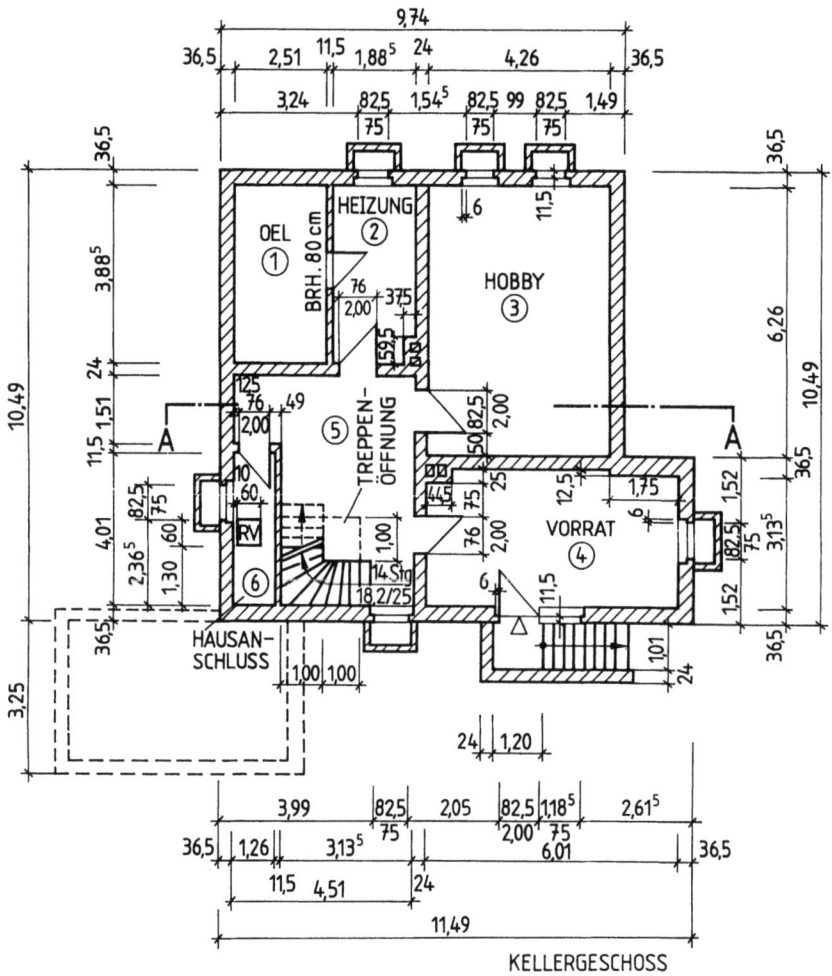

9.20 Kellergeschoß Projekt Wohnhaus (Maße in m, cm)

9.3 Güteprüfung des Betons

Während der Herstellung des Betons sind fortlaufend Prüfungen durchzuführen. Herstellung und Lagerung der erforderlichen Probewürfel sowie die Durchführung der Prüfungen für Frisch- und Festbeton legt die DIN 1048 fest.
Den Umfang der Güteprüfung beschreibt Tabelle 9.21.

Tabelle 9.21 **Umfang der Güteprüfung**

	Beton-gruppe		Häufigkeit	
Zement-gehalt	B I	je Betonsorte	beim ersten Einbringen, dann in angemessenen Zeitabständen	
Wasser-zement-wert	B I[1]) B II	je Betonsorte	beim ersten Einbringen, dann einmal je Betoniertag	
Kon-sistenz	B I B II	je Betonsorte	beim ersten Einbringen, beim Herstellen der Probekörper	
	B II		zusätzlich in angemessenen Zeit-abständen	
Druck-festigkeit	B I	tragende Wände und Stützen aus B 5, B 10	3 Würfel	je 500 m³ Beton oder je Geschoß oder je 7 Betonier-tage[2])
		B 15, B 25		
	B II	B 35, B 45, B 55	6 Würfel[3]	

[1]) Nur bei Beton für Außenbauteile, gilt als erfüllt bei $\beta_{WN} \geq 32$ N/mm².
[2]) Die Forderung, die die größte Anzahl von Würfeln ergibt, ist maßgebend.
[3]) Die Hälfte der geforderten Würfelprüfungen kann durch zusätzliche w/z-Wert-Bestimmungen ersetzt werden. Zwei w/z-Werte ersetzen einen Würfel.

Als Bauzeichner/in muß man in der Lage sein, den Wasserzementwert und die Konsistenz des Frischbetons zu bestimmen. Ebenso ist es erforderlich, die erzielte Druckfestigkeit des Festbetons an Probewürfeln zu berechnen.

9.3.1 Wasserzementwert

Die spätere Druckfestigkeit des Betons hängt maßgeblich vom Wasserzementwert des Frischbetons ab. Unter dem Wasserzementwert verstehen wir das Gewichtsverhältnis des Wassers zum Zement.

$$\text{Wasserzementwert} = \frac{\text{Gewicht des Wassers}}{\text{Gewicht des Zements}}$$

Dabei setzt sich das Gewicht des Wassers aus der Menge des Zugabewassers plus der Menge der Eigenfeuchte des Zuschlags zusammen. Da der Zement zum vollständigen Abbinden ca. 40% seines Eigengewichts an Wasser benötigt, ist der kleinstmögliche Wasserzementwert 0,4. Bei der Betonherstellung müssen jedoch obere Grenzwerte für die Herstellung von bewehrtem und unbewehrtem Beton eingehalten werden (Tab. 9.22).

Tabelle 9.22 **Wasserzementwerte und Zementgehalt**

	Festigkeits-klasse des Zements	Festigkeits-klasse des Betons	Zement-gehalt in kg/m³	w/z-Wert Grenzwert	w/z-Wert Zielwert
Unbewehrter Beton	–	–	≥ 100	–	–
Stahlbeton allgemein	Z 25	–	≥ 280	≤ 0,65	≤ 0,60
	≥ Z 35	≥ B 15	≥ 240	≤ 0,75	≤ 0,70
Stahlbeton für Außenbauteile	≤ Z 35	≥ B 25	≥ 300[1)][2)]	≤ 0,65[3)]	≤ 0,60[3)][4)]
	≥ Z 45		≥ 270		

Unter Berücksichtigung der Ober-/Untergrenzen des Wasserzementwerts läßt sich ein Beton für den gewünschten Einsatz gut zusammensetzen.

Beispiel 11 Berechnen Sie den Wasserzementwert einer Betonmischung aus 1920 kg Zuschlag mit 2,8% Eigenfeuchtigkeit, 320 kg Zement Z 35 und 124 l Anmachwasser. Prüfen Sie, ob diese Betonmischung für die Herstellung von Stahlbeton B 35 geeignet ist.

Eigenfeuchte: $W_E = \dfrac{2,8}{100} \cdot 1920 = 53{,}76 \text{ kg}$

Anmachwasser: $W_A = 124 \text{ l} = 124{,}0 \text{ kg}$

Gesamtwassermenge: $W = 53{,}76 \text{ kg} + 124{,}00 \text{ kg} = 177{,}76 \text{ kg}$

Zementmenge: $Z = 320 \text{ kg}$

Wasserzement: $W/Z = \dfrac{W}{Z} = \dfrac{177{,}76 \text{ kg}}{320{,}0 \text{ kg}} = 0{,}56$

$0{,}4 < 0{,}56 < 0{,}7 \ (0{,}75)$

Daraus folgt die Eignung der Mischung

Beispiel 12 Für die Herstellung von Stahlbetonaußenbauteilen aus B 25 wird ein Frischbeton mit dem Wasserzementwert 0,55 gefordert. Berechnen Sie die erforderliche Menge an Anmachwasser für eine Betonmischung, bestehend aus 330 kg Zement Z 35 F sowie 1980 kg Zuschlag mit 3,2% Eigenfeuchte.

Gesamtwassermenge $\dfrac{W}{Z} = 0{,}55 \rightarrow W = 0{,}55 \cdot Z$
$W = 0{,}55 \cdot 330 \text{ kg} = 181{,}5 \text{ kg} = 181{,}5 \text{ l}$

Eigenfeuchte $W_E = \dfrac{3{,}2}{100} \cdot 1980 = 63{,}36 \text{ kg} = 63{,}36 \text{ l}$

Anmachwasser $W_A = W - W_E = 181{,}50 \text{ l} - 63{,}36 \text{ l} = 118{,}14 \text{ l}$

9.3.2 Konsistenz

Zur Prüfung der Konsistenz eignen sich besonders gut die Ausbreit- und die Verdichtungsversuche. Die Bestimmung des Ausbreitmaßes (nicht geeignet für steifen Beton der Konsistenz KS) und des Verdichtungsmaßes ist sehr einfach und zuverlässig, vorausgesetzt, man führt die Prüfungen normgerecht durch.

Durchführung des Ausbreitversuchs
- Ausbreittisch waagerecht und unnachgiebig lagern
- Tischplatte und Innenfläche der Form feucht abwischen
- Form mittig auf Ausbreittisch stellen
- Sich auf Trittblech der Form stellen und Form mit der Kelle in zwei etwa gleich hohen Schichten füllen
- Jede Schicht mit Holzstampfer durch 10 Stöße leicht bearbeiten
- Beton mit Stahllineal bündig mit oberem Rand der Form abziehen
- Freie Fläche der Tischplatte reinigen
- Eine halbe Minute nach dem Abziehen des Betons die Form langsam lotrecht hochziehen
- Tischplatte am Handgriff in etwa 15 Sekunden 15mal bis zum Anschlag – ohne kräftig daran zu stoßen – anheben und frei fallenlassen
- Zu den Tischkanten parellele Durchmesser des ausgebreiteten Betons messen und Ausbreitmaß a als Mittelwert in ganzen Zentimetern errechnen
- Zusammenhalt, Wasserabsonderung usw. des Betons augenscheinlich beurteilen

Durchführung des Verdichtungsversuchs
- Behälter feucht auswischen oder leicht einölen
- Gut durchgemischten Beton mit trapezförmiger Kelle reihum von den einzelnen Behälterkanten aus über eine Längskante der Kelle einfüllen
- Überstehenden Beton ohne Verdichtungseinwirkung bündig abstreichen
- Beton im Behälter vollständig verdichten, am besten auf Rütteltisch
- Gegebenenfalls gewölbte Betonfläche durch Stampfen ebnen
- An den vier Ecken des Behälters Abstich vom obersten Rand bis zur Betonfläche messen und das mittlere Abstichmaß s in cm errechnen
- Verdichtungsmaß errechnen:

$$V = \frac{40}{h} = \frac{40}{40-s} \qquad s = \frac{s_1 + s_2 + s_3 + s_4}{4}$$

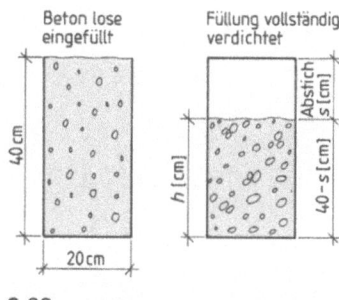

9.23

Die berechneten Ausbreit-/Verdichtungsmaße geben Aufschluß über die Konsistenz des geprüften Frischbetons gemäß Tabelle 9.24.

Tabelle 9.24 **Konsistenzbereiche des Frischbetons**

Konsistenz-bereich	Eigenschaften des Frischbetons beim Schütten	Verdichtungsmaß V	Ausbreitmaß in cm	Verdichtungsart des Frischbetons
KS (steif)	noch lose	$\geq 1{,}20$	–	kräftig wirkende Rüttler und/oder kräftiges Stampfen in dünner Schüttlage
KP (plastisch)	schollig bis knapp zusammen-hängend	1,19–1,08[1])	35 bis 41	Rütteln
KR (weich)	schwach fließend	1,07–1,02[1])	42 bis 48	leichtes Rütteln oder Stochern
KF[2]) (fließfähig)	gut fließend		49 bis 60	„Entlüften" durch Stochern, leichtes Rütteln

[1]) vorzugsweise für Beton mit gebrochenem Zuschlag
[2]) darf nur durch Fließmittelzugabe hergestellt werden

Beispiel 13 Bei einem Ausbreitversuch werden parallel zu den Ausbreittischkanten die Durchmesser des Betonkuchens gemessen: $D_1 = 37$ cm; $D_2 = 40$ cm. Berechnen Sie das Ausbreitmaß und geben Sie die Konsistenz des geprüften Frischbetons an.

$$a = \frac{D_1 + D_2}{2} = \frac{37 \text{ cm} + 40 \text{ cm}}{2} = 38{,}5 \text{ cm} \rightarrow \text{KP}$$

Es handelt sich um plastischen Beton, da 35 cm < 38,5 cm < 41 cm.

Beispiel 14 Die Konsistenz eines Frischbetons soll mittels Verdichtungsversuch geprüft werden. Folgende Abstiche werden gemessen:

$s_1 = 9{,}8$ cm; $s_2 = 9{,}5$ cm; $s_3 = 10{,}1$ cm; $s_4 = 10{,}2$ cm

$$\text{Abstichmaß } s = \frac{s_1 + s_2 + s_3 + s_4}{4} = \frac{9{,}8 \text{ cm} + 9{,}5 \text{ cm} + 10{,}1 \text{ cm} + 10{,}2 \text{ cm}}{4}$$

$$s = 9{,}9 \text{ cm}$$

$$\text{Verdichtungsmaß } v = \frac{40}{40 - s}$$

$$v = \frac{40 \text{ cm}}{40 \text{ cm} - 9{,}9 \text{ cm}} = \frac{40 \text{ cm}}{30{,}1 \text{ cm}} = 1{,}33 \rightarrow \text{KS}$$

Es handelt sich um steifen Beton, da 1,33 > 1,2.

9.3.3 Druckfestigkeit

Der Nachweis der Druckfestigkeit erfolgt an normgerecht hergestellten und gelagerten Probewürfeln der Kantenlänge 20 cm. Die Herstellung und Lagerung erfolgt gemäß Übersicht.

Herstellung und Lagerung von Probewürfeln
- Vor Einbringen des Betons Innenflächen der Formen leicht fetten oder ölen und Aufsatzrahmen aufsetzen.
- Beton einfüllen
  bei Verdichtung durch Rütteln in einer Schicht etwa bis zum oberen Rand des Aufsatzrahmens.
  bei Verdichtung durch Stampfen oder Stochern in möglichst gleichdicken Schichten, die nach dem Verdichten höchstens 15 cm dick sein sollen. Vor Aufbringen jeder neuen Schicht vorhergehende mit dem Spatel aufrauhen.
- Beton möglichst in gleicher Weise wie Beton des Bauteils vollständig verdichten.
  Innenrüttler im allgemeinen in der Mitte der Probekörper senkrecht eintauchen, bei 200- und 300-mm-Würfeln zusätzlich in den 4 Ecken eintauchen. Rüttler jeweils einmal bis etwa 2 cm über dem Boden einführen, im allgemeinen so lange in dieser Stellung belassen, bis das Austreten von Luftporen deutlich nachgelassen hat. Rüttler langsam aus dem Beton herausziehen, so daß sich der von der Rüttelflasche erzeugte Hohlraum schließt.
  Zum Verdichten auf Rütteltischen die Formen lose auf den Rütteltisch stellen. Beim Verdichten durch Stampfen oder Stochern nach dem Einbringen einer jeden Schicht an den Wandungen der Form mit dem Spatel hinunterstechen.
- Aufsatzrahmen abnehmen: über die Form überstehenden Beton bündig abstreichen und Betonfläche eben und glatt abziehen.
- Probekörper deutlich, dauerhaft und unverfälschbar u. a. mit Herstelldatum kennzeichnen und numerieren.
- Probekörper während des Erstarrens vor Erschütterungen schützen.
- Nach genügender Erhärtung (ungefähr 24 Stunden) entformen, ggf. nur Seitenteile der Form abnehmen.
- Lagerung bis 7. Tag an der Luft, danach bis zum 28. Tag unter Wasser (Klimakiste).

Anschließend sollen die Probewürfel die Nenn- bzw. Serienfestigkeit gem. Tab. **9.25** aufweisen.
Wichtig ist, daß die Nennfestigkeit von jedem einzelnen Würfel und die Serienfestigkeit im Mittel von 3 Prüfungen erreicht wird.
Teilweise werden Probekörper mit anderen Maßen oder Formen verwendet. Für ihre Einteilung in Festigkeitsgruppen sind die Ergebnisse auf die Ergebnisse der Würfelprüfung mit 20 cm Kantenlänge umzurechnen (Tab. **9.26**).

Tabelle 9.25 **Betonfestigkeitsklassen**

Beton-gruppe	Betonfestig-keitsklasse	Nennfestigkeit β_{WN} in N/mm²	Serienfestigkeit β_{WS} in N/mm²	Anwendung
Beton B I	B 5	5,0	8,0	nur für unbewehrten Beton
	B 10	10	15	
	B 15	15	20	
	B 25¹⁾	25	30	für unbewehrten und bewehrten Beton
Beton B II	B 35	35	40	
	B 45	45	50	
	B 55	55	60	

¹) bei Beton für Außenbauteile gilt i. d. R. $\beta_{WN} \geq 32$ N/mm²

Tabelle 9.26 Umrechnungswerte

15-cm-Würfel	$\beta_W = 0,95 \cdot \beta_{W150}$	
Zylinder $\varnothing = 15$ cm, $h = 30$ cm	bei $\leq$ B 15: $\beta_W = 1,25 \cdot \beta_c$	bei $\geq$ B 25: $\beta_W = 1,18 \cdot \beta_c$
Z 25 Z 35 L	$\beta_{W28} = 1,4 \cdot \beta_{W7}$ $\beta_{W28} = 1,3 \cdot \beta_{W7}$	Z 35 F und Z 45 L Z 45 F und Z 55	$\beta_{W28} = 1,2 \cdot \beta_{W7}$ $\beta_{W28} = 1,1 \cdot \beta_{W7}$

Üblich sind auch Druckfestigkeitsprüfungen nach 7, 56 oder 90 Tagen.

Beispiel 15 Bestimmen Sie die Betonfestigkeitsklasse einer Serie von 3 Norm-Probewürfeln, die beim Abdrücken folgende Krafteinwirkung bei der Zerstörung aufwiesen:

Würfel 1: $F_1 = 1{,}22$ MN
Würfel 2: $F_2 = 1{,}04$ MN
Würfel 3: $F_3 = 1{,}35$ MN

Nennfestigkeiten: $\beta_{WN} = \dfrac{F}{A}$

$$\beta_{WN1} = \frac{F_1}{A} = \frac{1\,220\,000}{200 \cdot 200} \left[\frac{N}{mm \cdot mm}\right] = 30{,}5 \; \frac{N}{mm^2} > 25$$

$$\beta_{WN2} = \frac{F_2}{A} = \frac{1\,040\,000}{40\,000} \left[\frac{N}{mm^2}\right] = 26 \; \frac{N}{mm^2} > 25$$

$$\beta_{WN3} = \frac{F_3}{A} = \frac{1\,350\,000}{40\,000} \left[\frac{N}{mm^2}\right] = 33{,}75 \; \frac{N}{mm^2} > 25$$

Serienfestigkeit: $\beta_{WS} = \dfrac{\beta_{WN1} + \beta_{WM2} + \beta_{WN3}}{3}$

$$\beta_{WS} = \frac{30{,}5 + 26 + 33{,}75}{3} \left[\frac{N}{mm^2}\right] = 30{,}08 \; \frac{N}{mm^2} > 30$$

Es handelt sich um Beton B 25.

Beispiel 16 Eine Serie von Probewürfeln mit der Kantenlänge von 15 cm wird auf Druckfestigkeit geprüft. Die Zerstörungskräfte der Probekörper werden gemessen.

Würfel 1: $F_1 = 0{,}9$ MN
Würfel 2: $F_2 = 1{,}08$ MN
Würfel 3: $F_3 = 1{,}17$ MN

Nennfestigkeiten: $\beta_{WN} = 0{,}95 \cdot \beta_{WN\,150}$

$$\beta_{WN1} = 0{,}95 \cdot \frac{900\,000}{150 \cdot 150} \left[\frac{N}{mm \cdot mm}\right] = 38 \; \frac{N}{mm^2} > 35$$

$$\beta_{WN2} = 0{,}95 \cdot \frac{1\,080\,000}{22\,500} \left[\frac{N}{mm^2}\right] = 45{,}6 \; \frac{N}{mm^2} > 45$$

$$\beta_{WN3} = 0{,}95 \cdot \frac{1\,170\,000}{22\,500} \left[\frac{N}{mm^2}\right] = 49{,}4 \; \frac{N}{mm^2} > 45$$

Serienfestigkeit: $\beta_{WS} = \dfrac{\beta_{WN1} + \beta_{WM2} + \beta_{WN3}}{3}$

$$\beta_{WS} = \frac{38 + 45{,}6 + 49{,}4}{3} \left[\frac{N}{mm^2}\right] = 44{,}3 \; \frac{N}{mm^2} > 40$$

Obwohl Würfel 2 und 3 die Nennfestigkeit von B 45 erreichen, handelt es sich bei der Prüfung nur um B 35. Würfel 1 bleibt unterhalb der Nennfestigkeit von B 45 und die Serienfestigkeit für B 45 ist nicht ausreichend.

Aufgaben

1. a) Welchen Wasserzementwert weist ein Frischbeton auf, der aus 2020 kg Zuschlag mit 3,05% Eigenfeuchte, 260 kg Zement Z 35 F und 108 l Anmachwasser hergestellt wird?
   b) Welchen Anforderungen entspricht dieser Frischbeton?
2. Eine Stahlbetonstützwand soll mit Z 25 hergestellt werden. Wieviel Anmachwasser ist pro m³ Frischbeton erforderlich, wenn zur Herstellung 1970 kg Zuschlag (Eigenfeuchte 3,1%) und 310 kg Zement verwendet werden und ein Wasserzementwert von 0,58 gefordert wird?
3. Wieviel Zement muß bei der Herstellung eines Frischbetons mit dem Wasserzementwert von 0,6 verwendet werden, wenn die Zuschlagmenge 1940 kg (Eigenfeuchte 2,7%) und das Anmachwasser 114 l beträgt?
4. Berechnen Sie das Ausbreitmaß und geben Sie die daraus folgende Konsistenz des geprüften Frischbetons an.
   $D_1 = 43{,}2$ cm; $D_2 = 45{,}4$ cm.
5. Bestimmen Sie das Verdichtungsmaß und geben Sie die Konsistenz des geprüften Betons an:
   $s_1 = 5{,}9$ cm; $s_2 = 6{,}2$ cm; $s_3 = 6{,}4$ cm; $s_4 = 5{,}7$ cm.
6. Bei der Frischbetonprüfung ergab sich ein Verdichtungsmaß $v = 1{,}272$. Wie groß war das Abstichmaß s_4, wenn die 3 anderen Abstiche wie folgt bestimmt wurden:
   $s_1 = 8{,}6$ cm; $s_2 = 9{,}0$ cm; $s_3 = 8{,}2$ cm.
7. a) Ermitteln Sie die Nennfestigkeit der 3 Probewürfel (Kantenlänge 20 cm) und geben Sie die Serienfestigkeit an.
   b) Um welche Betonfestigkeitsklasse handelt es sich?
   $F_1 = 1{,}18$ MN; $F_2 = 1{,}08$ MN; $F_3 = 1{,}38$ MN

8. Für 3 Probewürfel mit der Kantenlänge 15 cm wurden bei der Zerstörungsprüfung folgende Nennfestigkeiten gemessen.

$\beta_{150/1} = 20{,}4 \ \dfrac{N}{mm^2}$;

$\beta_{150/2} = 23{,}4 \ \dfrac{N}{mm^2}$;

$\beta_{150/3} = 26{,}1 \ \dfrac{N}{mm^2}$.

Welcher Betonfestigkeitsklasse ist der geprüfte Beton zuzuordnen?

9. Ein zylinderförmiger Probekörper (D = 150 mm, H = 300 mm) wird bei einer Krafteinwirkung von 590 kN zerstört. Um welche Betongüte handelt es sich?

10. Bei einer zerstörenden Betondruckprüfung an einer Würfelserie (Kantenlänge 15 cm) werden die folgenden Druckkräfte gemessen:
F_1 = 1,14 MN; F_2 = 1,31 MN; F_3 = 1,28 MN.
Welche Betonfestigkeitsklasse erreichte die Serie?

9.4 Betonstahlberechnungen

9.4.1 Bewehrungsplan, Stahlauszug, Stahlliste und Massenermittlung

Für die Ermittlung der Stahlmassen von Bewehrungsstäben oder -matten müssen wir nach den vorgegebenen Bewehrungsplänen durch einen Stahlauszug die Beton- oder Mattenliste erstellen. Im Stahlauszug werden die einzelnen Stähle mit Positionsnummern, Schnittlänge, Teilmaßen, Stückzahl, Durchmesser und Stahlgüte angegeben (**9.29**).

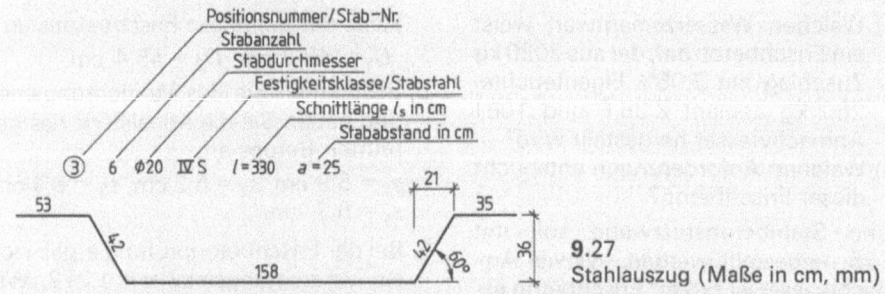

9.27 Stahlauszug (Maße in cm, mm)

Längenberechnung für Betonstabstähle. Von den angelieferten Betonstabstählen ist nach den Angaben in der Stahlliste die jeweils erforderliche Länge (Schnittlänge l_s) abzuschneiden. Anschließend wird der Stahl gegebenenfalls nach den Angaben im Stahlauszug gebogen. Die Länge des fertig gebogenen Betonstabstahls bezeichnen wir als Biegelänge l_B. Bei Betonstabstählen ohne Aufbiegungen (z.B. Montagestähle) wird die Schnittlänge aus der Länge des Stahlbeton-Bauteils abzüglich Betondeckung berechnet.

Die Betondeckung nach DIN 1045 dient der Sicherung des Verbunds, der Verbesserung des Korrosionsschutzes und dem Schutz gegen Feuer. Die in Tab. **9.28**/Spalte 4 vorgegebenen Werte für Betondeckungen (nom c) für Bewehrungsstäbe und Bügel dürfen nach keinen Seiten unterschritten werden.

Tabelle 9.28 Maße der Betondeckung in cm, bezogen auf die Umweltbedingungen (Korrosionsschutz) und die Verbundsicherung

	1	2	3	4
	Umweltbedingungen	Stabdurchmesser d_s in mm	Mindestmaße für $\geq$ B 25 min c in cm[1])	Nennmaße für $\geq$ B 25 nom c in cm
1	Bauteile in geschlossenen Räumen, z. B. in Wohnungen (einschließlich Küche, Bad und Waschküche), Büroräumen, Schulen, Krankenhäusern, Verkaufsstätten – soweit nicht im folgenden etwas anderes gesagt ist. Bauteile, die ständig trocken sind.	bis 12 14, 16 20 25 28	1,0 1,5 2,0 2,5 3,0	2,0 2,5 3,0 3,5 4,0
2	Bauteile, zu denen die Außenluft häufig oder ständig Zugang hat, z. B. offene Hallen und Garagen. Bauteile, die ständig unter Wasser oder im Boden verbleiben, soweit nicht Zeile 3 oder Zeile 4 oder andere Gründe maßgebend sind. Dächer mit einer wasserdichten Dachhaut für die Seite, auf der die Dachhaut liegt.	bis 20 25 28	2,0 2,5 3,0	3,0 3,5 4,0
3	Bauteile im Freien. Bauteile in geschlossenen Räumen mit oft auftretender, sehr hoher Luftfeuchte bei üblicher Raumtemperatur (z. B. in gewerblichen Küchen, Bädern, Wäschereien, in Feuchträumen von Hallenbädern und in Viehställen). Bauteile, die wechselnder Durchfeuchtung ausgesetzt sind (z. B. durch häufige starke Tauwasserbildung oder in der Wasserwechselzone). Bauteile, die „schwachem" chemischem Angriff nach DIN 4030 ausgesetzt sind.	bis 25 28	2,5 3,0	3,5 4,0
4	Bauteile, die besonders korrosionsfördernden Einflüssen auf Stahl oder Beton ausgesetzt sind, z. B. durch häufige Einwirkung angreifender Gase oder Tausalze (Sprühnebel- oder Spritzwasserbereich) oder durch „starken" chemischen Angriff nach DIN 4030.	bis 28	4,0	5,0

[1]) Die Nenn- (nom c) und Mindestmaße (min c) dürfen bei gleich/größer B 35 um 0,5 cm verringert werden, müssen jedoch $\geq$ 1,0 cm bzw. $\geq d_s$ sein.
Für Fertigteile und Spezialanwendungsgebiete gelten besondere Regeln.

Das Nennmaß nom c muß auf Bewehrungszeichnungen angegeben werden, damit die Mindestmaße der Betondeckung sichergestellt werden. Es enthält in der Regel ein „Vorhaltemaß" delta c von 1,0 cm.

nom c = min c + delta c   nom c = Nominalmaß = Nennmaß
min c = Mindestmaß

Die Einhaltung der Mindestmaße für die Betondeckung ist durch Abstandhalter sicherzustellen, die für nom c dimensioniert sein müssen (**9.28**).

Beispiel 17 In einer offenen Halle wird der Stahlbetonbalken 9.29 aus B25 mit Längsstäben ⌀ 25 mm und Bügeln ⌀ 8 mm hergestellt. Wie groß ist die erforderliche Betondeckung über den Bügeln?

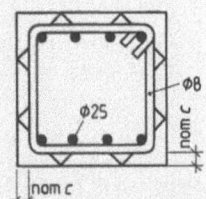

Nennmaß über den Bügeln (c) = 3,0 cm

Nennmaß über den Längsstäben (nom c) = 3,5 cm

Betondeckung über den Bügeln

9.29 Stahlbetonbalken

3,5 cm − 0,8 cm = 2,7 cm. Dies ist nicht ausreichend. Daher beträgt die Betondeckung über den Bügeln nom c = **3,0 cm**.

Beispiel 18 Für ein Schulgebäude werden Stahlbetonstützen aus B35 werkmäßig als Fertigteile hergestellt. Die Bewehrung besteht aus Längsstäben ⌀ 20 mm und Bügeln ⌀ 8 mm. Wie groß ist die erforderliche Betondeckung?

Nennmaß über den Bügeln nom c = 2,0 cm

Nennmaß über den Längsstäben nom c = 3,0 cm

Betondeckung über den Bügeln

3,0 cm − 0,8 cm = 2,2 cm. Diese Deckung ist ausreichend, da bei B35 das Nennmaß um 0,5 cm verringert werden darf.

Beispiel 19 Die erforderliche Betondeckung bei einer Stahlbetondecke aus B25 für eine Großwäscherei ist zu ermitteln. Bewehrung mit Stäben ⌀ 16 mm (9.29).

Nennmaß der Betondeckung unten (nom c_u) zur Wäscherei = 3,5 cm

Nennmaß der Betondeckung oben (nom c_o) zur Dachhaut = 3,0 cm

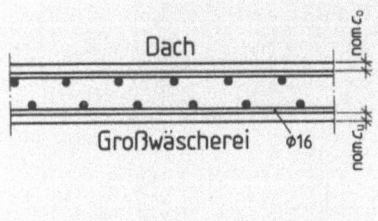

9.30 Stahlbetondecke   9.31 Plattenbalken

Beispiel 20 Für den Stahlbeton-Plattenbalken **9**.30 aus B25 in einer offenen Pausenhallen-überdachung ist die Betondeckung oben (nom c_o) im Plattenbereich, unten (nom c_u) und seitlich (nom c_s) im Balkenbereich zu ermitteln. Die Bewehrung besteht aus Längsstäben ⌀ 25 mm und Bügeln ⌀ 10 mm.

Nennmaß der Betondeckung oben (Plattenbereich) nom c_o = 3,5 cm

Nennmaß der Betondeckung unten und seitlich (Balkenbereich)

a) nach Bügeldurchmesser ⌀ 8 mm = 3,0 cm
b) nach Längsstabdurchmesser ⌀ 25 mm = 3,5 cm

Betondeckung über den Bügeln = 3,5 cm − 1,0 cm = 2,5 cm. Dies reicht nicht aus. Daher beträgt unten nom c_u und seitlich nom c_s = **3,0 cm**.

Aufgaben

(Betondeckungen auf halbe cm aufrunden)

1. Ermitteln Sie die erforderliche Betondeckung über den Bügeln für einen Stahlbetonbalken in einem Wohnhaus aus B25, bewehrt mit Längsstäben ⌀ 16 mm und Bügeln ⌀ 8 mm.

2. Für werkmäßig hergestellte Stahlbetonbalken aus B35, die in einem Bürogebäude eingebaut werden sollen, ist die Betondeckung zu berechnen. Bewehrung aus Bügeln ⌀ 10 mm und Längsstäben ⌀ 25 mm.

3. Wie groß muß die Betondeckung bei den werkmäßig hergestellten Stahlbeton-Rundsäulen **9**.34 aus B45 für Bauteile im Außenbereich mit einer Bewehrung aus Bügeln ⌀ 12 mm und Längsstäben ⌀ 20 mm sein?

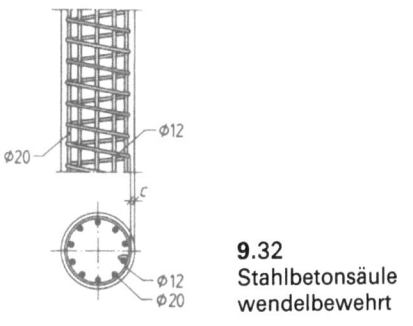

9.32
Stahlbetonsäule
wendelbewehrt

4. Eine Stahlbetondecke über einer Großküche aus B25 wird mit Stäben ⌀ 12 mm bewehrt. Wie groß muß die Betondeckung a) oben zum Flachdach, b) unten zur Großküche sein?

5. Wie groß muß die Betondeckung bei dem Stahlbeton-Plattenbalken einer offenen Einstellgarage sein? B25, Bewehrung Längsstäbe ⌀ 20 mm, Bügel ⌀ 8 mm. Berechnen Sie die Betondeckung
a) im Plattenbereich oben (nom c_o),
b) im Balkenbereich unten und seitlich (nom c_u und nom c_s).

6. Für eine Stahlbetondecke in B25 über einem Hallenbad mit einer Bewehrung aus Betonstahlmatten im Zugbereich R 513, Längsstäbe ⌀ 7 mm, Verteilerstäbe ⌀ 6 mm und im Druckbereich R 377, Längsstäbe ⌀ 6 mm, Verteilerstäbe ⌀ 5 mm sind die Betondeckung
a) im Plattenbereich oben (nom c_o),
b) im Balkenbereich unten und seitlich (nom c_u und nom c_s).

7. Eine Wohnungstrennwand im Treppenhaus (**9**.32) aus B15 erhält eine innenliegende Druckbewehrung aus Betonstabstählen ⌀ 16 mm und eine außenliegende Querbewehrung ⌀ 20 mm. Wie groß muß die Betondeckung sein?

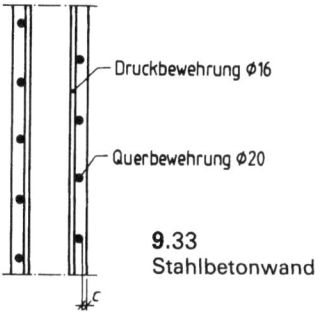

9.33
Stahlbetonwand

Die Schnittlänge von Betonstabstählen wird berechnet aus der Bauteillänge abzüglich Betondeckungen. Hinzu addiert werden die Zuschläge für Haken und Aufbiegungen.

> Schnittlänge l_s = Bauteillänge $- 2 \cdot$ Betondeckung + Zuschläge für Haken + Zuschläge für Aufbiegungen
>
> $l_s = l - 2 \cdot \text{nom}\, c + l_H + \Delta l_A$ (Δl_A = Aufbiegungszuschlag)

Zur Verankerung erhalten Bewehrungen u. a. Haken (9.34)

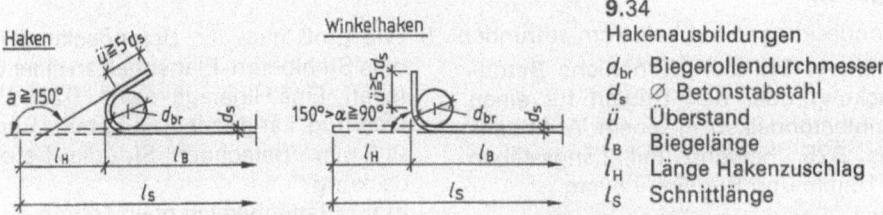

9.34 Hakenausbildungen
d_{br} Biegerollendurchmesser
d_s ⌀ Betonstabstahl
ü Überstand
l_B Biegelänge
l_H Länge Hakenzuschlag
l_S Schnittlänge

Tabelle 9.35 Mindestwerte der Biegerollendurchmesser d_{br} und überschläger Zuschlag je Haken l_H bei Betonstabstählen

Stabdurch-messer d_s in mm	Biegerollen-durchmesser/ Hakenzuschlag	Haken ← IV S BSt 500 S	Winkelhaken ⌐ IV S BSt 500 S
< 20	d_{br} l_H	$4\, d_s$ $\sim 10\, d_s$	$4\, d_s$ $\sim 7\, d_s$
20 bis 28	d_{br} l_H	$7\, d_s$ $\sim 12\, d_s$	$7\, d_s$ $\sim 8\, d_s$

Betonstahl III S (BSt 420 S) ist noch genormt, wird aber nicht mehr hergestellt.

Beispiel 21 Für den Garagentorsturz 9.36 in B25 sind die fehlenden Betonstahllängen l_s zu berechnen und die Stahlliste zu erstellen.

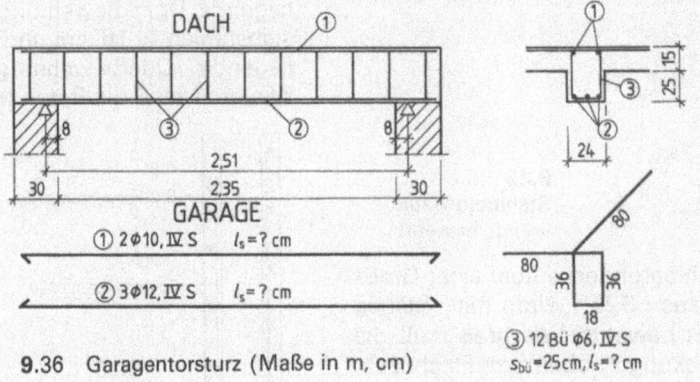

① 2 ⌀ 10, IV S l_s = ? cm
② 3 ⌀ 12, IV S l_s = ? cm
③ 12 Bü ⌀ 6, IV S $s_{bü}$ = 25 cm, l_s = ? cm

9.36 Garagentorsturz (Maße in m, cm)

Beispiel 21, Betondeckung

Fortsetzung Bauteil, zu dem die Außenluft häufig Zugang hat

$\varnothing \leq 20 \rightarrow \text{nom } c = 3{,}0 \text{ cm}$

Hakenzuschläge

für IV S $\varnothing$ 10, $l_H = 10 \, d_s = 10 \cdot 10 \text{ mm} =$ **100 mm**
für IV S $\varnothing$ 12, $l_H = 10 \, d_s = 10 \cdot 12 \text{ mm} =$ **120 mm**

Position ① 2 $\varnothing$ 10, BSt IV S

$l_s = $ Sturzlänge $- 2 \cdot$ Betondeckung $+ 2 \cdot$ Hakenzuschlag
$l_s = 295 \text{ cm} - 2 \cdot 3{,}0 \text{ cm} + 2 \cdot 10{,}0 \text{ cm} =$ **309 cm**

Position ② 3 $\varnothing$ 12, BSt IV S

$l_s = 295 \text{ cm} - 2 \cdot 3{,}0 \text{ cm} + 2 \cdot 12{,}0 \text{ cm} =$ **313 cm**

Position ③ 12 Bügel $\varnothing$ 6, BSt IV S

$l_s = $ (Sturzbreite $- 2 \cdot$ seitliche Betondeckung $+$ Sturzhöhe $-$ untere Betondeckung $-$ obere Betondeckung) $\cdot 2 + 2 \cdot$ rechtwinklige Abbiegungen
$l_s = (24 \text{ cm} - 2 \cdot 3 \text{ cm} + 40 \text{ cm} - 3 \text{ cm} - 2 \text{ cm}) \cdot 2 + 2 \cdot 80 \text{ cm}$
$l_s = (18 + 34) \cdot 2 + 2 \cdot 80 \text{ cm} =$ **264 cm**

Massenberechnung Betonstabstahl

Nach Berechnung der Schnittlängen erstellen wir zum Ermitteln des Baustoffbedarfs die Betonstabstahl-Liste.

Betonstabstahl-Liste

Pos.	Stück	$\varnothing$ in mm	l_s in m	Gesamtlänge in m		
				BSt IV S $\varnothing$ 6	BSt IV S $\varnothing$ 10	BSt IV S $\varnothing$ 12
①	②	③	④	⑤	⑥	⑦
1	2	10	3,09		6,18	
2	3	12	3,13			9,39
3	12	6	2,64	31,68		
Gesamtlängen in m				31,68	6,18	9,39
Gewicht je $\varnothing$ in kg/m				0,395	0,617	0,888
Gewicht in kg				12,514	3,81	8,34
				Gesamtmasse ohne Verschnitt in kg 24,664		

Nach den Eintragungen in die Spalten ① bis ④ berechnet man in den Spalten ⑤ bis ⑦ für den jeweiligen Stahldurchmesser die Gesamtlänge durch Multiplikation von Stückzahl mit Schnittlänge und bildet spaltenweise die Summen. Aus Tab. 9.36 werden die Massen für die Stabstahldurchmesser entnommen und je lfd. m mit den Gesamtlängen multipliziert. So ergibt sich die Gesamtmasse schließlich als Summe aus den Einzelmassen der Betonstabstähle.

Tabelle 9.37 Gewichte von Betonstahl IV S nach DIN 488

Stab-$\varnothing$ d_s in mm	Gewicht in kg/m	Stab-$\varnothing$ d_s in mm	Gewicht in kg/m
6	0,222	16	1,58
8	0,395	20	2,47
10	0,617	25	3,85
12	0,888	28	4,83
14	1,21		

Längenberechnung für aufgebogene Betonstabstähle. Für aufgebogene Stabstähle sind die Höhe h und die Länge l_s der Aufbiegung zu berechnen. Aus der Bauteilhöhe minus zweimal Betondeckung minus zweimal Bügeldurchmesser ergibt sich die Aufbiegungshöhe h. Die Aufbiegungslänge l_A läßt sich mit dem Lehrsatz des Pythagoras oder den Winkelfunktionen ermitteln.

Berechnung der Aufbiegungslängen mit dem Lehrsatz des Pythagoras. Hierzu brauchen wir die Grundlänge l_g der Aufbiegung. Bei einer Aufbiegung von 45° ist $l_g = h - d_s$. Für 30° oder 60° Aufbiegung erhalten wir die Grundlänge mit Hilfe der Winkelfunktionen (9.38).

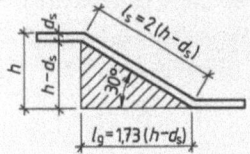 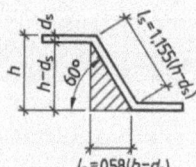

9.38 Aufbiegungen

Es ist sinnvoll, anstelle von $(h - d_s)$ das Kürzel h_A für die Aufgebogenenhöhe einzuführen.

30°

$$\frac{l_g}{h_A} = \cot 30°$$

$l_g = \cot 30° \, h_A$

$\boxed{l_g = 1{,}732 \, h_A}$

45°

$\boxed{l_g = h_A}$

60°

$$\frac{l_g}{h_A} = \cot 60°$$

$l_g = \cot 60° \, h_A$

$\boxed{l_g = 0{,}577 \, h_A}$

Kennen wir die Grundlängen, können wir die Aufbiegungslängen mit dem Lehrsatz des Pythagoras berechnen.

30°

$l_A = \sqrt{h_A^2 + 1{,}732^2 \, h_A^2}$

$l_A = \sqrt{h_A^2 + 3 \, h_A^2}$

$l_A = \sqrt{4 \, h_A^2}$

$\boxed{l_A = 2 \, h_A}$

45°

$l_A = \sqrt{h_A^2 + h_A^2}$

$l_A = \sqrt{2 \, h_A^2}$

$l_A = 1{,}414 \sqrt{h_A^2}$

$\boxed{l_A = 1{,}414 \, h_A}$

60°

$l_A = \sqrt{h_A^2 + 0{,}577^2 \, h_A^2}$

$l_A = \sqrt{h_A^2 + 0{,}333 \, h_A^2}$

$l_A = \sqrt{1{,}333 \, h_A^2}$

$\boxed{l_A = 1{,}155 \, h_A}$

Berechnung der Aufbiegungslängen mit den Winkelfunktionen

30°

$$\frac{h_A}{l_A} = \sin 30°$$

$$l_A = \frac{h_A}{\sin 30°}$$

$$l_A = \frac{h_A}{0{,}5}$$

$$\boxed{l_A = 2\,h_A}$$

45°

$$\frac{h_A}{l_A} = \sin 45°$$

$$l_A = \frac{h_A}{\sin 45°}$$

$$l_A = \frac{h_A}{0{,}707}$$

$$\boxed{l_A = 1{,}414\,h_A}$$

60°

$$\frac{h_A}{l_A} = \sin 60°$$

$$l_A = \frac{h_A}{\sin 60°}$$

$$l_A = \frac{h_A}{0{,}866}$$

$$\boxed{l_A = 1{,}155\,h_A}$$

Den Aufbiegungszuschlag Δl_A berechnet man durch Subtraktion der Grundlänge von der Aufbiegungslänge

$$\boxed{\Delta l_A = l_A - l_g}$$

Beispiel 22 Berechnen Sie die Aufbiegungslängen und die Schnittlänge für den Stabstahl ⌀ 16 mm bei einer Balkenhöhe von 40 cm, allseitiger Betondeckung von 2,5 cm und Bügeln ⌀ 8 mm (**9.39**). Die Balkenlänge beträgt 5,05 m.

Aufbiegungshöhe h_A

$h_A = 400\,\text{mm} - 2 \cdot 25\,\text{mm} - 2 \cdot 8\,\text{mm} - 16\,\text{mm} = 318\,\text{mm}$

Aufbiegungslängen rechts und links

$l_g = 1{,}732 \cdot h_A = 1{,}732 \cdot 318\,\text{mm} \cong 550\,\text{mm} = 55\,\text{cm}$
$l_A = 2 \cdot h_A = 2 \cdot 318\,\text{mm} = 636\,\text{mm} \approx 64\,\text{cm}$

Biegelänge l_1

$l_1 = 505\,\text{cm} - 2 \cdot 2{,}5\,\text{cm} - 2 \cdot 55\,\text{cm} - 2 \cdot 55\,\text{cm} = 280\,\text{cm} \triangleq 2{,}8\,\text{m}$

Schnittlänge l_s

$l_s = 2 \cdot 15\,\text{cm} + 2 \cdot 55\,\text{cm} + 2 \cdot 64\,\text{cm} + 280\,\text{cm} = 548\,\text{cm} \triangleq 5{,}58\,\text{m}$

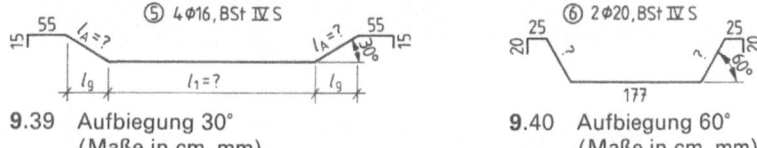

9.39 Aufbiegung 30° (Maße in cm, mm)

9.40 Aufbiegung 60° (Maße in cm, mm)

Beispiel 23 Für den Stabstahl **9.34** (⌀ 20 mm) sind die Aufbiegungslängen und die Schnittlänge zu berechnen. Der Unterzug ist in einem Büroraum aus Ortbeton B25, 60 cm hoch und erhält Bügel ⌀ 8 mm.

Betondeckung

nom $c = 3{,}0\,\text{cm}$

Aufbiegungshöhe h_A

$h_A = 600\,\text{mm} - 2 \cdot 30\,\text{mm} - 2 \cdot 8\,\text{mm} - 20\,\text{mm} = 504\,\text{mm}$

Aufbiegungslängen l_A

$l_A = 1{,}155\,h_A = 1{,}155 \cdot 504\,\text{mm} = 582\,\text{mm} \approx 58\,\text{cm}$

Schnittlänge l_s

$l_s = 2 \cdot 20\,\text{cm} + 2 \cdot 25\,\text{cm} + 2 \cdot 58\,\text{cm} + 177\,\text{cm} = 383\,\text{cm} = \mathbf{3{,}83\,m}$

Beispiel 24 Berechnen Sie die Schnittlänge des dargestellten Bewehrungsstabs (9.41) in einem Balken $b/d = 35/50$ cm aus B35 mit Bügeln Ø 10, IV S. Es handelt sich um ein Innenbauteil.

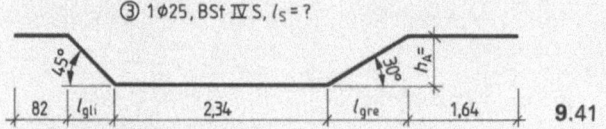

9.41

1. **Betondeckung**
   nom $c = 3,5$ cm
2. **Aufbiegungshöhe**
   $h_A = 50 - 2 \cdot 3,5$ cm $- 2 \cdot 1,0$ cm $- 2,5$ cm $= 38,5$ cm
3. **Grundlängen links und rechts**
   $l_{g\,li} = 1,0 \cdot h_A = 1,0 \cdot 38,5$ cm $= 38,5$ cm
   $l_{g\,re} = 1,73 \cdot h_A = 1,73 \cdot 38,5$ cm $= 66,6$ cm
4. **Aufbiegungslängen links und rechts**
   $l_{A\,li} = 1,414 \cdot h_A = 1,414 \cdot 38,5$ cm $= 54,4$ cm ~ 54 cm
   $l_{A\,re} = 2 \cdot h_A = 2 \cdot 38,5$ cm $= 77$ cm
5. **Schnittlänge**
   $l_s = 82$ cm $+ 54$ cm $+ 234$ cm $+ 77$ cm $+ 164$ cm $= 611$ cm $= 6,11$ m

Beispiel 25 Für die Bewehrung des Balkens 9.42 in Ortbeton B25 für ein Parkhaus, Bügel Ø 8 mm, Betonstahl IV S sind die fehlenden Maße und die Schnittlängen zu ermitteln.

Betondeckung
nom $c = 3,0$ cm

Aufbiegungshöhe
$h_A = 450$ mm $- 2 \cdot 30$ mm $- 2 \cdot 8$ mm $- 20$ mm $= 354$ mm $\triangleq$ **35 cm**
Grundlänge der Aufbiegung bei 45° $l_g = h_A =$ **35 cm**

Aufbiegungslänge
$l_A = 1,414 \cdot h_A = 1,414 \cdot 354$ mm $= 500,5$ mm $\triangleq$ **50 cm**

Balkenlänge
12 cm $+ 376$ cm $+ 24$ cm $+ 125$ cm $=$ **537 cm**

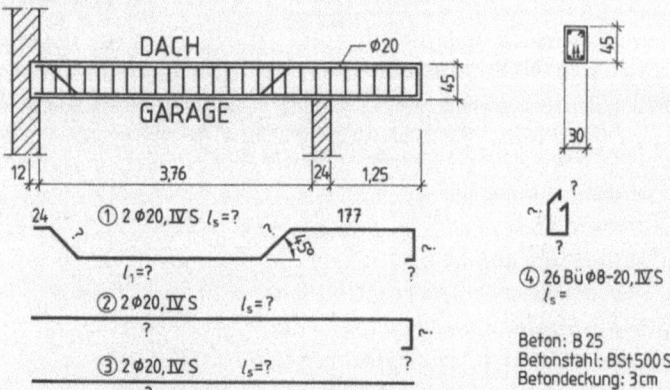

9.42 Stahlbetonbalken mit Kragarm (Maße in m, cm)

Beispiel 25, Schnittlänge Pos. 3
Fortsetzung $l_s = 537 \text{ cm} - 2 \cdot 3 \text{ cm} = 531 \text{ cm}$
= **5,31 m**

Biegelänge l_1:
$l_1 = 531 \text{ cm} - 24 \text{ cm}$
$\quad - 2 \cdot 35 \text{ cm } (l_g) - 177 \text{ cm}$
$= 260 \text{ cm} = $ **2,6 m**

Winkelhakenzuschlag
(Betonstahl IV S, $\varnothing$ 20 mm = 8 d_s)
$8 \cdot 20 \text{ mm} = 160 \text{ mm} = $ **16 cm**

Schnittlänge Pos. 1
$l_s = 24 \text{ cm} + 2 \cdot 50 \text{ cm}$
$\quad + 260 \text{ cm} + 177 \text{ cm} + 35 \text{ cm}$
$\quad + 16 \text{ cm} = 612 \text{ cm} = $ **6,12 m**

Schnittlänge Pos. 2
$l_s = 531 \text{ cm} + 35 \text{ cm}$
$\quad + 16 \text{ cm} = $ **582 cm**

Bügellängen:
1. $45 \text{ cm} - 2 \cdot 3 \text{ cm} = $ **39 cm**
2. $30 \text{ cm} - 2 \cdot 3 \text{ cm}$ (Betondeckung) = **24 cm**

Hakenzuschlag Betonstahl IV S, $\varnothing$ 8 cm = 10 d_s = 10 · 8 mm = 80 mm
= **8 cm**

Schnittlänge Pos. 4 = $2 \cdot 39 \text{ cm} + 2 \cdot 24 \text{ cm} + 2 \cdot 8 \text{ cm} = $ **142 cm**

Betonstabstahl-Liste

Pos.	Stck.	$\varnothing$ in mm	l_s in mm	Gesamtlänge in m BSt IV S $\varnothing$ 8	BSt IV S $\varnothing$ 20
1	2	20	6,12		12,24
2	2	20	5,82		11,64
3	2	20	5,31		10,62
4	26	8	1,42	36,92	
Gesamtlängen in m				36,92	34,5
Gewicht je $\varnothing$ in kg/m				0,395	2,47
Gewicht in kg				14,583	85,215
Gesamtmasse ohne Verschnitt in kg 99,798					

Aufgaben

8. Für die Bewehrung des Stahlbetonsturzes (B25) 9.43 in einem Bürogebäude sind zu berechnen:
   a) die fehlenden Maße ⓐ bis ⓖ,
   b) die Schnittlängen Pos. ① bis ⑥,
   c) die Gesamtmasse an Betonstabstahl in einer Stahlliste.

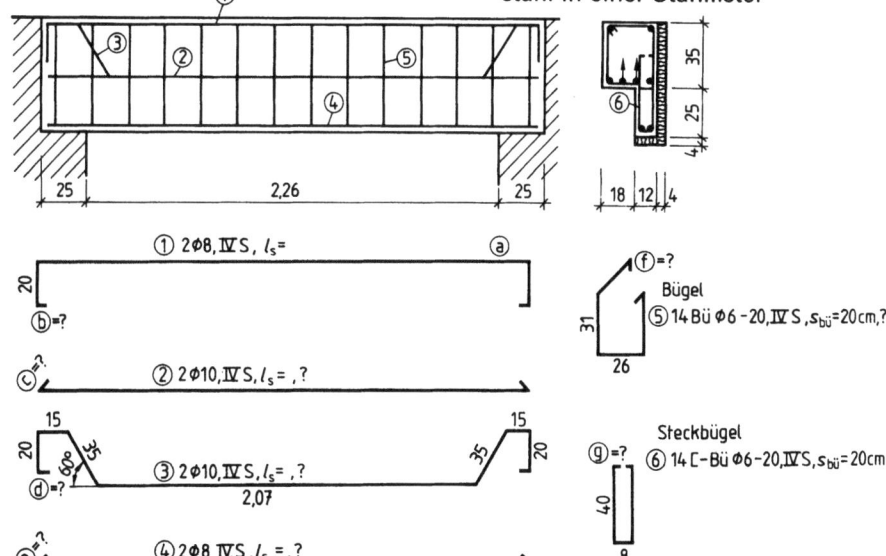

9.43 Stahlbetonsturz in Bürogebäude (Maße in m, cm)

9. Berechnen Sie für den Stahlbetonbalken **9.44** aus B25 in einem Hallenbad
   a) die Betondeckung
   b) die Hakenzuschläge ⓐ – ⓒ
   c) die Schnittlängen der Pos. ① – ④
   d) die Gesamtmasse

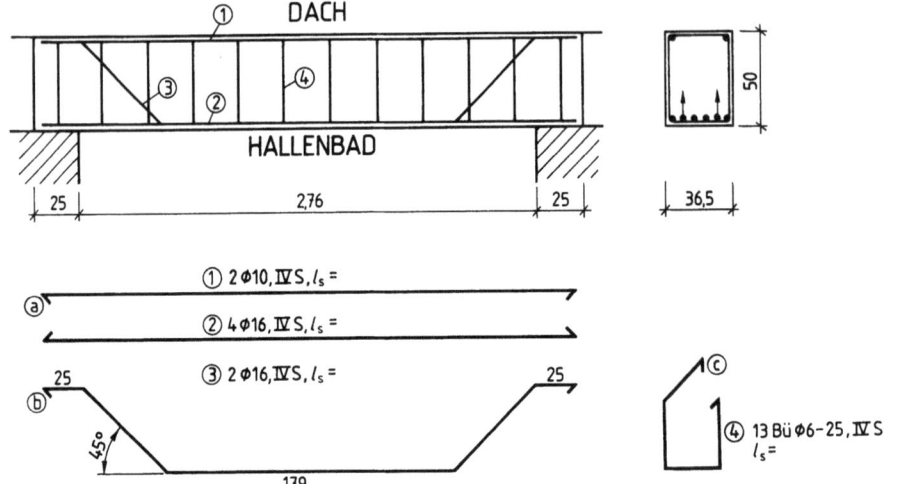

9.44 Stahlbetonbalken im Hallenbad (Maße in m, cm)

10. Für die Betonstabstähle des Stahlbetonbalkens **9.45** in einem Kaufhaus sind zu ermitteln:
    a) die Biegelängen ⓐ – ⓗ
    b) die Schnittlängen
    c) die Gesamtmasse an Einzelstabbewehrung (Betonstahlliste)

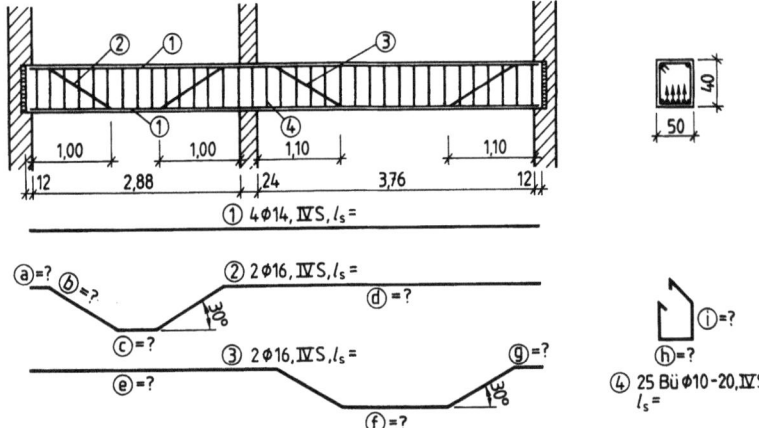

9.45 Durchlaufträger in Kaufhaus (Maße in m, cm)

9.4.2 Massenermittlung von Betonstahlmatten

Betonstahlmatten verwendet man zur Bewehrung von Flächentragwerken, wie z. B. Deckenplatten und Wänden. Ihr Einbau geht aus den Mattenverlegeplänen des Statikers hervor (**9.46**). Hierin sind die Lagen der einzelnen Matten

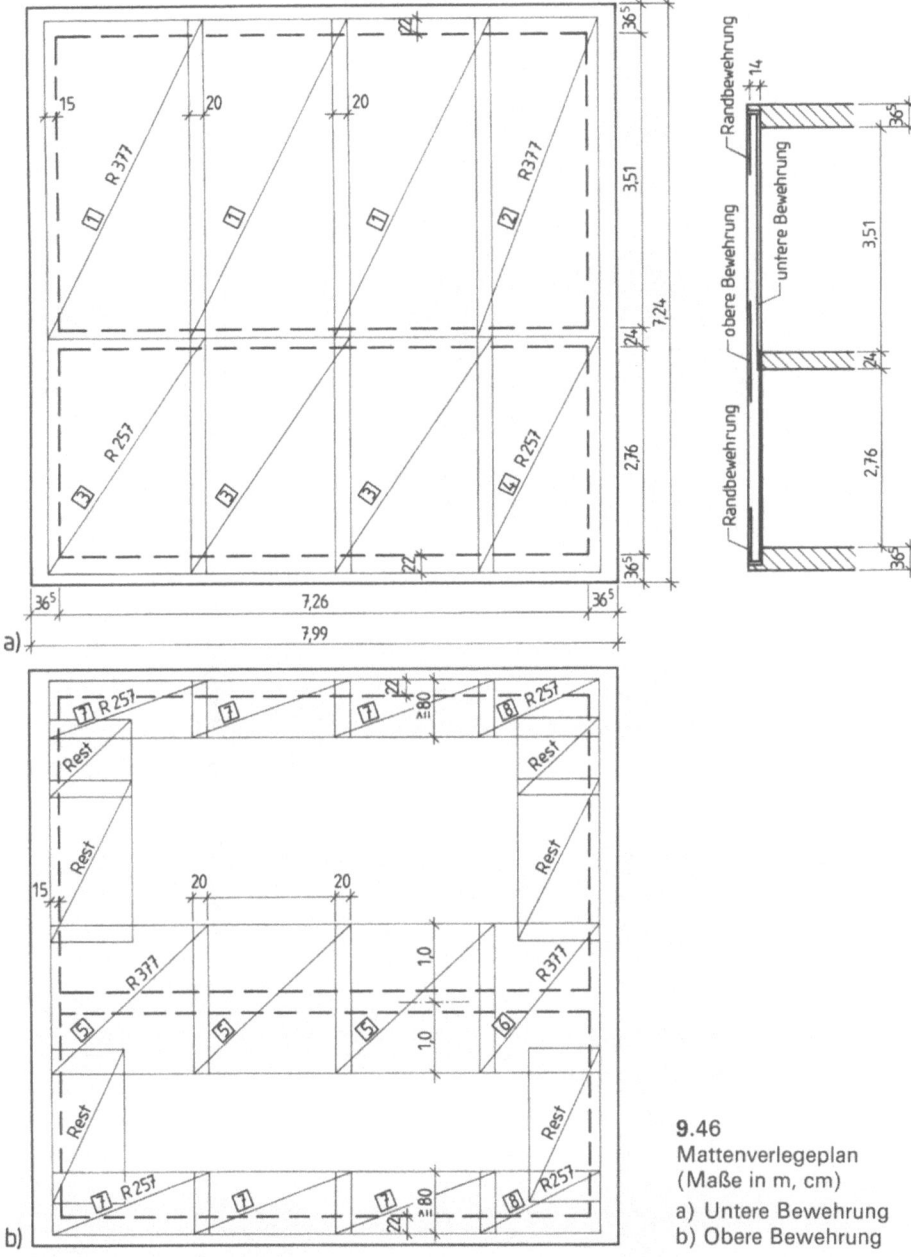

9.46
Mattenverlegeplan
(Maße in m, cm)
a) Untere Bewehrung
b) Obere Bewehrung

maßstäblich gezeichnet – getrennt für die untere und obere Bewehrung bei Dekken sowie für die innere und äußere Bewehrung bei Wänden, falls sie unterschiedlich sind.

Um den Bedarf an Betonstahlmatten zu ermitteln, fertigen wir nach den Mattenverlegeplänen Schneideskizzen an und berechnen dann in einer Stahlliste das Gesamtgewicht für die Preisermittlung (**9.47**).

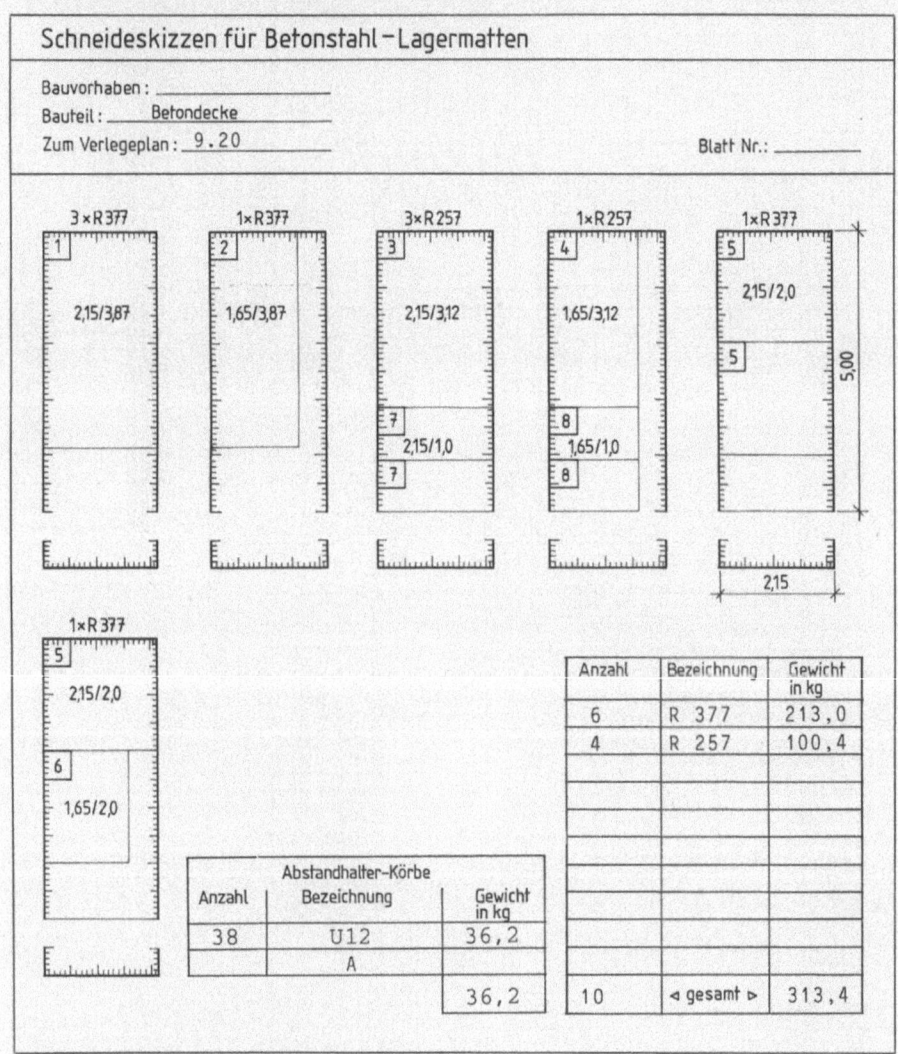

9.47   Schneideskizze (Maße in m, cm)

Lagermatten sind auch heute noch häufig verwendete Betonstahlmatten. Sie sind aus Vorräten lieferbar mit den Einheitsgrößen 5 m · 2,15 m oder 6 m · 2,15 m. Sie haben festliegende Querschnitte und Stababstände (**9.48**).

Tabelle 9.48 Betonstahl-Lagermatten nach BSt 500 M/IV M

Länge/Breite in m	Randeinsparung	Mattenbezeichnung	Mattenaufbau in Längsrichtung/Querrichtung					Querschnitte längs/quer cm²/m	Gewichte	
			Stababstände in mm	Stab-∅ Innenbereich in mm	Randbereich in mm	Anzahl der Längsrandstäbe links	rechts		je Matte in kg	je m²
5,00 2,15	ohne	Q 131	150 · 5,0 150 · 5,0					1,31 1,31	22,5	2,09
		Q 188	150 · 6,0 150 · 6,0					1,88 1,88	32,4	3,01
	mit	Q 221	150 · 6,5 150 · 6,5	/ 5,0	–	4	/ 4	2,21 2,21	33,7	3,14
		Q 257	150 · 7,0 150 · 7,0	/ 5,0	–	4	/ 4	2,57 2,57	38,2	3,55
		Q 377	150 · 6,0d 150 · 8,5	/ 6,0	–	4	/ 4	3,77 3,78	56,0	5,21
6,00 2,15		Q 513	150 · 7,0d 100 · 8,0	/ 7,0	–	4	/ 4	5,13 5,03	90,0	6,97
	ohne	R 131	150 · 5,0 250 · 4,0					1,31 0,50	15,8	1,47
		R 188	150 · 6,0 250 · 4,0					1,88 0,50	20,9	1,95
5,00 2,15	mit	R 221	150 · 6,5 250 · 4,0	/ 5,0	–	2	/ 2	2,21 0,50	21,6	2,01
		R 257	150 · 7,0 250 · 4,5	/ 5,0	–	2	/ 2	2,57 0,64	25,1	2,33
		R 317	150 · 5,5d 250 · 4,5	/ 5,5	–	2	/ 2	3,17 0,64	29,7	2,76
		R 377	150 · 6,0d 250 · 5,0	/ 6,0	–	2	/ 2	3,77 0,78	35,5	3,30
		R 443	150 · 6,5d 250 · 5,5	/ 6,5	–	2	/ 2	4,43 0,95	41,8	3,89
		R 513	150 · 7,0d 250 · 6,0	/ 7,0	–	2	/ 2	5,13 1,13	58,6	4,54
		R 589	150 · 7,5d 250 · 6,5	/ 7,5	–	2	/ 2	5,89 1,33	67,5	5,24
6,00 2,15		K 664	100 · 6,5d 250 · 6,5	/ 6,5	–	4	/ 4	6,64 1,33	69,6	5,39
		K 770	100 · 7,0d 250 · 7,0	/ 7,0	–	4	/ 4	7,70 1,54	80,8	6,27
		K 884	100 · 7,5d 250 · 7,5	/ 7,5	–	4	/ 4	8,84 1,77	92,9	7,20
5,00 2,15	ohne	N 94	75 · 3,0 75 · 3,0					0,94 0,94	15,9	1,48
		N 141	50 · 3,0 50 · 3,0					1,41 1,41	23,7	2,20

Der Gewichtsermittlung der Lagermatten liegen folgende Überstände zugrunde:

Q-Matte: längs: 100/100 mm   Überstände quer: 25/25 mm
R-Matte: längs: 125/125 mm   Überstände quer: 25/25 mm
K-Matte: längs: 125/125 mm   Überstände quer: 25/25 mm

Die Mattenbezeichnung besteht aus einem Großbuchstaben und einer Zahl. Die Zahl gibt die Summe der Längsstahlquerschnitte in mm² auf 1,00 m Mattenbreite an.

Q-Matten haben bei den Längs- und Querstäben je m fast gleiche Querschnittsgröße. Daher können sie in beiden Richtungen auf Zug beansprucht werden.

R-Matten tragen nur in Richtung der Längsstäbe, deren Abstand 150 mm beträgt. Die Längsstäbe sind durch dünnere Verteilerstäbe im Abstand von 250 mm untereinander verbunden. Der Stahlquerschnitt der Verteiler beträgt je m mindestens 20% der Tragbewehrung.

K-Matten haben im Unterschied zu den R-Matten einen Längsstababstand von nur 100 mm und an den Rändern je vier Einfachstäbe. Sie sind stets 6,00 m lang.

N-Matten sind „nichtstatische" Matten, die vorsorglich verlegt werden, um Risse in Betondecken oder -wänden zu vermeiden.

Das d hinter dem Stabdurchmesser in Längsrichtung gibt an, daß die Betonstahlmatte zwei nebeneinander liegende Tragstäbe (**D**oppelstäbe) hat.

Aufgabe

1. Ermitteln Sie für die Q 221 in Bild **9.49** und für die R 377 in Bild **9.50** die Maße und Angaben ⓐ bis ⓝ in mm aus der Tab. **9.48**.

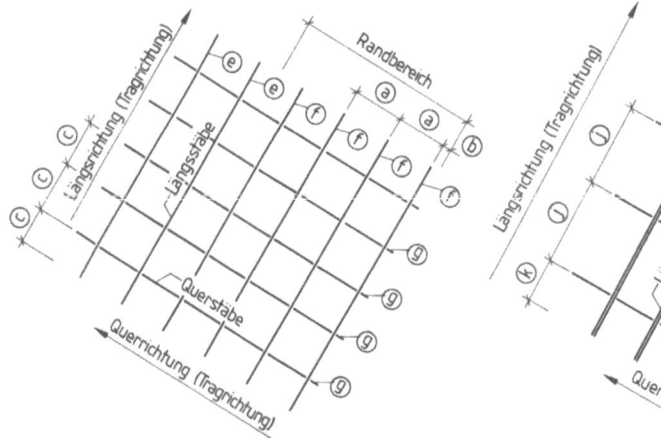

9.49 Beispiel Q 221

9.50 Beispiel R 377

ⓐ Abstand der Längsstäbe im Randbereich
ⓑ Überstand der Querstäbe
ⓒ Abstand der Querstäbe
ⓓ Überstand der Längsstäbe
ⓔ Durchmesser der Längsstäbe
ⓕ Durchmesser der Längsstäbe im Randbereich
ⓖ Durchmesser der Querstäbe

ⓗ Abstand der Längsstäbe
ⓘ Überstand der Querstäbe
ⓙ Abstand der Querstäbe
ⓚ Überstand der Längsstäbe
ⓛ Durchmesser der doppelten Längsstäbe
ⓜ Durchmesser der Längsstäbe im Randbereich
ⓝ Durchmesser der Querstäbe

Aufgrund der Schneideskizzen sind in der Stahlliste das Gesamtgewicht in kg und die Anzahl der Matten zu ermitteln. Dabei werden nur ganze Betonstahlmatten gerechnet. Gibt der Statiker in den Bewehrungsplänen eine Randbewehrung an, kann sie aus den Restmatten geschnitten werden. Die Übergreifungslängen für die Mattenstöße müssen mindestens DIN 1045 entsprechen und sind den Mattenverlegeplänen des Statikers zu entnehmen. Hinzu kommen die Unterstützungskörbe 9.51 für die obere Bewehrung aus Betonstahl (9.53).

Die erforderliche Anzahl Körbe ermitteln wir nach Richtwerten, bezogen auf 1 m² obere Bewehrung), sofern der Statiker in Bewehrungsplan keine anderen Angaben gemacht hat (9.52).

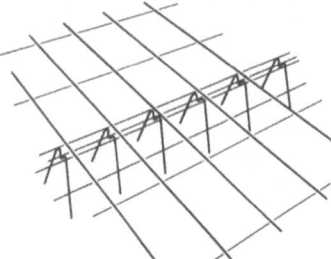

9.51 Unterstützungskörbe

Tabelle 9.52 Richtwerte für Unterstützungskörbe je m²

Stab-$\varnothing$ der oberen Bewehrung in mm	Stück je m² obere Bewehrung
4,0 bis 6,0	~1,0
6,5 bis 9,0	~0,8
9,5 bis 12,0	~0,6

Begehen und Befahren leichter Bewehrungen über Bohlen

Tabelle 9.53 Gewichte von Unterstützungskörben

Typ	Unterstützungshöhe H in cm	für Deckendicke in cm	Gewicht je Korb in kg
U 8	8	~10	0,837
U 9	9	~11	0,864
U 10	10	~12	0,893
U 11	11	~13	0,922
U 12	12	~14	0,952
U 13	13	~15	1,081
U 14	14	~16	1,117
U 15	15	~17	1,154
U 16	16	~18	1,327
U 17	17	~19	1,372
U 18	18	~20	1,418
U 19	19	~21	1,649
U 20	20	~22	1,701

Unterstützungshöhe H
Korblänge = 2,00 m
Kunststoff-Kappen

Beispiel 26 Für die Betondeckenbewehrung 9.46 aus B 25, $d = 14$ cm, mit Betonstahlmatten IV M sind nach Verlegeplan die Schneideskizze und Stahlliste zu erstellen.

Berechnung der Schneidemaße
Pos. [1] R 377
4 × Länge 397 cm/Breite 215 cm   Länge: $350 + 24 + 22,5 = 396,5 \triangleq$ **397 cm**
1 × Länge 397 cm/Breite 115 cm   Breite: $730 + 2 \cdot 22,5 - 4 (215 - 50) =$ **115 cm**
Pos. [2] R 257
4 × Länge 327 cm/Breite 215 cm   Länge: $280 + 24 + 22,5 = 326,5 \triangleq$ **327 cm**
Pos. [2] R 377
1 × Länge 327 cm/Breite 115 cm   Breite: $730 + 2 \cdot 22,5 - 4 (215 - 50) =$ **115 cm**

Beispiel 26, Pos. ③ **R 257**
Fortsetzung 6 × Länge 215 cm/Breite 80 cm
2 × Länge 190 cm/Breite 80 cm Länge: 730 + 2 · 22,5 − 3 (215 − 20)
= **190 cm**

Pos. ④ **R 377**
3 × Länge 154 cm/Breite 215 cm Länge: 80 + 50 + 24 = **154 cm**
1 × Länge 154 cm/Breite 190 cm Breite: 730 + 2 · 22,5 − 3 (215 − 20) = **190 cm**

Unterstützungskörbe bei Deckendicke 14 cm → **U 12**
Max. Stabdurchmesser bei R 257 → 7,0 mm ≙ 0,8 Körbe/m²

Fläche der oberen Bewehrung
aus Pos. ③ 6 · 2,15 · 0,80 + 2 · 1,90 · 0,80 = 13,36 m²
aus Pos. ④ 3 · 1,54 · 2,15 + 1 · 1,54 · 1,90 = 12,86 m²
                                                26,22 m²

26,22 m² · 0,8 Körbe/m² = 20,98 ≙ **21 Körbe**

In die Schneideskizze **9.**47 (in der die Umrisse von Betonstahl-Lagermatten in den Abmessungen 2,15 · 5,00 oder 2,15 · 6,00 m vorgegeben sind) zeichnen wir die erforderliche Anzahl der Betonstahlmatten Pos. ① bis ④ in ihren Maßen ein. Dabei wählen wir den Zuschnitt so, daß möglichst wenig Verschnitt (Reste) anfällt.

Aufgaben

2. Nach den Verlegeplänen **9.**54 und **9.**55 der Betonstahlmatten IV M für eine Garagendecke aus B 25, $d = 16$ cm, sind zur Ermittlung des Stahlbedarfs die

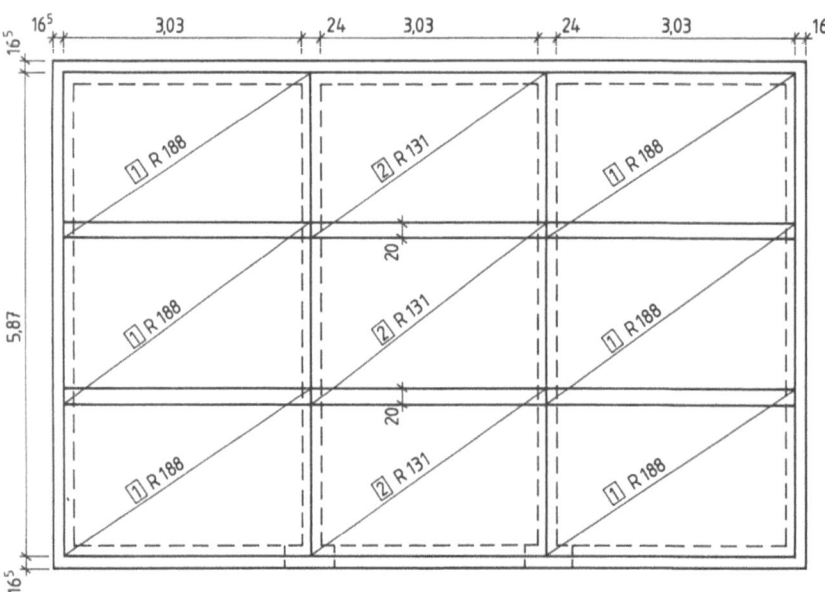

9.54 Untere Bewehrung Garagendecke (Maße in m, cm)

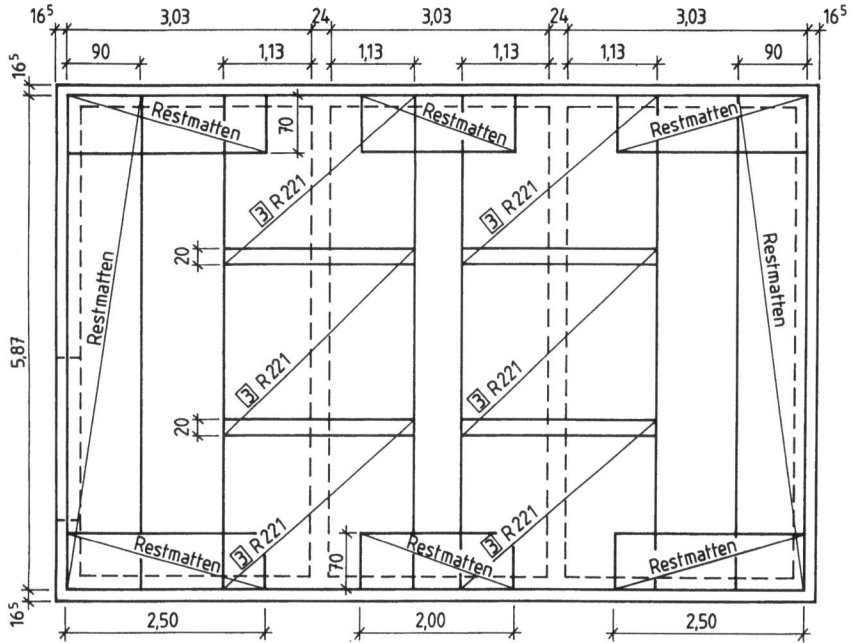

9.55 Obere Bewehrung Garagendecke (Maße in m, cm)

Schneideskizze und die Stahlliste zu erstellen. Aus den restlichen Matten ist die Randbewehrung oben zu schneiden.

3. Für die Unterzüge und die Decke aus B25 einer Durchfahrtsüberdachung 9.56 sind nach den Bewehrungsplänen 9.57 bis 9.60 auf den Seiten 168 bis 169 zu berechnen und anzufertigen:
   a) die Schnittlängen der Betonstabstähle IV S,
   b) die Stahlliste für den Betonstabstahl IV S,
   c) die Schneideskizze für die Betonstahlmatten IV M,
   d) die Stahlliste mit den Unterstützungskörben für die Betonstahlmatten IV M.

Die Randbewehrung oben ist aus den Restmatten herzustellen. Die Betonstabstähle sind mit Winkelhaken und die Bügel mit Haken auszuführen.

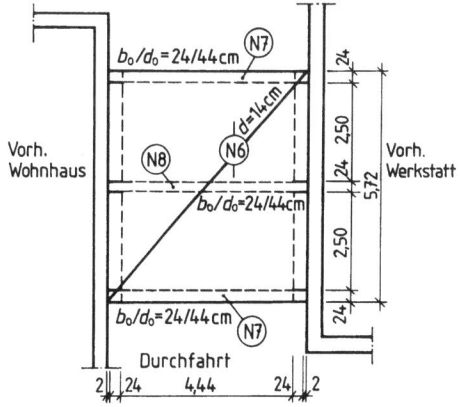

9.56 Positionsplan zur Durchfahrtsüberdachung

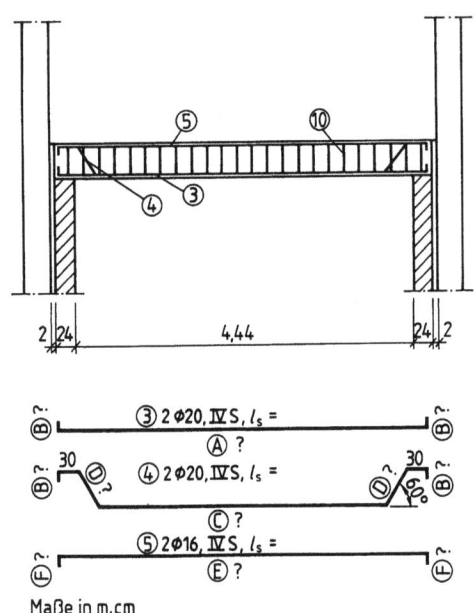 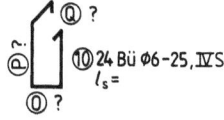

9.57 Bewehrungsplan Unterzug Pos. (N7) (Maße in m, cm)

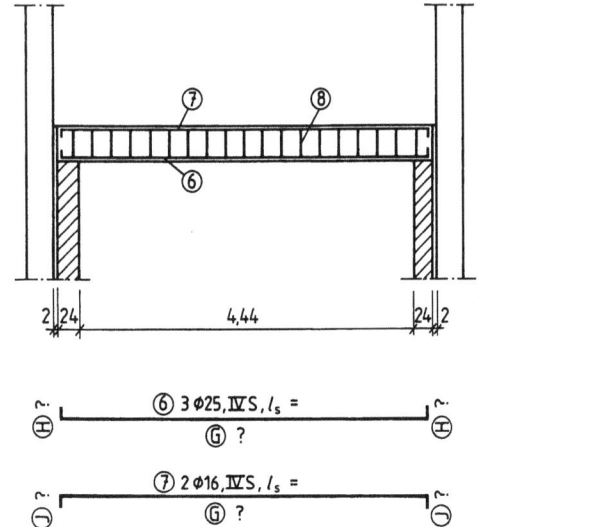 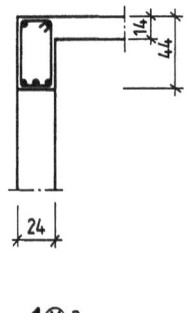

9.58 Bewehrungsplan Unterzug Pos. (N8) (Maße in m, cm)

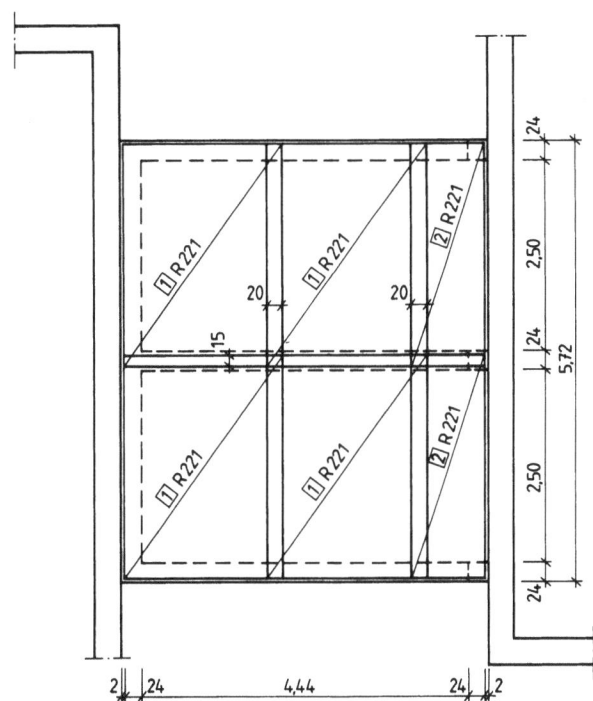

9.59
Untere Bewehrung Decke
Pos. (N6)
(Maße in m, cm)

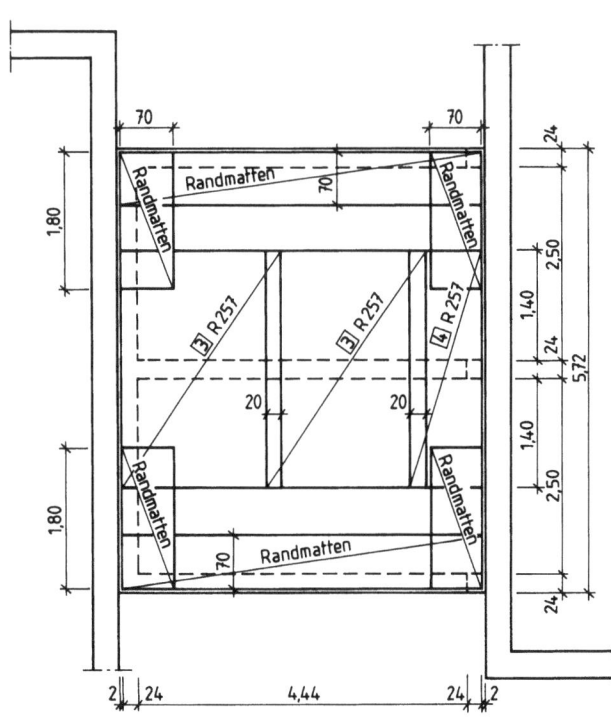

9.60
Obere Bewehrung Decke
Pos. (N6)
(Maße in m, cm)

9.4.3 Umrechnen von Bewehrung

Manchmal ist es erforderlich, eine vom Statiker vorgeschlagene Bewehrung zu ändern. Möglicherweise sind die vorgegebenen Durchmesser gerade am Lager nicht vorrätig oder können vorhandene Restabschnitte verbraucht werden. Wichtig für die Umrechnung ist immer der statisch nachgewiesene erforderliche Bewehrungsquerschnitt erfA_s. Die Umbemessung erfolgt der Einfachheit halber mittels Tabelle (**9.61**). Manchmal ist es nötig, die Verteilerbewehrung selbst richtig zu wählen. Dabei ist zu beachten, daß 20% der Hauptbewehrung als Verteilerbewehrung nötig sind und daß mindestens 3⌀, besser 4⌀ pro Meter verlegt werden.

Tabelle 9.61 Querschnitte von Balkenbewehrungen A_s in cm²

d_s in mm	Stabanzahl											
	1	2	3	4	5	6	7	8	9	10	11	12
5	0,20	0,39	0,59	0,78	0,98	1,18	1,37	1,57	1,76	1,96	2,16	2,35
6	0,28	0,57	0,85	1,13	1,42	1,70	1,98	2,26	2,55	2,83	3,11	3,40
8	0,50	1,01	1,51	2,01	2,52	3,02	3,52	4,02	4,53	5,03	5,53	6,04
10	0,79	1,57	2,36	3,14	3,93	4,71	5,50	6,28	7,07	7,85	8,64	9,42
12	1,13	2,26	3,39	4,52	5,65	6,78	7,91	9,04	10,17	11,30	12,43	13,56
14	1,54	3,08	4,62	6,16	7,70	9,24	10,78	12,32	13,86	15,40	16,94	18,48
16	2,01	4,02	6,03	8,04	10,05	12,06	14,07	16,08	18,09	20,10	22,11	24,12
20	3,14	6,28	9,42	12,56	15,70	18,84	21,98	25,12	28,26	31,40	34,54	37,62
25	4,91	9,82	14,73	19,64	24,55	29,46	34,37	39,28	44,19	49,10	54,01	58,52
28	6,16	12,32	18,48	24,64	30,80	36,96	43,12	49,28	55,44	61,60	67,76	73,92

Tabelle 9.62 Größte Anzahl von Stahleinlagen in einer Lage (b_0 = Balkenbreite)

b_0 in cm	Durchmesser der Stahleinlagen d_s in mm						
	10	12	14	16	20	25	28
10	2	2	2	2	1	1	1
15	4	4	3	3	3	2	2
20	(6)	5	5	(5)	4	3	3
25	7	7	6	6	5	4	4
30	9	8	8	7	6	5	(5)
35	(11)	10	9	9	8	6	5
40	12	11	11	10	9	7	6
45	14	13	12	(12)	10	8	7
50	(16)	(15)	14	13	11	9	8
60	19	18	17	16	14	11	10
⌀ Bügel	6 mm				8 mm	10 mm	

Betondeckung der Bügel $c_{bü}$ = 1,5 cm. Bei den Werten in Klammern werden die geforderten Abstände geringfügig unterschritten.

Tabelle 9.63 **Querschnitte von Plattenbewehrungen a_s in cm²/m** s = Stababstand
n = Stabzahl

s in cm	\multicolumn{9}{c}{Stabdurchmesser d_s in mm}	n je m
	6	8	10	12	14	16	20	25	28	
7,5	3,77	6,70	10,47	15,08	20,52	26,81	41,9	65,4	82,1	13,3
8,0	3,53	6,28	9,82	14,14	19,24	25,1	39,3	61,4	77,0	12,5
8,5	3,33	5,91	9,24	13,31	18,11	23,7	37,0	57,9	72,5	11,8
9,0	3,14	5,59	8,73	12,57	17,10	22,34	34,9	54,5	68,4	11,1
9,5	2,98	5,29	8,27	11,90	16,20	21,2	33,1	51,6	64,8	10,5
10,0	2,83	5,03	7,85	11,31	15,39	20,1	31,4	49,1	61,6	10,0
10,5	2,69	4,79	7,48	10,77	14,66	19,15	29,9	46,6	58,7	9,5
11,0	2,57	4,57	7,14	10,28	13,99	18,28	28,6	44,7	56,0	9,1
11,5	2,46	4,37	6,83	9,84	13,39	17,49	27,3	42,7	53,6	8,7
12,0	2,36	4,19	6,54	9,42	12,83	16,76	26,2	40,8	51,3	8,3
12,5	2,26	4,02	6,28	9,05	12,32	16,09	25,1	39,3	49,3	8,0
13,0	2,17	3,87	6,04	8,70	11,84	15,47	24,2	37,8	47,4	7,7
13,5	2,09	3,72	5,82	8,38	11,40	14,90	23,3	36,3	45,6	7,4
14,0	2,02	3,59	5,61	8,08	11,00	14,36	22,4	34,9	44,0	7,1
14,5	1,95	3,47	5,42	7,80	10,62	13,87	21,7	33,9	42,5	6,9
15,0	1,89	3,35	5,24	7,54	10,26	13,41	20,9	32,9	41,1	6,7
15,5	1,82	3,24	5,07	7,30	9,93	12,97	20,3	31,9	39,7	6,5
16,0	1,77	3,14	4,91	7,07	9,62	12,57	19,64	30,9	38,5	6,3
16,5	1,71	3,05	4,76	6,85	9,23	12,19	19,04	30,0	37,3	6,1
17,0	1,66	2,96	4,62	6,65	9,05	11,83	18,48	29,0	36,2	5,9
17,5	1,62	2,87	4,49	6,46	8,79	11,49	17,95	27,0	35,2	5,7
18,0	1,57	2,79	4,36	6,28	8,55	11,17	17,46	27,5	34,2	5,6
18,5	1,53	2,72	4,25	6,11	8,32	10,87	16,94	26,5	33,3	5,4
19,0	1,49	2,65	4,13	5,95	8,10	10,58	16,54	26,0	32,4	5,3
19,5	1,45	2,58	4,03	5,80	7,89	10,31	16,11	25,0	31,6	5,1
20,0	1,41	2,51	3,93	5,65	7,69	10,05	15,72	24,6	30,8	5,0
20,5	1,38	2,45	3,83	5,52	7,50	9,80	15,32	23,9	30,0	4,9
21	1,35	2,39	3,74	5,39	7,33	9,57	14,96	23,4	29,3	4,8
21,5	1,32	2,34	3,65	5,26	7,16	9,35	14,61	22,8	28,6	4,6
22	1,29	2,28	3,57	5,14	7,00	9,14	14,28	22,3	28,0	4,5
22,5	1,26	2,23	3,49	5,03	6,84	8,94	13,96	21,6	27,4	4,4
23	1,23	2,19	3,41	4,92	6,69	8,74	13,66	21,3	26,8	4,3
23,5	1,20	2,14	3,34	4,81	6,55	8,56	13,37	20,9	26,2	4,2
24	1,18	2,09	3,27	4,71	6,41	8,38	13,09	20,4	25,7	4,2
24,5	1,15	2,05	3,21	4,61	6,28	8,21	12,82	20,0	25,1	4,1
25	1,13	2,01	3,14	4,52	6,16	8,04	12,57	19,6	24,6	4,0

max $s = 15 + d/10$ (d = Plattendicke in cm)   Querbewehrung: $\alpha_{sq} = \alpha_s/5$
min α_{sq}: 3 ⌀ 6/m bei Betonstabstahl III S und IV S, 3 ⌀ 4,5/m bei Betonstahlmatten IV M

Beispiel 27 erf $A_S = 5{,}40$ cm² $b_0/d_0 = 25/40$ cm   gewählt 5 ⌀ 12
vorh $A_S = 5{,}65$ cm² $> 5{,}40$ cm²
Anstelle der ⌀ 12 sollen ⌀ 10 verwendet werden.
Wir suchen in der Tabelle **9.61** eine Bewehrung, die einen Stahlquerschnitt von mindestens 5,40 cm² hat. Wir finden:
7 ⌀ 10   vorh $A_S = 5{,}50$ cm² $> 5{,}40$ cm²

Das heißt: Die Bewehrung ist möglich, vorausgesetzt daß 7 ⌀ 10 bei einer Balkenbreite von 25 cm unter Berücksichtigung des Mindestabstands Platz haben. Zu dem Zweck benutzen wir die Tabelle **9.62**.

Dort finden wir, daß bei einer Balkenbreite von 25 cm je Lage 7 ⌀ 10 möglich sind. Also ist unsere Ersatzbewehrung ausreichend und ausführbar.

Beispiel 28 Als Treppenbewehrung sind Rundstähle vom ⌀ 12 im Abstand von 12,5 cm vorgesehen. Durch ein Versehen wurden aber ⌀ 10 geliefert. Welchen Abstand müssen die ⌀ 10 haben, damit die Bewehrung ausreicht?

Zuerst ermitteln wir den ursprünglich vorgesehenen Bewehrungsquerschnitt A_S je Meter. Bei einem Abstand von 12,5 cm ergibt sich die Anzahl

$$n = \frac{100 \text{ cm}}{12,5 \text{ cm}} = 8.$$

Daraus folgt der erforderliche Bewehrungsquerschnitt

$\text{erf} A_S = 9{,}04 \text{ cm}^2$ (8 ⌀ 12).

Ein Stab ⌀ 10 hat einen Querschnitt von

$A_1 = 0{,}79 \text{ cm}^2$.

Demnach sind erforderlich:

$$n = \frac{9{,}04 \text{ cm}^2}{0{,}79 \text{ cm}^2} = 11{,}44 \text{ Stck.}$$

Wenn 11,44 Stck. je Meter verlegt werden müssen, ergibt sich daraus der erforderliche Abstand von

$$a = \frac{100 \text{ cm}}{11{,}44} = 8{,}73 \text{ cm} \triangleq 8 \text{ cm}.$$

Wir wählen sicherheitshalber einen Abstand, der kleiner ist als 8,74 m.

Gewählt **$a = 8{,}5$ cm**. Oder nach Tabelle **9.58**:

$\text{vorh} A_s = 9{,}05 \text{ cm}^2$

bei ⌀ 10 : $\text{erf} s = 8{,}5$ cm   weil $\text{vorh} A_s = 9{,}24 \text{ cm}^2 > \text{erf} A_s = 9{,}05 \text{ cm}^2$

Beispiel 29 Die Laufplatte eines Treppenlaufes soll eine Bewehrung aus ⌀ 16–15 erhalten. Bestimmen Sie den erforderlichen Bewehrungsquerschnitt der Verteilerstäbe pro Meter und wählen Sie eine geeignete Verteilerbewehrung.

Vorhandene Hauptbewehrung:

$\text{vorh} A_s = 13{,}41 \text{ cm}^2$ (Tab. **9.63**)

Erforderliche Verteilerbewehrung:

$\text{erf} A_{sv} = 0{,}2 \cdot 13{,}41 \text{ cm}^2 = 2{,}68 \text{ cm}^2$

Gewählter Abstand der Verteilerstäbe

$\text{gew} s = 25$ cm

Gewählter Durchmesser

$\text{gew} d_s = 10$ mm $\text{vorh} A_{sv} = 3{,}14 \text{ cm}^2 > \text{erf} A_{sv} = 2{,}68 \text{ cm}^2$

Beispiel 30 Als Bewehrung für eine befahrbare Kellerdecke waren 2 R513 vorgesehen. Statt dessen soll die Bewehrung jedoch aus Einzelstäben hergestellt werden, deren Abstand mindestens 10 und höchstens 20 cm beträgt.

Wählen Sie geeignete Haupt- und Verteilerbewehrung

$\text{erf} A_s = 2 \cdot 5{,}13 \text{ cm}^2 = 10{,}26 \text{ cm}^2$

$\text{erf} A_{sv} = 0{,}2 \cdot 10{,}26 \text{ cm}^2 = 2{,}05 \text{ cm}^2$

gew.:   ⌀ 14 – 15 cm $\text{vorh} A_s = \text{erf} A_s = 10{,}26 \text{ cm}^2$
         VS ⌀ 8 – 24,5 cm $\text{vorh} A_{sv} = \text{erf} A_{sv} = 2{,}05 \text{ cm}^2$

Aufgaben

1. Wieviel ⌀ 16 können maximal in einer Lage eines Balkens von 40 cm Breite verlegt werden?

2. Von der Baustelle kommt ein Anruf, daß die bestellte Balkenbewehrung nicht eingetroffen ist. Vorgesehen waren 6 ⌀ 20 für einen Balkenquerschnitt $b_0/d_0 = 35/50$ cm. Welche Ersatzbewehrung schlagen Sie vor, wenn auf der Baustelle noch ⌀ 16, ⌀ 18 und ⌀ 22 verfügbar sind?

3. Wählen Sie die Bewehrung für einen Treppenlauf aus bei erforderlich $A_S = 12,3$ cm^2 je lfdm. Welchen Verlegeabstand müssen Sie angeben?

4. Ein Deckenteilstück soll mit Einzelstäben bewehrt werden. Anstelle der vorgesehenen ⌀ 10, $a = 15$ cm sollen ⌀ 8 Verwendung finden. Bestimmen Sie den einzuhaltenden Verlegeabstand.

5. Gemäß Statik ist für eine Balkenbewehrung ein Bewehrungsquerschnitt $A_S = 12{,}10$ cm^2 erforderlich. Sie haben nur noch ⌀ 14 und ⌀ 16 am Lager. Wählen Sie eine möglichst günstige Bewehrung unter Berücksichtigung der Balkenbreite $b_0 = 25$ cm.

6. Ein einachsig gespanntes Podest einer Treppe soll mit Einzelstäben bewehrt werden. Der erforderliche Bewehrungsquerschnitt beträgt pro Meter 7,8 cm^2. Wählen Sie eine geeignete Hauptbewehrung und geben Sie die erforderliche Verteilerbewehrung an.

7. Die Stahlbetondecke eines unterirdischen Vorratslagers sollte ursprünglich mit 2 × K 664 bewehrt werden. Nun sollen Sie aber eine geeignete Haupt- und Verteilerbewehrung aus Einzelstäben zeichnen. Welche Bewehrung wählen Sie unter Einhaltung der üblichen Bewehrungsabstände?

8. Der Statiker hat als Treppenlaufbewehrung in einem Mehrfamilienhaus Einzelstabbewehrung ausgewiesen. Diese ist auf Mattenbewehrung umzurechnen, um Verlegekosten zu sparen. Geben Sie an, welche Matten Sie ersatzweise wählen.
gew.:   ⌀ 10–16
     VS ⌀ 6–25

10 Wärmeschutzberechnungen

10.1 Grundlagen

Die Wärmeleitfähigkeit eines Baustoffs und die Dicke der Bauteilschicht bestimmen die Wärmedämmfähigkeit eines Bauteils.
Mindestanforderungen, Berechnungsgrundlagen und Nachweise für den Wärmeschutz richten sich nach der DIN 4108 „Wärmeschutz im Hochbau" (künftig DIN EN 832) und der Wärmeschutzverordnung III (Einführung I/1995). Die WSVO III setzt die Mindestwerte für die Wärmedämmung höher und die Maximalwerte für den Wärmedurchgang tiefer an als die DIN 4108. In der WSVO II wurden die Transmissionswärmeverluste durch Vorgaben maximal zulässiger Wärmedurchgangszahlen (k-Werte) und die Lüftungswärmeverluste durch die Festlegung der Fugendurchlaßkoeffizienten begrenzt. Zusätzlich muß ab I/1995 laut WSVO bei neu zu erstellenden Bauwerken der **Jahres-Heizwärmebedarf** in das Nachweisverfahren einbezogen werden.

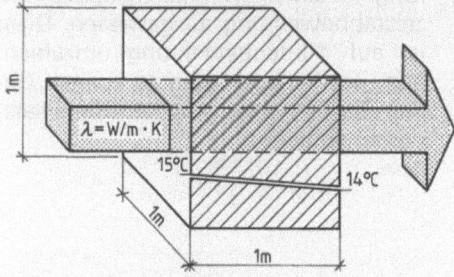

Wärmeleitfähigkeit. Durch Messungen wird die Wärmeleitfähigkeit der Baustoffe ermittelt und in Tabellen festgelegt (**10.2**). Die Wärmeleitfähigkeit λ (griech. lambda) gibt an, welche Wärmemenge in Watt (= Joule) durch 1 m² eines Baustoffs je Sekunde geleitet wird, wenn das Temperaturgefälle in Richtung des Wärmestroms 1 Kelvin (1 °C)/m Dicke beträgt (**10.1**).

10.1 Wärmeleitzahl λ

Tabelle 10.2 Rechenwerte für Wärmeleitfähigkeit λ_R nach DIN 4108

Baustoff	Rohdichte ϱ in kg/m³	Wärmeleitfähigkeit λ_R in W/(m · K)
Putze, Estriche und andere Mörtelschichten		
Kalk- und Kalkzementmörtel	1800	0,87
Zementmörtel und Zementestrich	2000	1,40
Gips- und Kalkgipsmörtel	1400	0,70
Beton und Stahlbeton		
aus Kies bzw. Splitt (Normalbeton DIN 1045)	2400	2,10
Leicht- und Stahlleichtbeton	2000	1,60
	1200	0,62
	1600	1,00
	1800	1,30
Mauerwerk		
Voll- und Lochziegel	1200	0,50
	1600	0,68
	1800	0,81
Fortsetzung s. nächste Seite		

Tabelle 10.2, Fortsetzung

Baustoff	Rohdichte ϱ in kg/m³	Wärmeleitfähigkeit λ_R in W/(m·K)
Mauerwerk		
Kalksandstein-Lochsteine	1200	0,56
Kalksand-Vollsteine	1600	0,79
	1800	0,99
Leichtbeton-Vollsteine	800	0,40
Leichtbeton-Hochblocksteine	1000	0,49
	1200	0,60
Gasbeton-Blocksteine	600	0,24
	800	0,29
	600	0,24
Vollblöcke aus Blähton	800	0,31
Vollblöcke aus Bims	600	0,22
	800	0,28
Dämm-, Sperr- und Füllstoffe		
Mineralische und pflanzliche Faserdämmstoffe		
Stein-, Glas-, Schlackenfasern WLFG 035	8 bis 500	0,035
WLFG 040		0,040
WLFG 050		0,050
Hartschaum WLFG 020	≥ 30	0,020
WLFG 045		0,045
Schaumglas WLFG 050	100 bis 150	0,050
WLFG 060		0,060
Gipskarton-Bauplatten	900	0,210
Holzwolle-Leichtbauplatten $d \geq 25$ mm	360 bis 480	0,090
$d = 15$ mm	570	0,15
Beläge		
Linoleum	1000	0,17
Teppichboden	1000	0,10
Kunststoff wie PVC	1500	0,23
Fliesen	2000	1,00
Natursteine (Granit, Basalt, Marmor)	2800	3,50
Holz und Holzwerkstoffe		
Nadelholz (Fichte, Kiefer, Tanne)	600	0,13
Spanplatten	700	0,13

WLFG = Wärmeleitfähigkeitsgruppe

$$\text{Wärmeleitfähigkeit } \lambda = \frac{W \cdot s}{m^2 \cdot s \cdot \frac{K}{m}} \quad \left[\frac{\text{Watt}}{\text{Meter} \cdot \text{Kelvin}} \right]$$

Wärmedurchlaß. Mit der Wärmeleitfähigkeit λ wird für ein Bauteil der Wärmedurchlaßkoeffizient Λ (griech. Lambda) berechnet. Er gibt in W/m²·K an, wieviel Wärme auf der Fläche von 1 m² eines Bauteils mit Dicke s bei 1 K ($\triangleq$ 1 °C) Temperaturunterschied in 1 Sekunde abfließt (**10.3**).

Wärmedurchlaßkoeffizient

$$\Lambda = \frac{\lambda_R}{s} = \frac{\text{Rechenwert der Wärmeleitfähigkeit in W/(m·K)}}{\text{Bauteildicke in m}} \quad \left[\frac{W}{m^2 \cdot K}\right]$$

Beispiel 1 Es ist der Wärmedurchlaßkoeffizient Λ für eine unverputzte Lochziegelwand, Rohdichte $\varrho = 1600$ kg/m³ in der Dicke $s = 36,5$ cm zu berechnen. Wärmeleitfähigkeit λ_R für Lochziegel mit Rohdichte $\varrho = 1600$ kg/m³ = 0,68 W/(m·K)

Wärmedurchlaßkoeffizient

$$\Lambda = \frac{\lambda_R}{s} = \frac{0{,}68}{0{,}365} \triangleq 1{,}86 \, \frac{W}{m^2 \cdot K}$$

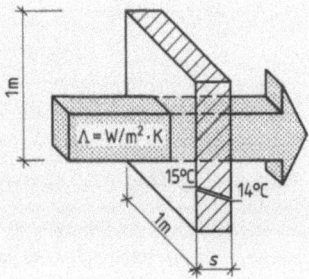

10.3 Wärmedurchlaßkoeffizient Λ

Zur Beurteilung der Wärmedämmfähigkeit eines Bauteils wird der **Wärmedurchlaßwiderstand** $1/\Lambda$ in m²·K/W als Kehrwert des Wärmedurchlaßkoeffizienten ermittelt.

Wärmedurchlaßwiderstand

$$\frac{1}{\Lambda} = \frac{s}{\lambda_R} = \frac{\text{Bauteildicke in m}}{\text{Rechenwert der Wärmeleitfähigkeit in W/(m·K)}} \quad \left[\frac{m^2 \cdot K}{W}\right]$$

Beispiel 2 Es ist der Wärmedurchlaßkoeffizient Λ für eine unverputzte Lochziegelwand, Rohdichte $\varrho = 1600$ kg/m³ in der Dicke $s = 36,5$ cm zu berechnen. Wärmeleitfähigkeit λ_R für Lochziegel mit Rohdichte $\varrho = 1600$ kg/m³ = 0,68 W/(m·K)

Wärmedurchlaßkoeffizient
$$\Lambda = \frac{\lambda_R}{s} = \frac{0{,}56}{0{,}30} \triangleq 1{,}87 \, \frac{W}{m^2 \cdot K}$$

Wärmedurchlaßwiderstand
$$\frac{1}{\Lambda} = \frac{1}{1{,}87} = 0{,}54 \, \frac{m^2 \cdot K}{W}$$

oder $\frac{1}{\Lambda} = \frac{s}{\lambda_R} = \frac{0{,}30}{0{,}56} \triangleq 0{,}54 \, \frac{m^2 \cdot K}{W}$

Bei Bauteilen, die aus mehreren Schichten verschiedener Baustoffe bestehen (Wände, Decken), wird der **Gesamt-Wärmedurchlaßwiderstand** aus der Summe (Σ) der Wärmedurchlaßwiderstände der einzelnen Schichten berechnet.

$$\Sigma \frac{1}{\Lambda} = \frac{s_1}{\lambda_{R1}} + \frac{s_2}{\lambda_{R2}} + \frac{s_3}{\lambda_{R3}} + \cdots \quad \left[\frac{m^2 \cdot K}{W}\right]$$

Tabelle 10.4 Mindestwerte (Mindestanforderungen nach DIN 4108 (8.81)) der Wärmedurchlaßwiderstände $1/\Lambda$ und Maximalwerte der Wärmedurchgangskoeffizienten k von schweren Bauteilen (mit einer Flächenmasse ≥ 300 kg/m^2)

Bauteile		Wärmedurchlaßwiderstand $1/\Lambda$ m$^2 \cdot$ K/W			Wärmedurchgangskoeffizient k W/(m$^2 \cdot$ K)		
		DIN 4108 mind.		WVO 82 erhöht	DIN 4108 max.		WVO 82 erhöht
		im Mittel	an der ungünstigsten Stelle		im Mittel	an der ungünstigsten Stelle	
Außenwände	allgemein	0,55		0,46 bis 0,66 je nach Grundrißzuschnitt	1,39; 1,32[1]		1,2 bis 1,5 je nach Grundrißzuschnitt
	für kleinflächige Einzelbauteile (z. B. Pfeiler) bei Gebäuden mit einer Höhe des Erdgeschoßfußbodens (1. Nutzgeschoß) ≤ 500 m über NN	0,47			1,56; 1,47[1]		
Wohnungstrennwände und Wände zwischen fremden Arbeitsräumen	in nicht zentralbeheizten Gebäuden	0,25	–		1,96	–	
	in zentralbeheizten Gebäuden	0,07			3,03		
Treppenraumwände		0,25	–		1,96	–	
Wohnungstrenndecken und Decken zwischen fremden Arbeitsräumen	allgemein	0,35	–		1,64; 1,45		–
	in zentralbeheizten Bürogebäuden	0,17			2,33; 1,96		
Unter Abschluß nicht unterkellerter Aufenthaltsräume	unmittelbar an das Erdreich grenzend	0,90		1,65	0,93		0,55
	über einen nicht belüfteten Hohlraum an das Erdreich grenzend				0,81		
Decken unter nicht ausgebauten Dachräumen		0,90	0,45	3,12	0,90	1,52	0,30
Kellerdecken		0,90	0,45	1,48	0,81	1,27	0,55
Decken, die Aufenthaltsräume gegen Außenluft abgrenzen	nach unten	1,75	1,30	3,12	0,51; 0,50[1]	0,66; 0,65[1]	0,30
	nach oben	1,10	0,80	3,16	0,79	1,03	

[1]) gilt für Bauteile mit hinterlüfteter Außenhaut

Wärmeschutz bei schweren Bauteilen. Für die Wärmedämmfähigkeit raumabschließender Bauteile wie Wände und Decken sind in DIN 4108 Mindestwerte als Wärmedurchlaßwiderstände festgelegt (**10.4**). Berechnete Wärmedurchlaßwiderstände für Bauteile müssen **größer oder gleich** diesen Mindestwerten sein.

Aufgrund des Mindestwerts für den Wärmedurchlaßwiderstand (**10.4**) können wir die notwendige Dicke einer Bauteilschicht berechnen. Dazu stellen wir die Formel für den Wärmedurchlaßwiderstand $1/\Lambda = s/\lambda_R$ nach s um und erhalten

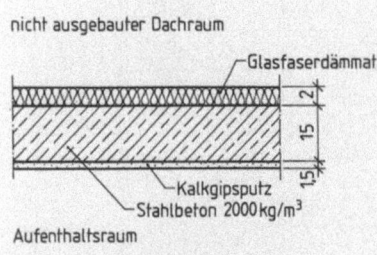

$$\text{Schichtdicke } s = \frac{1}{\Lambda} \cdot \lambda_R$$

oder bei mehrschichtigem Bauteil

$$\sum \frac{1}{\Lambda} = \frac{s_1}{\lambda_{R1}} + \frac{s_2}{\lambda_{R2}} + \frac{s_3}{\lambda_{R3}} + \cdots$$

$$s_1 = \left(\sum \frac{1}{\Lambda} - \frac{s_2}{\lambda_{R2}} - \frac{s_3}{\lambda_{R3}} - \cdots \right) \cdot \lambda_{R1}.$$

10.5 Decke (Maße in cm)

Beispiel 3   Ist der Wärmedurchlaßwiderstand der Decke **10.5** ausreichend?

Wärmeleitfähigkeiten

λ_R Kalkgipsputz   = 0,7   W/(m · K)
λ_R Stahlbeton 2000 kg/m³   = 1,6   W/(m · K)
λ_R Glasfaserdämmatte WLFG 040 = 0,040 W/(m · K)

Wärmedurchlaßwiderstand

Erforderlicher Wärmedurchlaßwiderstand für Decken unter nicht ausgebauten Dachräumen im Mittel 0,90 m² · K/W, an der ungünstigsten Stelle 0,45 m² · K/W

Vorhandener Wärmedurchlaßwiderstand

$$\sum \frac{1}{\Lambda} = \frac{s_1}{\lambda_{R1}} + \frac{s_2}{\lambda_{R2}} + \frac{s_3}{\lambda_{R3}} = \frac{0{,}015 \text{ m}}{0{,}7 \text{ W/(m·K)}} + \frac{0{,}15 \text{ m}}{1{,}6 \text{ W/(m·K)}} + \frac{0{,}02 \text{ m}}{0{,}040 \text{ W/(m·K)}}$$

$$\sum \frac{1}{\Lambda} = \mathbf{0{,}62 \text{ m}^2 \cdot \text{K/W}} > 0{,}45 \text{ m}^2 \cdot \text{K/W, aber} < 0{,}90 \text{ m}^2 \cdot \text{K/W}$$

Der Wärmedurchlaßwiderstand der Decke reicht für die ungünstigste Stelle aus, nicht aber im Mittel.

Beispiel 4   Wie dick müßte die Wärmedämmung für die Decke **10.5** in cm mindestens sein, damit der Wärmedurchlaßwiderstand auch im Mittel ausreicht?

$$s_3 = \left(\sum \frac{1}{\Lambda} - \frac{s_1}{\lambda_{R1}} - \frac{s_2}{\lambda_{R2}} \right) \cdot \lambda_{R3}$$

$$s_3 = \left(0{,}90 \text{ m}^2 \cdot \text{K/W} - \frac{0{,}015 \text{ m}}{0{,}7 \text{ W/(m·K)}} - \frac{0{,}15 \text{ m}}{1{,}6 \text{ W/(m·K)}} \right) \cdot 0{,}040 \text{ W/(m·K)}$$

$s_3 = 0{,}031 \text{ m} \triangleq \mathbf{3 \text{ cm}}$; bautechnisch sicherer sind **4 cm**

Wärmeübergang. Die Ermittlung des Wärmedurchlaßwiderstands $1/\Lambda$ reicht für die Beurteilung des Wärmeschutzes allein nicht aus. Es sind auch der Wärmeübergang und Wärmedurchgang zu berechnen.

Wärmeübergangswiderstand. Beim Übergang der Wärme von der Luft auf die Bauteiloberfläche oder von der Bauteiloberfläche in die Luft bestehen Widerstände (**10.6**). Sie werden durch den Wärmeübergangswiderstand $1/\alpha$ in m² · K/W erfaßt. Wir berechnen ihn aus dem Kehrwert des Wärmeübergangskoeffizienten.

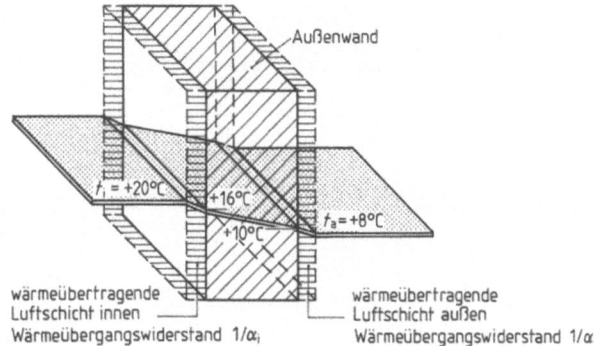

10.6
Temperaturgefälle und Wärmeübergangswiderstände bei einer Außenwand

Der Wärmeübergangskoeffizient α (auch mit R bezeichnet) gibt in W/m² · K an, welche Wärmemenge je Sekunde im Grenzbereich zwischen Luft und Bauteiloberfläche auf 1 m² übertragen wird, wenn ein Temperaturunterschied von

Tabelle **10.7** Rechenwerte der Wärmeübergangswiderstände $1/\alpha$ in m² · K/W

Bauteil		$\dfrac{1}{\alpha_i}$	$\dfrac{1}{\alpha_a}$
Außenwand			0,04
Außenwand mit hinterlüfteter Außenhaut, Abseitenwand zum nicht wärmegedämmten Dachraum			0,08
Wohnungstrennwand, Treppenraumwand, Wand zwischen fremden Arbeitsräumen, Trennwand zu dauernd unbeheiztem Raum, Abseitenwand zum wärmegedämmten Dachraum		0,13	
An das Erdreich grenzende Wand			0
Decke oder Dachschräge, die Aufenthaltsraum nach oben gegen die Außenluft abgrenzt (nicht belüftet)			0,04
Decke unter nicht ausgebautem Dachgeschoß, unter Spitzboden oder unter belüftetem Raum (z. B. belüftete Dachschräge)		0,13	0,08
Wohnungstrenndecke und Decke zwischen fremden Arbeitsräumen	Wärmestrom von unten nach oben	0,13	
	Wärmestrom von oben nach unten	0,17	
Kellerdecke			
Decke, die Aufenthaltsraum nach unten gegen die Außenluft abgrenzt		0,17	0,04
Unterer Abschluß eines nicht unterkellerten Aufenthaltsraumes (an das Erdreich grenzend)			0

1 K = 1 °C besteht. Dabei wird zwischen den Wärmeübergangswiderständen für die Innen- ($1/\alpha_i$) und Außenoberfläche ($1/\alpha_a$) eines Bauteils unterschieden (**10.7**).

Diese Wärmeübergangswiderstände werden beim Berechnen des Wärmedurchgangs berücksichtigt.

Wärmedurchgang. Die Addition der Wärmedurchlaß- und Wärmeübergangswiderstände ergibt den gesamten **Wärmedurchgangswiderstand** (**10.8**).

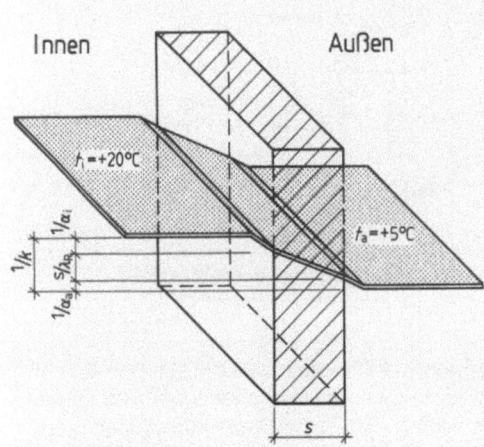

Wärmedurchgangswiderstand
$$\frac{1}{k} = \frac{1}{\alpha_i} + \frac{s_1}{\lambda_{R1}} + \cdots + \frac{1}{\alpha_a}$$
$$\left[\frac{m^2 \cdot K}{W}\right]$$

Die wichtigste Kennzahl für den baulichen Wärmeschutz ist die **Wärmedurchgangszahl** k. Sie gibt an, wieviel Watt Wärme je m² Bauteilfläche in der Sekunde bei einem Temperaturunterschied von 1 K abfließt. Berechnet wird sie aus dem Kehrwert des Wärmedurchgangswiderstands.

10.8 Wärmedurchgangswiderstand $1/k$

Wärmedurchgangszahl (-koeffizient)

$$k = \frac{1}{\frac{1}{\alpha_i} + \frac{s_1}{\lambda_{R1}} + \frac{s_2}{\lambda_{R2}} + \cdots + \frac{1}{\alpha_a}} \quad \left[\frac{W}{m^2 \cdot K}\right] \quad \text{oder} \quad k = \frac{1}{\frac{1}{\alpha_1} + \frac{1}{\Lambda} + \frac{1}{\alpha_a}} \quad \left[\frac{W}{m^2 \cdot K}\right]$$

Je kleiner der k-Wert eines Bauteils ist, desto geringer ist sein Wärmeverlust, um so größer ist der Wärmeschutz.

Um den Wärmeschutz zu beurteilen, vergleichen wir nicht nur den berechneten Wärmedurchlaßwiderstand $1/\Lambda$, sondern auch den berechneten Wärmedurchgangskoeffizienten k mit den in Tabelle **10.4** angegebenen Werten. Die berechneten k-Werte dürfen gleich oder kleiner als die Tabellenwerte sein.

Beispiel 5 Ist der Wärmeverlust einer 36,5 cm dicken Außenwand aus Leichtbeton-Vollsteinen größer oder kleiner als bei einer Außenwand in der gleichen Dicke aus Blähton-Vollblöcken $\varphi = 800$ kg/m²?

Wärmeleitfähigkeiten
λ_R Leichtbeton-Vollsteine = 0,40 W/(m · K)
λ_R Blähton-Vollblöcke = 0,31 W/(m · K)

Beispiel 5, **Wärmeübergangswiderstände**
Fortsetzung Außenwand $1/\alpha_i = 0{,}13$ m² · K/W, $1/\alpha_a = 0{,}04$ m² · K/W

Wärmedurchgangskoeffizient $k = \dfrac{1}{\dfrac{1}{\alpha_i} + \dfrac{s_1}{\lambda_{R1}} + \dfrac{1}{\alpha_a}}$

k Leichtbeton-Vollsteine $= \dfrac{1}{0{,}13 + \dfrac{0{,}365}{0{,}40} + 0{,}04} \cong 0{,}92$ W/(m² · K)

k Blähton-Vollblöcke $= \dfrac{1}{0{,}13 + \dfrac{0{,}365}{0{,}31} + 0{,}04} \cong 0{,}74$ W/(m² · K)

Die 36,5 cm breite Außenwand aus Leichtbeton-Vollsteinen hat einen höheren Wärmeverlust als die gleich breite Außenwand aus Blähton-Vollblöcken.

Beispiel 6 Der Wärmeschutz der Außenwand **10.**9 ist zu beurteilen. Berechnen Sie dazu
a) den Wärmedurchlaßwiderstand $1/\Lambda$ und
b) den Wärmedurchgangskoeffizienten k.

Wärmeleitfähigkeiten nach Tab.10.2
λ_R Kalkgipsputz $= 0{,}70$ W/(m · K)
λ_R Kalksand-Lochsteine $\varrho = 1200$ kg/m³ $= 0{,}56$ W/(m · K)
λ_R Vollklinker 1800 kg/m³ $= 0{,}81$ W/(m · K)

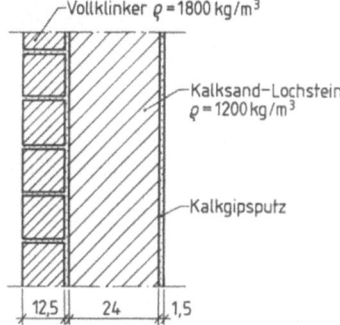

Wärmeübergangswiderstände Außenwand nach Tab.10.7

$1/\alpha_i = 0{,}13$ m² · K/W,
$1/\alpha_a = 0{,}04$ m² · K/W

Erforderlicher Wärmedurchlaßwiderstand Außenwände nach Tabelle **10.**4 $= 0{,}55$ m² · K/W

Maximal zulässiger Wärmedurchgangskoeffizient Außenwände im Mittel 1,39 W/(m² · K), an ungünstigster Stelle 1,32 W/(m² · K)

10.9 Außenwand mit Verklinkerung
(Maße in cm)

Vorh. Wärmeübergangswiderstand und -durchgangskoeffizient

a) $\dfrac{1}{\Lambda} = \dfrac{0{,}015}{0{,}7} + \dfrac{0{,}24}{0{,}56} + \dfrac{0{,}125}{0{,}81} = 0{,}60$ m² · K/W

> erf. Wärmeübergangswiderstand 0,55 m² · K/W

b) $k = \dfrac{1}{0{,}13 + 0{,}60 + 0{,}04} = 1{,}30$ W/(m² · K)

< maximal zul. Wärmedurchgangskoeffizient 1,32 W/(m² · K)

Der geforderte Mindestwärmeschutz wird also durch diese Außenwand erfüllt.

Darstellen des Temperaturverlaufs mehrschichtiger Bauteile. Für die Beurteilung, ob eine Außenwand- oder Dachkonstruktion bauphysikalisch einwandfrei funktioniert, muß man den Temperaturverlauf durch das Bauteil kennen. Dazu sind an jeder Stelle der Konstruktion die vorhandenen Temperaturen zu berechnen. Dabei gehen wir in der Heizperiode von einer Rauminnentemperatur von 20 °C und einer Außentemperatur von −15 °C aus.

Beispiel 7 Die Wandkonstruktion 10.10 ist maßstäblich darzustellen. An den Schichtkanten und den Wandoberflächen sind die Temperaturen zu ermitteln.

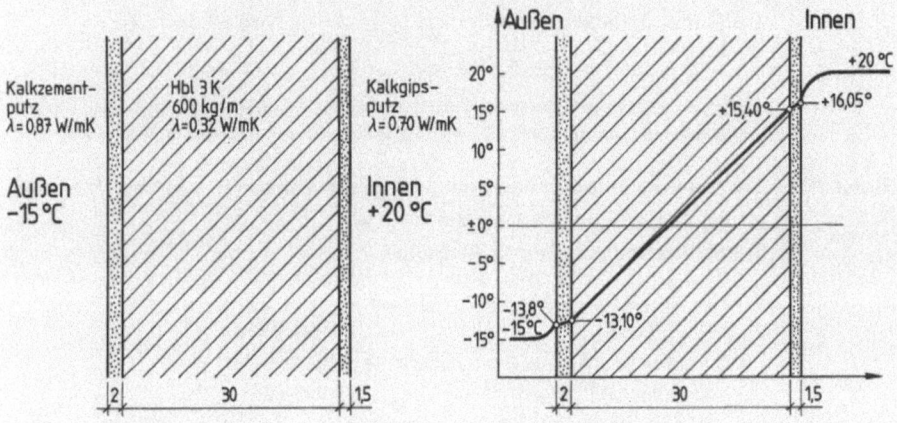

10.10 Wand aus Hohlblock-Leichtbetonsteinen

10.11 Temperaturverlauf in einer Außenwand

Lösung (10.11).

Schicht	Schichtdicke S in m	Wärmeleitfähigkeit λ in W/mK	$\dfrac{1}{\lambda} = \dfrac{s}{\lambda}$ in m²K/W $1/\alpha$	$\Delta\vartheta$ in K	ϑ an Schichtfuge in °C
Innenluft	–	–	$1/\alpha_i$ = 0,13	3,95	20,00
Innenputz	0,015	0,70	0,0214	0,65	16,05
Mauerwerk	0,3	0,32	0,938	28,50	15,40
Außenputz	0,02	0,87	0,023	0,70	−13,10
Außenluft	–	–	$1/\alpha_a$ = 0,04	1,20	−13,80
			$1/K = \Sigma\,1,152$	$\Sigma\,35°$	−15,00

$K = 0{,}868$ W/(m²K) $\Delta\vartheta = 35\,°C$

$\Delta\vartheta = \dfrac{s}{\lambda} \cdot q \qquad \dfrac{s}{\lambda} = 0{,}982 \text{ m}^2\text{K/W} = \dfrac{1}{\Lambda}$

$\Lambda = 1{,}018$ W/(m²K) $q = k \cdot \Delta\vartheta$

Bauteile mit Luftschichten. Haben Bauteile Luftschichten, wie z. B. mehrschalige Mauerwerkswände, muß beim Ermitteln des Wärmeschutzes der Wärmedurchlaßwiderstand der Luftschicht mit berücksichtigt werden (**10.12**).

Die Werte gelten für Luftschichten, die nicht mit der Außenluft in Verbindung stehen (z. B. bei Isolierglasscheiben), und für Luftschichten bei mehrschaligem Mauerwerk. Luftschichten unmittelbar unter der Dachhaut (Dachziegel) werden nicht berücksichtigt.

Tabelle 10.12 Rechenwerte der Wärmedurchlaßwiderstände von Luftschichten

Lage der Luftschicht	Dicke der Luftschicht in mm	Wärmedurchlaßwiderstand $1/\Lambda$ in $m^2 \cdot K/W$
lotrecht	10 bis 20 über 20 bis 500	0,14 0,17
waagerecht	10 bis 500	0,17

Beispiel 8 Sind a) der Wärmedurchlaßwiderstand $1/\Lambda$ und b) der Wärmedurchgangskoeffizient k für die zweischalige Mauerwerkswand 10.13 zulässig?

Wärmeleitfähigkeiten
λ_R Kalkgipsputz = 0,70 W/(m · K)
λ_R Kalksand-Vollsteine ϱ = 1800 kg/m³ = 0,99 W/(m · K)
λ_R Dämmplatten WLFG 040 = 0,04 W/(m · K)
λ_R Klinker ϱ = 1800 kg/m³ = 0,81 W/(m · K)

Wärmeübergangswiderstände Außenwand
$1/\alpha_i = 0{,}13\ m^2 \cdot K/W$,
$1/\alpha_a = 0{,}04\ m^2 \cdot K/W$

Wärmedurchlaßwiderstand
Luftschicht 40 mm dick = 0,17 m² · K/W
Erf. Wärmedurchlaßwiderstand Außenwände = 0,55 m² · K/W

Maximal zul. Wärmedurchgangskoeffizient Außenwände
im Mittel = 1,39 W/(m² · K),
an der ungünstigsten Stelle = 1,32 W/(m² · K)

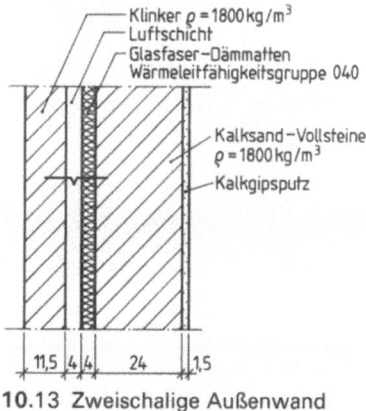

10.13 Zweischalige Außenwand (Maße in cm)

Vorh. Wärmedurchlaßwiderstand und Wärmedurchgangskoeffizient

a) $\dfrac{1}{\Lambda} = \dfrac{0{,}015}{0{,}7} + \dfrac{0{,}24}{0{,}99} + \dfrac{0{,}04}{0{,}04} + 0{,}17 + \dfrac{0{,}115}{0{,}81} = 1{,}58\ m^2 \cdot K/W$

> erf. Wärmedurchlaßwiderstand 0,55 m² · K/W

b) $k = \dfrac{1}{0{,}13 + 1{,}58 + 0{,}04} = 0{,}57\ W/(m^2 \cdot K)$

< maximal zul. Wärmedurchgangskoeffizient 1,32 W/(m² · K)

Der geforderte Mindestwärmeschutz wird durch diese Mauerwerkswand erfüllt.

Wärmeschutz bei leichten Bauteilen. Für leichte Bauteile, die eine Flächenmasse von ≤ 300 kg/m² haben, fordert DIN 4108 andere Mindestwerte (**10.14**).

Tabelle 10.14 Mindestwerte der Wärmedurchlaßwiderstände $1/\Lambda$ und Maximalwerte der Wärmedurchgangskoeffizienten k für Außenwände, Decken unter nicht ausgebauten Dachräumen und Dächer aus leichten Bauteilen

Flächenbezogene Gesamtmasse in kg/m²	Wärmedurchlaß- widerstand $1/\Lambda$ in m²·K/W	Wärmedurchgangskoeffizient k in W/(m²·K) bei Bauteilen	
		mit nicht hinter- lüfteter Außenhaut	mit hinterlüfteter Außenhaut
0	1,75	0,52	0,51
20	1,40	0,64	0,62
50	1,10	0,79	0,76
100	0,80	1,03	0,99
150	0,65	1,22	1,16
200	0,60	1,30	1,23
300	0,55	1,39	1,32

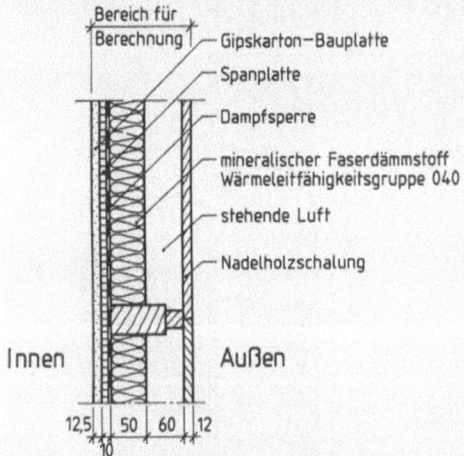

10.15 Außenwand in Holztafelbauart (Maße in mm)

Gesamtmasse. Vor Berechnen des Wärmedurchlaßwiderstands $1/\Lambda$ oder des Wärmedurchgangskoeffizienten k müssen wir die flächenbezogene Gesamtmasse des Bauteils ermitteln und feststellen, ob es ein schweres oder leichtes Bauteil ist. Entsprechend gelten für den Wärmeschutz die Werte der Tabelle **10.4** oder **10.14**. Zwischenwerte dürfen geradlinig zwischengerechnet (interpoliert) werden. Bei Bauteilen **ohne** Dämmschicht wird die Gesamtmasse in kg/m² berechnet. Haben Bauteile Dämmschichten, wird die Gesamtmasse nur aus den Schichten **zwischen** Raumseite und Dämmschicht in Richtung des Wärmestroms ermittelt.

Beispiel 9 Für die Außenwand in Holztafelbauart **4.13** ist der Wärmeschutz zu beurteilen. Berechnen Sie dazu den Wärmedurchlaßwiderstand $1/\Lambda$ und den Wärmedurchgangskoeffizienten k. Die Dampfsperre wird nicht berücksichtigt.

Wärmeleitzahlen
λ_R Gipskarton-Bauplatte $\varrho = 900$ kg/m³ $\quad = 0{,}21$ W/(m·K)
λ_R Spanplatte $\varrho = 700$ kg/m³ $\quad\quad\quad\; = 0{,}13$ W/(m·K)
λ_R Mineralische Faserdämmplatte WLFG 040 $= 0{,}04$ W/(m·K)
λ_R Nadelholz $\quad\quad\quad\quad\quad\quad\quad\quad\quad = 0{,}13$ W/(m·K)

Wärmedurchlaßwiderstand stehende Luft, lotrecht $= 0{,}17$ m²·K/W

$$\frac{1}{\Lambda} + \frac{0{,}0125}{0{,}21} + \frac{0{,}01}{0{,}13} + \frac{0{,}05}{0{,}04} + 0{,}17 + \frac{0{,}012}{0{,}13} \cong 1{,}65 \text{ m}^2 \cdot \text{K/W}$$

Beispiel 9, **Wärmeübergangswiderstände Außenwand**
Fortsetzung $1/\alpha_i = 0{,}13$ m² · K/W, $1/\alpha_a = 0{,}04$ m² · K/W

Wärmedurchgangskoeffizient

$$k = \frac{1}{0{,}13 + 1{,}65 + 0{,}04} = \mathbf{0{,}55\ W/(m^2 \cdot K)}$$

Erf. Wärmedurchlaßwiderstand und Wärmedurchgangskoeffizient
Flächenbezogene Masse

$m = 0{,}0125$ m · 900 kg/m³ + 0,01 m · 700 kg/m³ $\triangleq$ 18 kg/m²

leichtes Bauteil, erf. Wert $1/\Lambda$ durch Interpolation
 0 kg/m² = 1,75 m² · K/W
20 kg/m² = 1,40 m² · K/W
20 Einheiten = 0,35

 1 Einheit $= \dfrac{0{,}35}{20} = 0{,}0175$

 2 Einheiten = 0,0175 · 2 = 0,035
18 Einheiten = 1,40 + 0,035 $\triangleq$ **1,44 m² · K/W**

Maximaler k-Wert durch Interpolation
 0 kg/m² = 0,52 W/(m² · K)
20 kg/m² = 0,64 W/(m² · K)
20 Einheiten = 0,12
 1 Einheit = 0,006
 2 Einheiten = 0,012
18 Einheiten = 0,64 − 0,01 $\triangleq$ **0,63 W/(m² · K)**

Wärmeschutz
vorh. $1/\Lambda = 1{,}65$ m² · K/W > erf. $1/\Lambda = 1{,}44$ m² · K/W
vorh. $k = 0{,}55$ W/(m² · K) < max. $k = 0{,}63$ W/(m² · K)
Der Wärmeschutz reicht aus.

Mittlerer Wärmedurchgang bei Bauteilen. Eine Wand kann an verschiedenen Stellen aus unterschiedlichen Baustoffen oder unterschiedlich in der Dicke aufgebaut sein. Beispiele hierfür sind Wandflächen mit Fenstern oder Wände aus hölzernen Rahmenkonstruktionen, die im Bereich der Dämmschicht einen anderen Wärmedurchgang als im Bereich der Rahmenhölzer haben. Für die Gesamtfläche der Wand wird dann ein mittlerer k-Wert aus den prozentualen Anteilen der Flächen für die verschiedenen k-Werte berechnet.

$$k_{\text{Gesamt}} = \%\text{-Anteil} \cdot k_{\text{Feld}} + \%\text{-Anteil} \cdot k_{\text{Rahmen}}$$

Beispiel 10 Ist der Wärmeschutz der Außenwand des Wochenend-Holzhauses **10.**16 ausreichend? Berechnen Sie dazu den Wärmedurchlaßwiderstand $1/\Lambda$ und den Wärmedurchgangskoeffizienten k.

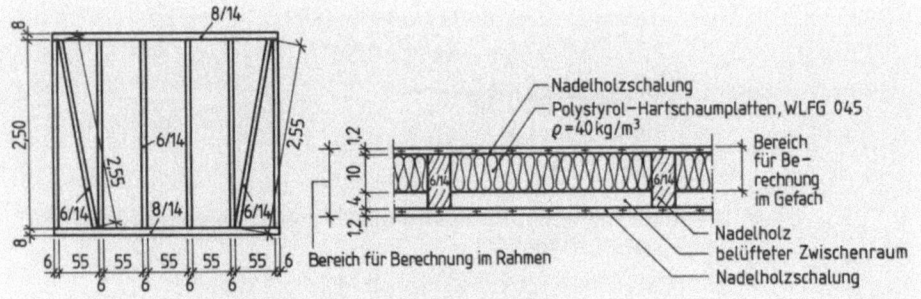

10.16 Außenwand Wochenendhaus (Maße in m/cm)

Vorh. Wärmedurchlaßwiderstände

$$\frac{1}{\Lambda_{Feld}} = \frac{0{,}012}{0{,}13} + \frac{0{,}10}{0{,}045} = 2{,}31 \text{ m}^2 \cdot \text{K/W}$$

$$\frac{1}{\Lambda_{Rahmen}} = \frac{0{,}14 + 2 \cdot 0{,}012}{0{,}13} = 1{,}26 \text{ m}^2 \cdot \text{K/W}$$

Wärmeübergangswiderstände Außenwand

$1/\alpha_i = 0{,}13 \text{ m}^2 \cdot \text{K/W}$, $1\alpha_a = 0{,}04 \text{ m}^2 \cdot \text{K/W}$

Vorh. Wärmedurchgangskoeffizienten

$$k_{Feld} = \frac{1}{0{,}13 + 2{,}31 + 0{,}04} = 0{,}40 \text{ W/(m}^2 \cdot \text{K)}$$

$$k_{Rahmen} = \frac{1}{0{,}13 + 1{,}26 + 0{,}04} = 0{,}70 \text{ W/(m}^2 \cdot \text{K)}$$

Gesamt-Wandfläche

$A = (2{,}50 + 0{,}08 \cdot 2) \cdot (0{,}55 \cdot 5 + 0{,}06 \cdot 6) = 8{,}27 \text{ m}^2$

Wandfläche$_{Rahmen}$

$A = 2{,}50 \cdot 0{,}06 \cdot 6 + 2{,}55 \cdot 0{,}06 \cdot 2 + 3{,}11 \cdot 0{,}08 \cdot 2 = 1{,}70 \text{ m}^2$

Wandfläche$_{Felder}$ $A = 100\% - 20{,}56\% = 79{,}44\%$

Vorh. $1/\Lambda$ und k-Werte im Mittel

$$1/\Lambda = \frac{20{,}56}{100} \cdot 1{,}26 + \frac{79{,}44}{100} \cdot 2{,}31 = \mathbf{2{,}09 \text{ m}^2 \cdot \text{K/W}}$$

$$k = \frac{20{,}56}{100} \cdot 0{,}70 + \frac{79{,}44}{100} \cdot 0{,}40 = \mathbf{0{,}46 \text{ W/(m}^2 \cdot \text{K)}}$$

Erf. $1/\Lambda$ und k-Wert

Flächenmasse $A = 600 \text{ kg/m}^3 \cdot 0{,}012 \text{ m} = 7{,}2 \text{ kg/m}^3 \rightarrow$ leichtes Bauteil

erf. $1/\lambda$ durch Interpolation = **1,62 m² · K/W**

max. k-Wert durch Interpolation = **0,55 W/(m² · K)**

vorh. $1/\Lambda$ im Mittel 2,09 m² · K/W > erf. $1/\Lambda$ 1,62 m² · K/W

vorh. k-Wert im Mittel 0,46 W/(m² · K) < max. k-Wert 0,55 W/(m² · K)

Wärmeschutzanforderungen erfüllt

10.2 Wärmeschutznachweis für Gebäude

Die Wärmeschutznachweise für Gebäude sind nach DIN 4108 „Wärmeschutz im Hochbau" und der Wärmeschutzverordnung III (I/1995) zu führen. Im Gegensatz zur WSchVO von 1982, wo der Maximalwert des mittleren Wärmedurchgangskoeffizienten eines Gebäudes vorgeschrieben war, wird nun der Jahres-Heizwärmebedarf ermittelt.

Der Geltungsbereich der Wärmeschutzverordnung erstreckt sich auf folgende Gebäude mit normaler Innentemperatur (Gebäude mit einer Innentemperatur von mehr als 12°C und weniger als 19°C und einer jährlichen Beheizung von mehr als 4 Monaten):
- Wohngebäude
- Büro- und Verwaltungsgebäude
- Schulen und Bibliotheken
- Krankenhäuser, Alten- und Pflegeheime, Entbindungs- und Säuglingsheime sowie Aufenthaltsgebäude in Justizvollzugsanstalten und Kasernen
- Gebäude des Gaststättengewerbes
- Waren- und sonstige Geschäftshäuser
- Betriebsgebäude (Innentemperatur mindestens 19°C)
- Gebäude für Sport- und Versammlungszwecke (Innentemperatur mindestens 15°C und jährlich mehr als 3 Monate beheizt)
- Gebäude, die eine nach den oben genannten Gebäuden gemischte oder ähnliche Nutzung aufweisen.

10.2.1 Nachweise

Die neue WärmeschutzVO verlangt die Begrenzung des Heizwärmebedarfs und erlaubt die Einbeziehung von Wärmegewinnen.

Der Jahres-Heizwärmebedarf Q_H ergibt sich aus
- dem Transmissionswärmebedarf Q_T
- dem Lüftungswärmebedarf Q_L

abzüglich
- den internen Wärmegewinnen Q_I
- den solaren Wärmegewinnen Q_S

Die Einheit ist KWh/a (Kilowattstunden pro Jahr)

$$Q_H = 0{,}9 \cdot (Q_T + Q_L) - (Q_I + Q_S) \quad \text{in KWh/a}$$

0,9 = Teilbeheizungsfaktor

Der Transmissionswärmebedarf errechnet sich aus

$$Q_T = 84 \cdot (K_W \cdot A_W + K_F + A_F + 0{,}8 \cdot K_D \cdot A_D + 0{,}5 \cdot K_G \cdot A_G + \\ + K_{DL} \cdot A_{DL} + 0{,}5 \cdot K_{AB} \cdot A_{AB}) \quad \text{in KWh/a}$$

84 Faktor, der die mittlere Heizgradtagzahl von 3500 K · Tage/Jahr berücksichtigt
A wärmeübertragende Umfassungsfläche
k Wärmedurchgangskoeffizient
W an Außenluft grenzende Wände
F Fenster, Türen
D Dach- und Deckenflächen
G Grundfläche (nicht an Außenluft grenzend)
D_L Deckenfläche, die das Gebäude nach unten gegen Außenluft abgrenzt
A_B abgrenzende Bauteilflächen zu angrenzenden Gebäudeteilen mit wesentlich geringeren Raumtemperaturen
Faktor 0,5 und 0,8 Berücksichtigung bauteilspezifischer Temperaturdifferenzen

Der Lüftungswärmebedarf Q_L errechnet sich aus

$Q_L = 22{,}85 \cdot V_L$ (allgemein)
$Q_L = 18{,}28 \cdot V_L$ (mechanisch betriebene Lüftungsanlagen mit Wärmerückgewinnung)
$Q_L = 21{,}71 \cdot V_L$ (mechanisch betriebene Lüftungsanlagen ohne Wärmerückgewinnung)

in KWh/a
V_L anwendbares Luftvolumen $0{,}8 \cdot V$ in m³
Die Faktoren berücksichtigen thermische Eigenschaften der Luft und die Luftwechselzahl.

Die internen Wärmegewinne Q_I ergeben sich aus

$Q_I = 8 \cdot V$ in KWh/a (lichte Raumhöhe $> 2{,}60$ m)
$Q_I = 25 \cdot A_N$ in KWh/a (lichte Raumhöhe $< 2{,}60$ m)
$A_N = 0{,}32 \cdot V$

Die Ermittlung der solaren Wärmegewinne Q_S erfolgt nach

$Q_S = \Sigma\, 0{,}46 \cdot I_j \cdot g_i \cdot A_{F,j,i}$ in KWh/a

0,46 mittlerer Nutzungsgrad
g_i Gesamtenergiedurchlaßgrad der Verglasung
$A_{F,j,i}$ Fensterflächen
I_S 400 KWh/(m² · a) für Südorientierung des Gebäudes
$I_{W/O}$ 275 KWh/m² · a) für West- und Ostorientierung des Gebäudes
I_N 160 KWh/m² · a) für Nordorientierung des Gebäudes

Die wärmeübertragende Umfassungsfläche A ist mit der Formel
$A = A_W + A_F + A_D + A_G + A_{DL}$
unter Berücksichtigung der Festlegungen aus Tafel **10.17** zu ermitteln.

Tabelle 10.17 Wärmeübertragende Umfassungsflächen A_i

Formel-zeichen	Bauteilbezeichnung	Hinweise zu den Maßen bei den Flächenberechnungen
A_W	an die Außenluft grenzende Außenwände und Abseitenwände zum nicht wärmegedämmten Dachraum	Gebäudeaußenmaße; OK des Geländes bzw. OK der darüberliegenden Decke bis OK der obersten Decke oder OK der wirksamen Dämmschicht
A_F	Fenster, Dachfenster, Fenstertüren, Türen soweit sie nach außen gerichtet sind	lichte Rohbaumaße
A_D	wärmegedämmte Dachfläche, Dachschräge, Kehlbalkendecke usw.	Gebäude- bzw. Bauteilaußenmaße
A_G	Decken über unbeheizten Räumen, erdberührende Wand- und Bodenflächen von beheizten Räumen	Gebäude- bzw. Bauteilaußenmaße
A_{DL}	Decken, die das Gebäude nach unten gegen die Außenluft abgrenzen	Gebäude- bzw. Bauteilaußenmaße
A_{BL}	Bauteile, die das Gebäude gegen Teile mit wesentlich niedrigeren Temperaturen abgrenzen, z. B. außenliegende Treppenräume, Lagerräume und dergleichen	Gebäude- bzw. Bauteilaußenmaße

Die Anforderungen an den Wärmeschutz geben folgende Werte für den maximalen Jahres-Heizwärmebedarf bezogen auf das beheizte Bauwerksvolumen V oder auf die Gebäudenutzfläche A_N in Abhängigkeit von A/V vor:

A/V m^{-1}	≤ 0,2	0,3	0,4	0,5	0,6	0,7	0,8	0,9	1,00	≥ 1,05
Q'_H KWh/(m^3 · a)	17,3	19,0	20,7	22,5	24,2	25,9	27,7	29,4	31,1	32,0
Q''_H KWh/(m^3 · a)	54,0	59,4	64,8	70,2	75,6	81,1	86,5	91,9	97,3	100,0

Es gilt für $0,2 \leq A/V \leq 1,05$
$Q'_H = 13,82 + 17,32 \cdot (A/V)$ in KWh/(m^3 a)
$Q''_H = Q'_H/0,32$ in KWh/(m^2 a)

Für kleine Wohngebäude, das sind Wohngebäude mit nicht mehr als 2 Vollgeschossen und nicht mehr als 3 Wohneinheiten, ist ein vereinfachtes Nachweisverfahren zulässig. Hierbei sind die Anforderungen an den Wärmeschutz erfüllt, wenn die Wärmedurchgangskoeffizienten der von der Umfassungsfläche A erfaßten Bauteile vorgeschriebene Maximalwerte nicht überschreiten.

Tabelle 10.18 Maximal zulässige Wärmedurchgangskoeffizienten

Bauteile	k_{max} W/(m² · k)
Außenwände	$k_W \leqq 0{,}50^{1})$
Außenliegende Fenster und Fenstertüren sowie Dachfenster	$k_{m,\,eq.\,F} \leqq 0{,}70^{2})$
Decken unter nicht ausgebauten Dachräumen und Decken (einschließlich Dachschrägen), die Räume nach oben und unten gegen die Außenluft abgrenzen	$k_D \leqq 0{,}22$
Kellerdecken, Wände und Decken gegen unbeheizte Räume sowie an das Erdreich grenzende Wände	$k_G \leqq 0{,}35$

[1]) Die Anforderung gilt auch als erfüllt für 365 mm dickes Mauerwerk aus einem Baustoff mit einer Wärmeleitfähigkeit von 0,21 W/(m · K).
[2]) Der mittlere äquivalente Wärmedurchgangskoeffizient $k_{m,\,eq.\,F}$ ist ein über alle außenliegende Fenster und Fenstertüren sowie Dachfenster gemittelter Wert, wobei solare Wärmegewinne (nach Abschn. 9.2.1.4.2, Wendehorst, 26. Aufl.) zu ermitteln sind.

Beispiel zum vereinfachten Nachweisverfahren:

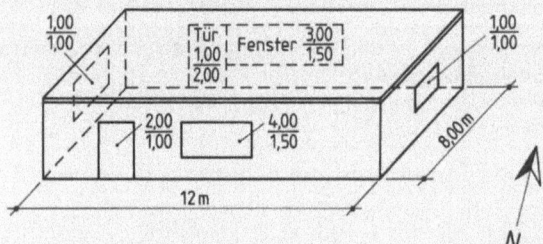

10.19 Flachdachgebäude mit halber Unterkellerung

Flächenermittlung

Kellerdecke	8,00 · 6,00	= 48,00 m²
Decke gegen Erdreich	8,00 · 6,00	= 48,00 m²
Dachdecke	8,00 · 12,00	= 96,00 m²
Westwand	8,00 · 3,00	= 24,00 m²
Ostwand	8,00 · 3,00	= 24,00 m²
Südwand	12,00 · 3,00	= 36,00 m²
Nordwand	12,00 · 3,00	= 36,00 m²
Westfenster	1,00 · 1,00	= 1,00 m²
Ostfenster	1,00 · 1,00	= 1,00 m²
Südfenster	4,00 · 1,50 + 2,00 · 1,00	= 8,00 m²
Nordfenster	3,00 · 1,50 + 2,00 · 1,00	= 6,50 m²

A_{G1} = 48 m²
A_{G2} = 48 m²
A_D = 96 m²
A_F = 16,5 m²
$A_W - A_F$ = 120 m² − 16,5 m = 103,5 m²
Summe A = **312 m²**

Bauteil	Bauteildicke s in m	Wärmeleitfähigkeit λ in W/mK	s/λ in m² K/W	$1/\alpha_i$ in $1/\alpha_a$	k-Wert K in W/m² K	Fläche A in m²	Bauteilfaktor Z	$k \cdot A \cdot z$ in W/K
Wärmeübergangswiderstand: 0,13 (Erdreich); 0,17 (allg.); 0,21 (hinterlüftet)							1,0	
Wärmeübergangswiderstand: 0,13 (Erdreich); 0,17 (allg.); 0,21 (hinterlüftet)							1,0	
Wärmeübergangswiderstand: 0,17 (Erdreich); 0,34 (mit Hohlraum)							0,5	
Wärmeübergangswiderstand 0,21 (bei Flachdach 0,17)							0,8	
Wärmeübergangswiderstand: z. B. 0,26 (zu unbeheizten Räumen)								

Rahmenmaterial:	südorientiert	$k_F =$	$g =$	$S_F = 2{,}40$	$k_{eq,Fs} =$		1,0	*)
	o/w-orientiert	$k_F =$	$g =$	$S_F = 1{,}65$	$k_{eq,Fow} =$		1,0	*)
Verglasungsart	nordorientiert	$k_F =$	$g =$	$S_F = 0{,}95$	$k_{eq,Fn} =$		1,0	*)
	$k_{eq,F} = k_F - g \times S_F$							
	$k_{m,Feq} = (k_{eq,Fi} \times A_i)/\text{ges } A_F =$							

wärmeübertragende Fläche A [m²] = ☐ (2)

Transmissionswärmebedarf Q_T [kWh/a] = ☐ (3)

☐ (1)

*) Wird $k \times A \times z$ mittels k_F berechnet, müssen die Solarenergiegewinne unter Punkt 4 ermittelt werden. $(3) = 84 \times (1)$
Wird $k \times A \times z$ mittels $k_{eq,F}$ errechnet, dann entfällt die Berechnung unter Punkt 4.

10.20 Formblatt zur Ermittlung des Transmissionswärmebedarfs Q_T

Volumenberechnung

$V = 12{,}00 \cdot 8{,}00 \cdot 3{,}00 = \mathbf{288\ m^3}$
$A/V = 312/288 = 1{,}08\ m^{-1}$

$\qquad Q'_H\ max = 13{,}82 + 17{,}32 \cdot (A/V)$
$\qquad \qquad \quad = 13{,}82 + 17{,}32 \cdot 1{,}08 = \mathbf{32{,}53\ kWh/m^3 a}$

Die Berechnung der Wärmedurchgangskoeffizienten erfolgt nach der Formel

$$k = \cfrac{1}{\cfrac{1}{\alpha_i} + \cfrac{s_1}{\lambda_1} + \cfrac{s_2}{\lambda_2} + \ldots + \cfrac{1}{\alpha_a}} \quad \text{in } \frac{W}{m^2 \cdot K}$$

Für die Aufgabe werden hier die k-Werte vorgegeben:
k-Wert Sohlplatte   0,39 W/m²K
k-Wert Kellerdecke   0,36 W/m²K
k-Wert Flachdach   0,32 W/m²K
k-Wert Außenwand   0,38 W/m²K
Fenster $k_F = 1{,}7$ W/m²K, $g = 0{,}65$

Nachweis nach WSchVO III

$Q_H = 0{,}9 \cdot (Q_T + Q_L) - (Q_I + Q_S)$ in kWh/a
$Q_T = 84\,(0{,}38 \cdot 103{,}5 + 1{,}70 \cdot 16{,}5 + 0{,}8 \cdot 0{,}32 \cdot 96{,}00 + 0{,}5 \cdot 0{,}38 \cdot 96{,}00)$
$Q_T = \mathbf{9256{,}46\ KWh/a}$
$Q_L = 0{,}8 \cdot 22{,}85 \cdot 288$
$Q_L = \mathbf{5264{,}64\ KWh/a}$
$Q_I = 8 \cdot 288$
$Q_I = \mathbf{2304{,}00\ KWh/a}$
$Q_S = 0{,}46 \cdot (160 \cdot 0{,}65 \cdot 6{,}50 + 275 \cdot 0{,}65 \cdot 1{,}00 + 275 \cdot 0{,}65 \cdot 1{,}00 +$
$\qquad + 400 \cdot 0{,}65 \cdot 8{,}00)$
$Q_S = \mathbf{1432{,}21\ KWh/a}$
$Q_H = 0{,}9\,(9256{,}46 + 5264{,}64) - (2304{,}00 + 1432{,}21)$
$Q_H = \mathbf{9332{,}78\ KWh/a}$
$Q'_{H\,vorh} = Q_H/V$
$\qquad \quad = 9332{,}78/288 = 32{,}41\ KWh/m^3 a < 32{,}53\ KWh/m^3 a$
Der Nachweis $Q'_{H\,vorh} < Q'_{H\,max}$ ist erfüllt.

Aufgaben

1. In welcher Dicke (cm) müssen die Bauteilschichten aus den angegebenen Baustoffen sein, damit sie den gleichen Wärmedurchlaßwiderstand von 30 cm Gasbeton-Blocksteinen $\varrho = 800\ kg/m^3$ haben?

   a) Kalksand-Lochsteine
      $\varrho = 1200\ kg/m^3$
   b) Leichtbeton $\varrho = 1200\ kg/m^3$
   c) Schaumglas WLFG 050
   d) Nadelholz $\varrho = 600\ kg/m^3$

2. Wieviel cm dick sind die Kalksand-Vollsteine $\varrho = 1800$ kg/m³ einer Treppenraumwand mit beidseitigem Kalkgipsputz $d = 1{,}5$ cm zu mauern, die einen Wärmedurchlaßwiderstand $1/\Lambda = 0{,}25$ m² · K/W haben muß?

3. Vergleichen Sie die Wärmedämmfähigkeit der beiden Außenwandkonstruktionen aus Vollziegeln (**10.21**) und aus Bimsvollsteinen (**10.22**), indem Sie die Wärmedurchlaßwiderstände $1/\Lambda$ berechnen.

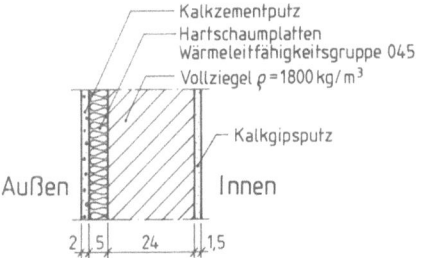

10.21 Einschalige Außenwand mit Wärmedämmung (Maße in cm)

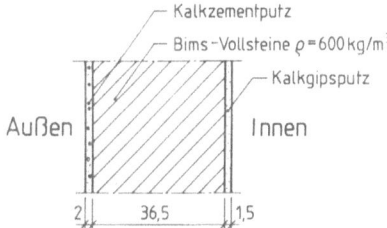

10.22 Außenwand aus Bimsvollsteinen (Maße in cm)

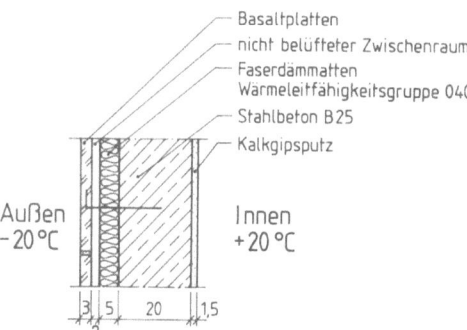

10.23 Außenwand mit Naturstein-Vorhangfassade (Maße in cm)

4. Wie groß ist der Wärmedurchlaßwiderstand $1/\Lambda$ der Außenwand (**10.23**) mit Vorhangfassade aus Basaltplatten? Stellen Sie auch den Temperaturverlauf in der Konstruktion dar.

5. a) Berechnen und vergleichen Sie den Wärmedurchlaßwiderstand $1/\Lambda$ der Heizkörpernische **10.24** mit dem der Außenwand **10.25**.
   b) Wieviel cm dick müßten die Hartschaumplatten sein, wenn die Heizkörpernische einen doppelt so großen Wärmedurchlaßwiderstand $1/\Lambda$ haben soll wie die Außenwand?

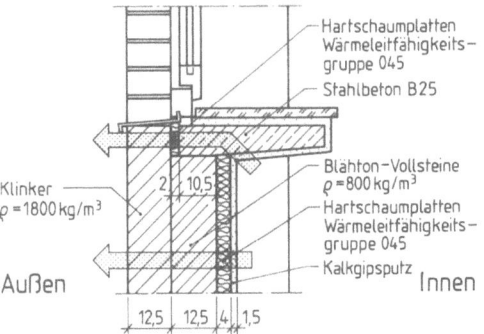

10.24 Heizkörpernische (Maße in cm)

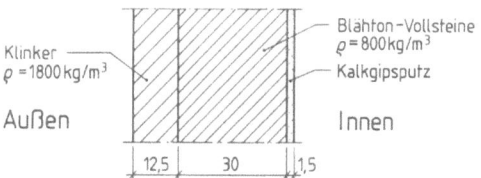

10.25 Außenwand aus Blähton-Vollblöcken (Maße in cm)

6. Wie groß ist der Wärmedurchgang (k-Wert) bei der Heizkörpernische **10.24**
   a) im Wandbereich,
   b) an der ungünstigsten Stelle, der Betonfensterbank?

7. Zu berechnen ist der Wärmedurchgang (k-Wert) des Sparrendachs **10.26**
   a) im Feldbereich,
   b) im Sparrenbereich.
   Die Dachdeckung und die Luftschicht unmittelbar darunter bleiben unberücksichtigt, ebenso die Dampfsperre.

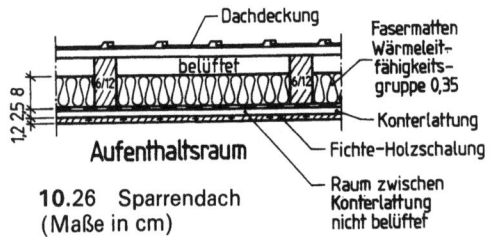

10.26 Sparrendach
(Maße in cm)

8. Reicht die Wärmedämmfähigkeit der Decke **10.27** über einer Durchfahrt nach DIN 4108 aus? Dazu sind der Wärmedurchlaßwiderstand $1/\Lambda$ und der Wärmedurchgangskoeffizient k zu berechnen. Außerdem ist der Temperaturverlauf darzustellen.

9. Wie dick (cm) müßten die Hartschaumplatten der Decke **10.27** sein, damit die Anforderungen der WVO 82 erfüllt werden?

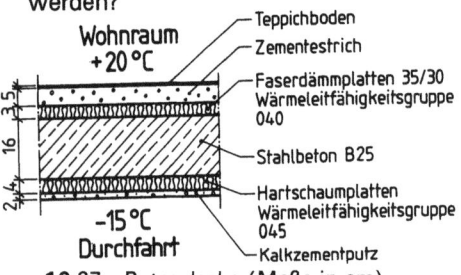

10.27 Betondecke (Maße in cm)

10. Für die Holzbalkendecke **10.28** sind
    a) der Wärmedurchlaßwiderstand $1/\Lambda$ für den Gefach- und Balkenbereich sowie
    b) der mittlere Wärmedurchgangskoeffizient (k-Wert) zu berechnen, wobei der Anteil des Balkenbereichs 28% und der der Gefache 72% beträgt.
    c) Der mittlere k-Wert ist bezüglich den Anforderungen der DIN 4108 zu beurteilen.

Bei der Berechnung bleibt die Bitumenbahn unberücksichtigt.

11. Für den freistehenden Bungalow **10.29** auf S. 195 sind alle wärmeschutztechnischen Nachweise zu führen. Alle Räume, auch der Keller, sind beheizt.
    a) Werden die geforderten Werte nach DIN 4108 eingehalten?
    b) Weisen Sie den Wärmeschutz nach der Wärmeschutzverordnung von I/95 nach (Vereinfachtes Verfahren).

Aufbau der Bauteile

Bauteil	Aufbau
Außenwand W_1	1,5 cm Kalkgipsputz 24 cm KSL 1,8 6 cm Mineralwolle 2 cm Kalkzementputz
Dachaufbau D_1	1,5 cm Kalkgipsputz 15 cm Stahlbeton B 25 Dampfsperre 12,00 kg/m³ 12 cm Hartschaum 045 0,5 cm Abdichtung 0,17 5 cm Kiesschüttung
Kellerwand W_2	1 cm Gipskartonplatte 3 cm Hartschaum 045 24 cm KSL 1,8 2 cm Zementputz Abdichtung
Kellerdecke G_1	0,2 cm PVC-Belag 5 cm Zementestrich 4 cm Hartschaum 045 15 cm Stahlbeton B 25
Kellerboden G_2	0,2 cm PVC-Belag 5 cm Zementestrich 4 cm Hartschaum 045 Abdichtung 15 cm Stahlbeton B 25
Fußboden G_3	wie G_2

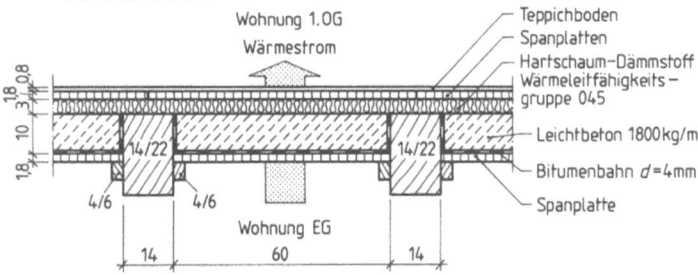

10.28 Holzbalkendecke (Maße in cm)

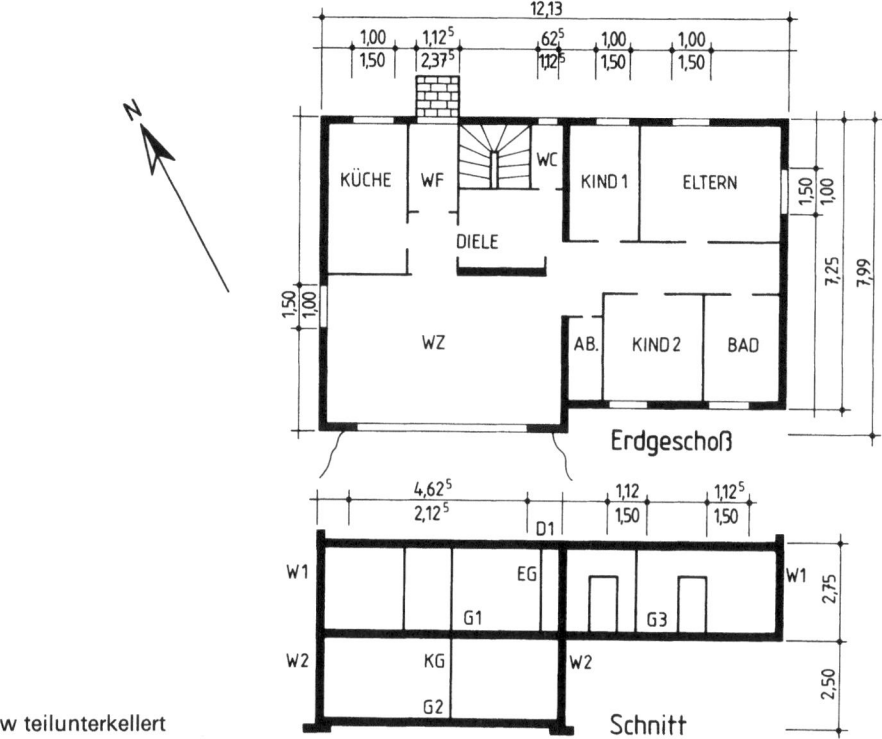

10.29
Bungalow teilunterkellert

11 Treppen

Damit der Mensch im Freien oder in Gebäuden Höhenunterschiede überwinden kann, werden Rampen, Stufen und Treppen gebaut. Bei mehr als drei Stufen sprechen wir von Treppen. Die Treppenplanung richtet sich nach den DIN-Normen 18064, 18065 und 4174 sowie den Bauordnungen der Bundesländer. Die hier angegebenen Mindestmaße für Treppen entsprechen DIN 18065. Allerdings sind die Vorschriften der Landesbauordnungen übergeordnet.

11.1 Gerade Treppen

Steigungsverhältnis. Für jede Treppe wird das Steigungsverhältnis
– das Verhältnis von Steigungshöhe zur Auftrittbreite – in cm mit der Anzahl der Steigungen angegeben (**11.1**).

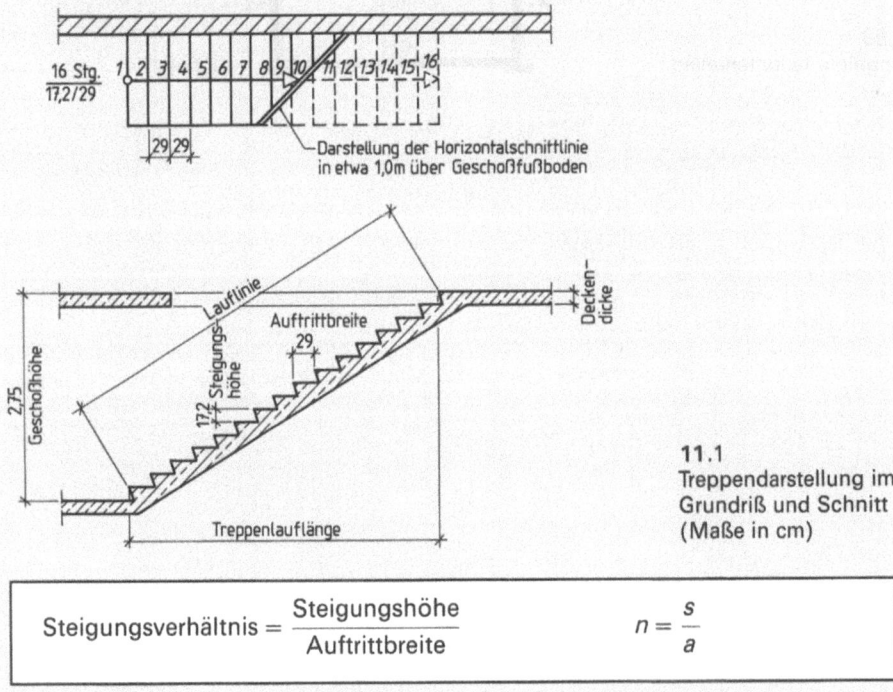

11.1 Treppendarstellung im Grundriß und Schnitt (Maße in cm)

$$\text{Steigungsverhältnis} = \frac{\text{Steigungshöhe}}{\text{Auftrittbreite}} \qquad n = \frac{s}{a}$$

Steigungshöhen und Auftrittbreiten gibt DIN 18065 nach Gebäude- und Treppenart an (**11.2**).

Tabelle 11.2 Maßanforderungen an Treppen nach DIN 18065

Gebäudeart	Art und Zweck der Treppe	Nutzbare Treppenlaufbreite in cm[1]	Steigung s in cm	Treppenauftritt a an der Lauflinie in cm	Treppenauftritt a an den Wendelstufen in cm
Wohngebäude mit $\leq$ zwei Wohnungen	Baurechtlich notwendige Treppen: zu Aufenthaltsräumen	mind. 80	17 ± 3	max. 37 mind. $\frac{28}{23}$	≥ 10 in 15-cm-Abstand von Innenkante der nutzbaren Laufbreite
	Keller- und Bodentreppen	mind. 80	≤ 21	≥ 21	
	Zusätzliche Treppen: in geschlossenen Wohnungen	mind. 50 mind. 50	≤ 21 keine Festlegung	≥ 21	
Sonstige Gebäude	Baurechtlich notwendige Treppen	mind. 100	max. 19 mind. $\frac{17}{14}$	max. 37 mind. $\frac{28}{26}$	≥ 10 an der Innenkante der nutzbaren Laufbreite
	Zusätzliche Treppen	mind. 50	≤ 21	≥ 21	
Andere Treppen (nicht in DIN 18065 festgelegt) in öffentl. Gebäuden wie Schulen und Theatern			16 bis 18		
Garten- und Freitreppen			12 bis 16		

[1]) Die nutzbare Treppenlaufbreite ist das lichte Fertigmaß, z. B. gemessen zwischen Wandoberfläche und Innenkante Handlauf. Das Rohbaumaß der Treppenlaufbreite muß daher 9 bis 10 cm größer sein.

Entsprechend der Gebäude- und Treppenart ermittelt man die Steigungshöhe vorläufig und berechnet die Anzahl der Steigungen aufgrund der Geschoßhöhe.

$$\text{Steigungsanzahl} = \frac{\text{Geschoßhöhe}}{\text{Steigungshöhe}} \qquad n = \frac{h}{s}$$

Beispiel 1 Wieviel Steigungen und welche Steigungshöhe hat eine Kellertreppe in einem Zweifamilienhaus bei einer Geschoßhöhe von 2,50 m? Gewählte Steigungshöhe 19 cm.

$$\text{Steigungsanzahl} = \frac{250 \text{ cm}}{19 \text{ cm}} = 13,2 \triangleq \textbf{13 Steigungen}$$

$$\text{Steigungshöhe} = \frac{250 \text{ cm}}{13} = \textbf{19,2 cm}$$

Die endgültige Steigungshöhe wird also nach dieser Formel ermittelt:

$$\text{Steigungshöhe} = \frac{\text{Geschoßhöhe}}{\text{Steigungsanzahl}} \qquad s = \frac{h}{n}$$

Um eine Treppe gehsicher und bequem zu planen, soll das Steigungsverhältnis dem menschlichen Schritt angepaßt sein. In der Ebene ist die durchschnittliche Schrittlänge 63 cm, im Steigen beim Überwinden eines Höhenunterschiedes verkürzt sich dieses Maß um die Hälfte. Beim normalen Schrittlängenmaß von 63 cm überwindet der Mensch in der Steigung 2 Stufen und 1 Auftritt (**11.3**).

11.3 Schrittmaßregel (Maße in cm)

Während die 63 cm einen für die Planung und Konstruktion sicheren Wert bilden, läßt DIN 18065 einen Spielraum von 59 cm bis 65 cm zu.

Schrittmaßregel
2 Steigungen + 1 Auftrittsbreite = Schrittlänge
$2s + a = 59 - 65$ cm
$2s + a = 63$ cm für gängige Berechnungen

Bei bekannter Steigungshöhe können wir nach Umstellen der Schrittmaßformel die Auftrittbreite berechnen.

Auftrittbreite $a = 63$ cm $- 2s$

Das so berechnete Steigungsverhältnis kann mit der Bequemlichkeits- und der Gehsicherheitsformel geprüft werden.

Bequemlichkeitsformel: Auftrittbreite $a -$ Steigung $s = 12$ cm
Gehsicherheitsformel: Auftrittbreite $a +$ Steigung $s = 46$ cm

---

Beispiel 2 Das Steigungsverhältnis einer Geschoßtreppe in einem Gebäude mit mehr als zwei Wohnungen ist für eine Geschoßhöhe von 2,75 m zu berechnen. Gewählte Steigungshöhe 18 cm.

Steigungsanzahl $= \dfrac{h}{s} = \dfrac{250 \text{ cm}}{18 \text{ cm}} = 13,9 \triangleq$ **14 Steigungen**

Steigungshöhe $= \dfrac{h}{n} = \dfrac{250 \text{ cm}}{14} =$ **17,9 cm**

Auftrittbreite nach der Schrittmaßregel $a = 63$ cm $- 2 \cdot 17,9$ cm $= 27,2$ cm
Prüfung nach der Bequemlichkeitsformel: $a = 12$ cm $+ 17,9$ cm $= 29,9$ cm
Prüfung nach der Gehsicherheitsformel: $a = 46$ cm $- 17,9$ cm $= 28,1$ cm

Steigungsverhältnis nach der Gehsicherheitsformel $\dfrac{14 \text{ Stg}}{17,9/28}$

Die berechnete Auftrittbreite darf auf volle Zentimeter gerundet werden. Die Steigungshöhe ist dagegen mit der Millimeterangabe hinter dem Komma einzuhalten.

Welches Steigungsverhältnis gewählt wird, hängt auch vom Platz im Treppenraum ab.

Steigungswinkel. Aufgrund des Steigungsverhältnisses können wir mit der Tangensfunktion den Steigungswinkel der Treppe ermitteln.

$$\text{Tangenswert des Steigungswinkels} = \frac{\text{Gegenkathete}}{\text{Ankathete}} = \frac{\text{Steigungshöhe } s}{\text{Auftrittbreite } a}$$

Beispiel 3 Welchen Steigungswinkel α hat die Treppe **11.**4 mit dem Steigungsverhältnis $s/a = 17,9/28,1$ cm?

$$\tan \alpha = \frac{s}{a} = \frac{17,9 \text{ cm}}{28,1 \text{ cm}} = 0{,}637$$

$$\alpha = \mathbf{32{,}5°}$$

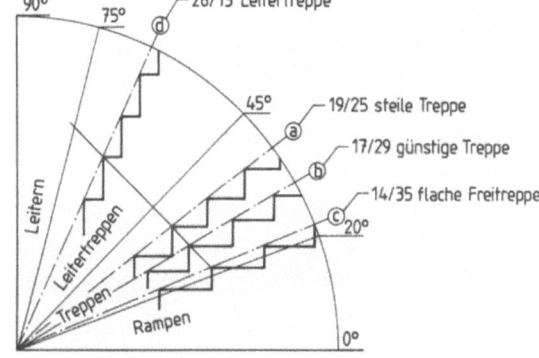

11.4 Steigungswinkel (Maße in cm)

11.5 Unterscheidung von Treppen, Rampen und Leitern

Für Geschoßtreppen hat sich der Steigungswinkel 30° als besonders günstig erwiesen. Er entspricht einem Steigungsverhältnis $s/a = 17/29$ cm. Nach dem Steigungswinkel werden Treppen, Rampen und Leitern unterschieden (**11.**5).

Die Treppenlauflänge ist im Grundriß und Schnitt das horizontale Maß in Treppenmitte von der Vorderkante der Antrittstufe bis zur Vorderkante der Austrittstufe (**11.**1). Da die Austrittstufe bereits zur Decke des nächsten Geschosses gehört, hat jede Treppe einen Auftritt weniger als die Anzahl der Steigungen.

Anzahl der Auftritte = Anzahl der Steigungen − 1

Treppenlauflänge = (Steigungsanzahl − 1) · Auftrittbreite $l = (n-1) \cdot a$

Beispiel 4 Berechnen Sie die Treppenlauflänge der Treppe **11**.1.
Anzahl der Steigungen = 16
Steigungsverhältnis s/a = 17,2/29 cm
Treppenlauflänge = (16 − 1) · 29 cm = 435 cm = **4,35 m**

Lichte Treppendurchgangshöhe. Nach DIN 18065 muß die lichte Treppendurchgangshöhe l_D (früher als Kopfhöhe bezeichnet) in Wohngebäuden mindestens 2,00 m betragen (**11.6**). Sie ist das lotrechte Fertigmaß über den Vorderkanten der Stufen und über den Podesten bis zu den Unterkanten darüberliegender Bauteile (Decken, Treppenläufe, Podeste), gemessen in gebrauchsfertigem Zustand.

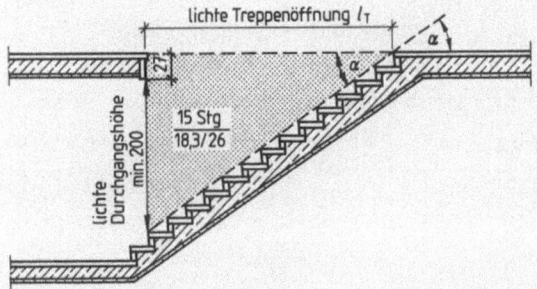

11.6
Durchgangshöhe und
Treppenöffnung
(Maße in cm)

Das Rohbaumaß für die Treppendurchgangshöhe wird für Treppenbelag und Deckenputz im allgemeinen 10 cm größer angenommen. Mit der Treppendurchgangshöhe und dem Steigungswinkel der Treppe können wir die Mindestlänge der lichten Treppenöffnung l_T berechnen.

$$\text{Treppenöffnungslänge } l_T = \frac{\text{Durchgangshöhe} + \text{Deckendicke}}{\tan \text{Steigungswinkel}}$$

Beispiel 5 Wie lang muß die Treppenöffnung für die Treppe **11**.6 bei einer lichten Durchgangshöhe von 2,00 m sein?

Steigungswinkel $\tan \alpha = \dfrac{18,3 \text{ cm}}{26 \text{ cm}} = 0{,}7038; \quad \alpha = 35{,}1°$

Treppenöffnungslänge $\tan \alpha = \dfrac{200 \text{ cm} + 27 \text{ cm}}{l_T}$

$l_T = \dfrac{227 \text{ cm}}{\tan \alpha} = \dfrac{227 \text{ cm}}{0{,}7038} = 322{,}5 \text{ cm} \triangleq \mathbf{323 \text{ cm}}$

11.2 Gewendelte Treppen

Wenn die Platzverhältnisse nicht ausreichen oder gestalterische Gründe dagegenstehen, eine gerade Treppe mit Zwischenpodesten zu bauen, wird die Treppe durch Verziehen der Stufen gewendelt (**11.7**). Die Lauflinie wird kreisbogenförmig gekrümmt, die Auftritte der Stufen werden im Bereich der Wendelung keilförmig ausgeführt. Während die Auftrittmaße an der Lauflinie unverändert bleiben, werden sie an der Innenseite verkürzt und an der Außenseite vergrößert. Dabei betragen der Krümmungsradius der Lauflinie mind. 30 cm, die nutzbare Auftrittbreite gewendelter Stufen mind. 10 cm an der Treppeninnenkante oder im 15-cm-Abstand von der Innenkante (**11.2**). Ausnahmen bestehen bei Spindeltreppen.

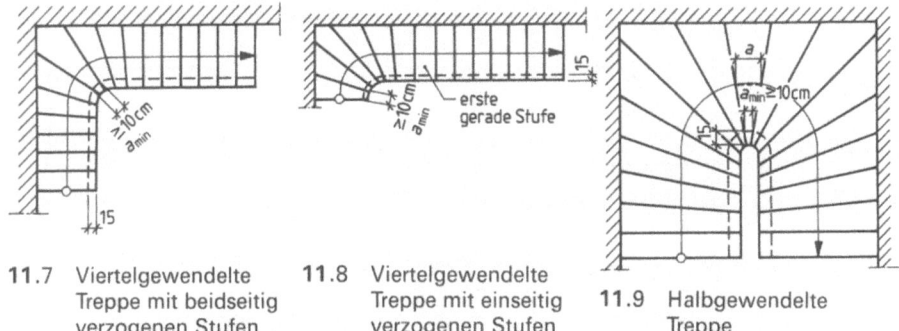

11.7 Viertelgewendelte Treppe mit beidseitig verzogenen Stufen

11.8 Viertelgewendelte Treppe mit einseitig verzogenen Stufen

11.9 Halbgewendelte Treppe

Stufenverziehung. Die Stufen sind so zu verziehen, daß ein allmählicher Übergang entsteht. Im Eckbereich soll die Trittstufenvorderkante nicht in die Wandecke führen, sondern möglichst deutlich davor liegen. Je größer die Zahl der verzogenen Stufen, desto weniger Sprünge entstehen im Treppenlauf und desto sicherer kann der Benutzer sie begehen. Eine Verziehung erst nach der Antrittstufe soll langsam zunehmen und nach der schmalsten Stufe wieder abnehmen (**11.7**). Beginnt die Wendelung bereits mit der Antrittstufe, ist diese Stufe am meisten zu verziehen (**11.8**). Bei viertelgewendelten Treppen (**11.7**) sind mind. 6, besser 7, bei halbgewendelten Treppen (**11.9**) mind. 13, besser 15 Stufen zu verziehen.

Rechnerische Verziehung. Mit dem Verhältnisteilungsverfahren (Proportionalitätsteilung) können wir die Auftrittmaße der Wendelstufen an der Innenwange berechnen.

Beispiel 6 Für die viertelgewendelte Treppe **11.10** in einem Gebäude mit Wohnungen sind die Auftrittmaße ⓐ bis ⓓ an der Innenwange für die 7 verzogenen Stufen zu berechnen. Das Steigungsverhältnis s/a ist 18,3/26 cm, der Radius des Treppenauges 20 cm.

Zuerst wird die durch Stufenverziehung auszugleichende Differenz zwischen der Lauflinienlänge in Treppenmitte und im 15-cm-Abstand von der Innenwange berechnet.

$r_m = 50 \text{ cm} + 20 \text{ cm} \quad r_i = 35 \text{ cm}$

$\Delta l = \dfrac{2 \cdot r_m \cdot \pi}{4} - \dfrac{2 \cdot r_i \cdot \pi}{4} = \dfrac{2 \cdot \pi}{4_2} \cdot (r_m - r_i)$

Beispiel 6, Fortsetzung

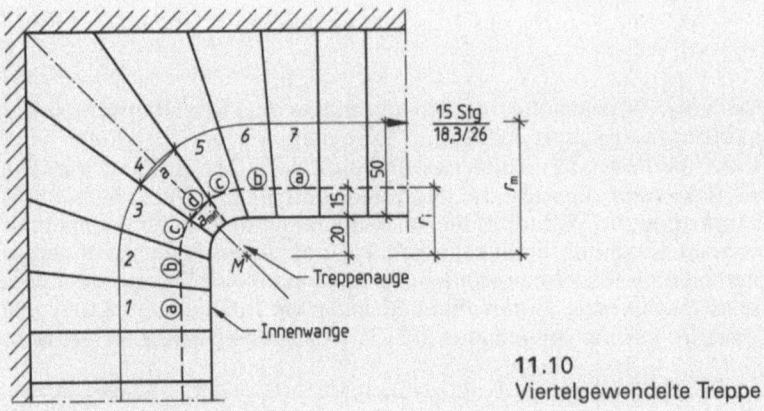

11.10 Viertelgewendelte Treppe

$$\text{Differenz der Lauflinienlängen } \Delta l = \frac{\pi}{2} \cdot (r_m - r_i)$$

$\Delta l = \frac{\pi}{2} \cdot (50 \text{ cm} + 20 \text{ cm} - 35 \text{ cm}) = 54{,}98 \text{ cm} \triangleq 55 \text{ cm}$

Der vierte Auftritt, der in der Wandecke liegt, wird am stärksten verjüngt. Jeder folgende Auftritt davor oder dahinter wird um das Verjüngungsmaß Δa größer als der vorhergehende. Um das Verjüngungsmaß berechnen zu können, müssen wir erst die Summe der Verjüngungsteile bei 7 Stufen ermitteln.

Stufe	Verjüngungen einzeln	zusammen
1 und 7	1 Teil	2 · 1 = 2 Teile
2 und 6	2 Teile	2 · 2 = 4 Teile
3 und 5	3 Teile	2 · 3 = 6 Teile
4	4 Teile	1 · 4 = 4 Teile
		Summe = 16 Teile

$$\text{Verjüngungsmaß } \Delta a = \frac{\text{Differenz der Lauflinienlängen } \Delta l}{\text{Summe der Verjüngungsteile}}$$

$\Delta a = \frac{55 \text{ cm}}{16 \text{ cm}} = 3{,}4$

Auftrittmaße im 15-cm-Abstand von der Innenwange:
- ⓐ 1. und 7. Stufe = 26 cm − 3,4 cm = **22,6 cm**
- ⓑ 2. und 6. Stufe = 26 cm − 2 · 3,4 cm = **19,2 cm**
- ⓒ 3. und 5. Stufe = 26 cm − 3 · 3,4 cm = **15,8 cm**
- ⓓ 4. Stufe = 26 cm − 4 · 3,4 cm = **12,4 cm** > mind. 10 cm

Ist der am stärksten verjüngte Auftritt im 15-cm-Abstand von der Innenwange < 10 cm, muß die nächstgrößere Zahl an Stufen verzogen werden (z. B. 9 Stufen). Bei verzogenen Stufen ist die Auftrittbreite a nicht gleich dem Bogenmaß der Lauflinie, sondern gleich der Sehne, die sich durch die Schnittpunkte der gekrümmten Lauflinie mit den Stufenvorderkanten ergibt (**11.10**).

Zeichnerische Verziehung. Das Verhältnisteilungsverfahren wird auch beim zeichnerischen Stufenverziehen angewendet. Von der schmalsten Stufe aus werden die Auftritte dahinter und davor durch Streckenteilung verzogen.

Beispiel 7 Die halbgewendelte Treppe 11.11 in einem Gebäude mit vier Wohnungen ist zeichnerisch so zu verziehen, daß vor und nach der schmalsten Stufe je sechs Auftritte gewendelt werden. Steigungsverhältnis $s/a = 17{,}6/28$ cm, Radius des Treppenauges $= 30$ cm.

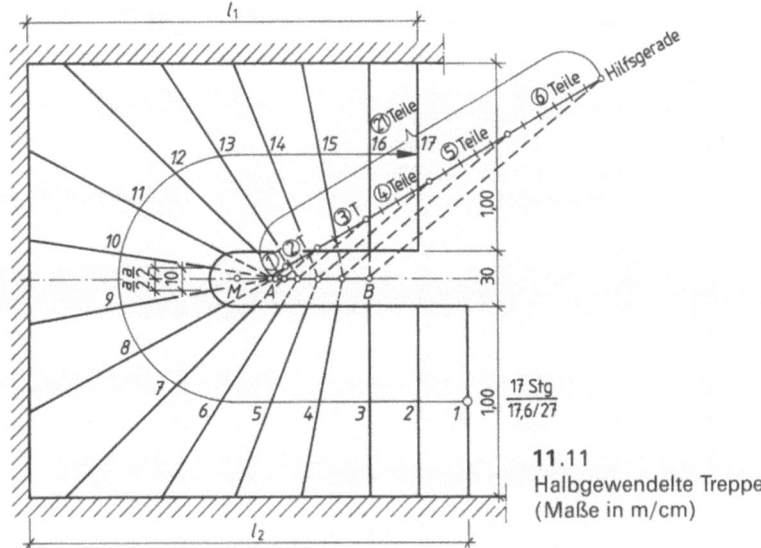

11.11
Halbgewendelte Treppe
(Maße in m/cm)

Schmalste Stufe an der Innenwange (7. Auftritt) bei Gebäuden mit vier Wohnungen ≥ 10 cm

Summe der Verjüngungsteile bei je sechs zu verziehenden Auftritten:

1. und 13. Auftritt = 1 Teil
2. und 12. Auftritt = 2 Teile
3. und 11. Auftritt = 3 Teile
4. und 10. Auftritt = 4 Teile
5. und 9. Auftritt = 5 Teile
6. und 8. Auftritt = 6 Teile

Summe = 21 Teile

Nun teilen wir die Strecke $\overline{AB}$ (vom Schnittpunkt der Vorderkanten der schmalsten Stufe bis zum Schnittpunkt der Vorderkanten der ersten geraden Stufe) im Verhältnis der Verjüngungen. Dazu tragen wir auf einer beliebigen Hilfsgeraden die Summe der Verjüngungsteile als gleich große Teilstrecken (z. B. von 0,5 cm) ab und markieren von A aus die Verjüngungsteile. Diese markierten Punkte auf der Hilfsgeraden werden auf die Strecke $\overline{AB}$ zurückprojiziert. Damit erhalten wir die Schnittpunkte der zu verziehenden Stufenvorderkanten mit der Strecke $\overline{AB}$.

Wendel- und Spindeltreppen

Beispiel 8 Für die Wendeltreppe 11.12 in einem Einfamilienhaus mit 16 Steigungen, Steigungsverhältnis $s/a = 17,2/29$ cm sind zu berechnen:
a) die Treppenlauflänge,
b) das Gradmaß der Wendelung,
c) die Auftrittbreite an der Innen- und Außenwange.

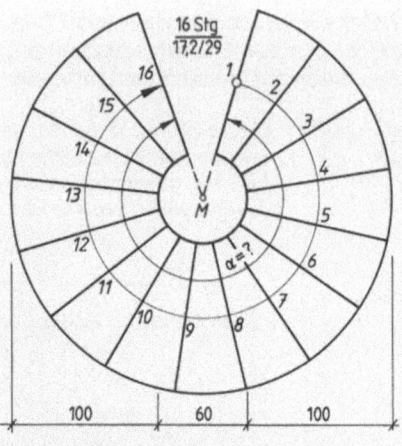

Lösung
a) Treppenlauflänge
$l = (16 \text{ Stg} - 1) \cdot 29 \text{ cm} = 435 \text{ cm} = \mathbf{4{,}35 \text{ m}}$

b) Das Gradmaß der Wendelung wird nach der Formel für die Bogenlänge berechnet.

$$b = \frac{2r \cdot \pi \cdot \alpha}{360°}$$

11.12 Wendeltreppe (Maße in cm)

Dabei entspricht die Bogenlänge der Treppenlauflänge.

$$\alpha = \frac{360° \cdot b}{2r \cdot \pi} = \frac{180° \cdot b}{r \cdot \pi}$$

$$\boxed{\text{Gradmaß der Wendelung } \alpha = \frac{180° \cdot \text{Treppenlauflänge } l}{r \cdot \pi}}$$

$$\alpha = \frac{180° \cdot 435 \text{ cm}}{(50 \text{ cm} + 30 \text{ cm}) \cdot \pi} = \mathbf{311{,}5°}$$

c) **Lösungsweg 1**

$$\boxed{\text{Lauflänge der Wendeltreppe } l = \frac{r \cdot \pi \cdot \text{Gradmaß der Wendelung } \alpha}{180°}}$$

Treppenlauflänge an der Innenwange

$$l_i = \frac{r_i \cdot \pi \cdot \alpha}{180°} = \frac{30 \text{ cm} \cdot \pi \cdot 311{,}5°}{180°} = 163{,}1 \text{ cm}$$

$$\boxed{\text{Auftrittbreite der Wendeltreppenstufe } a = \frac{\text{Lauflänge } l}{\text{Steigungsanzahl} - 1}}$$

$\text{Auftrittbreite}_{\text{innen}} \; a_i = \frac{163{,}1 \text{ cm}}{16 \text{ Stg} - 1} = 10{,}9 \text{ cm} \triangleq \mathbf{11 \text{ cm}}$

> mindestens 10 cm im 15-cm-Abstand von der Innenwange

Beispiel 8, Treppenlauflänge an der Außenwange
Fortsetzung
$$l_a = \frac{r_a \cdot \pi \cdot \alpha}{180°} = \frac{(30\,cm + 100\,cm) \cdot \pi \cdot 311{,}5°}{180°} = 706{,}8\,cm$$

Auftrittbreite$_{außen}$ $a_a = \dfrac{706{,}8\,cm}{16\,Stg - 1} = 47{,}1\,cm \triangleq$ **47 cm**

Lösungsweg 2
Nach dem Strahlensatz verhalten sich die Auftrittbreiten wie ihre Abstände zum Treppenmittelpunkt (**11.13**).

$$\frac{a_i}{a} = \frac{30\,cm}{80\,cm}, \quad a_i = \frac{a \cdot 30\,cm}{80\,cm} = \frac{29\,cm \cdot 30\,cm}{80\,cm} = 10{,}9\,cm \triangleq \mathbf{11\,cm}$$

$$\frac{a_a}{a} = \frac{130\,cm}{80\,cm}, \quad a_a = \frac{a \cdot 130\,cm}{80\,cm} = \frac{29\,cm \cdot 130\,cm}{80\,cm} = 47{,}1\,cm \triangleq \mathbf{47\,cm}$$

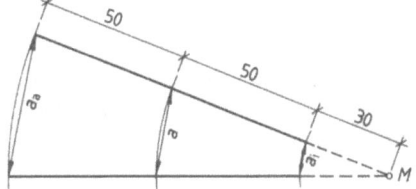

11.13 Wendelstufe

Aufgaben

1. Wie groß sind die Auftrittbreiten dieser Steigungshöhen nach der **Schrittmaßregel**?
   a) 15 cm, b) 16,3 cm, c) 17 cm, d) 18,5 cm, e) 19,6 cm, f) 20,2 cm, g) 21 cm

2. Wie groß sind die Auftrittbreiten der Steigungshöhen aus Aufgabe 1 nach der **Bequemlichkeitsregel**?

3. Wie groß sind die Auftrittbreiten der Steigungshöhen aus Aufgabe 1 nach der **Gehsicherheitsregel**?

4. Nach welchen Regeln sind bei einer Steigungshöhe a) >17 cm, b) <17 cm die Auftrittbreiten am größten bzw. am kleinsten?

5. Berechnen Sie die Steigungsverhältnisse einer Geschoßtreppe in einem Bürogebäude bei einer Geschoßhöhe von 3,30 m und einer Steigungshöhe, die bei 18 cm liegen soll,
   a) nach der Schrittmaßregel,
   b) nach der Bequemlichkeitsregel,
   c) nach der Gehsicherheitsregel.

6. Wie groß sind die Steigungswinkel der in Bild **11.5** dargestellten Treppen ⓐ bis ⓓ?

7. Ermitteln Sie die Steigungswinkel, Geschoßhöhen und Treppenlauflängen der Treppen mit den aufgeführten Steigungsverhältnissen und geben Sie die Treppenart an (flache Tr., günstige Tr., steile Tr., Leiter-Tr.).
   a) $\dfrac{19\,Stg}{14{,}5/34}$
   b) $\dfrac{11\,Stg}{22{,}7/18}$
   c) $\dfrac{16\,Stg}{18{,}8/25}$
   d) $\dfrac{17\,Stg}{20{,}6/22}$

8. a) Wie groß ist die lichte Durchgangshöhe l_D bei der Treppe 11.14?
   b) Wie lang müßte die Treppenöffnung l_T sein, damit die Durchgangshöhe l_D mindestens 2,00 m beträgt?

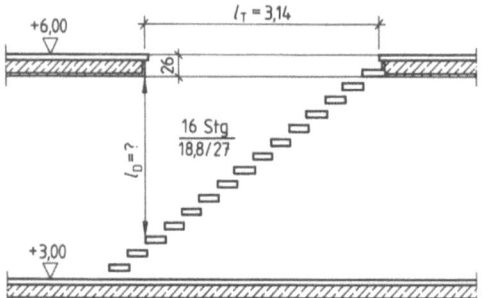

11.14 Durchgangshöhe (Maße in m/cm)

9. Ein Bürohaus mit einer Geschoßhöhe von 3,75 m soll eine zweiläufige, gegenläufige Rechtstreppe mit 22 Steigungen und Zwischenpodest erhalten. Dabei soll unter dem Podest eine lichte Höhe von mindestens 2,20 m sein (11.15). Die Zwischenpodestplatte ist 24 cm dick. Zu berechnen sind
   a) das Steigungsverhältnis nach der Schrittmaßregel,
   b) die Anzahl der Steigungen jedes Laufes,
   c) die vorhandene lichte Höhe unter dem Podest,
   d) die gesamte Lauflänge,
   e) die Treppenmaße l_1 bis l_5.

10. In einem Treppenhaus ist für die gerade einläufige Treppe 11.16 eine maximale Lauflänge von 3,80 m möglich.
    a) Welches Steigungsverhältnis darf die Treppe haben, wenn die maximale Lauflänge möglichst voll ausgenutzt wird und das Steigungsverhältnis die Schrittmaßregel einhält?
    b) Wie groß ist die Lauflänge der geplanten Treppe?

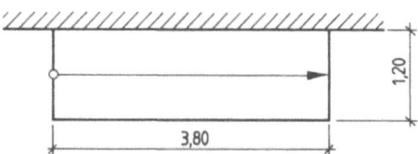

11.16 Gerade einläufige Treppe

11. Für die zweiläufige, gegenläufige Treppe 11.17 mit insgesamt 22 Steigungen und Zwischenpodest in einem Bürohaus mit einer Geschoßhöhe von 4,00 m sind zu berechnen:
    a) das Steigungsverhältnis nach der Schrittmaßregel,
    b) die Anzahl der Steigungen sowie die Lauflängen des unteren und oberen Laufes,
    c) die Podesthöhe über ± 0,0,
    d) die gesamte Lauflänge der Treppe.

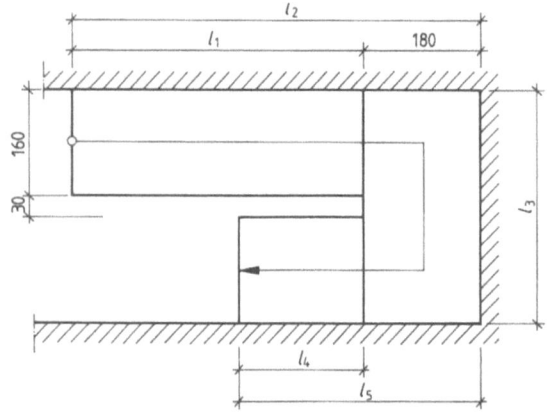

11.15 Zweiläufige Treppe mit Podest (Maße in cm)

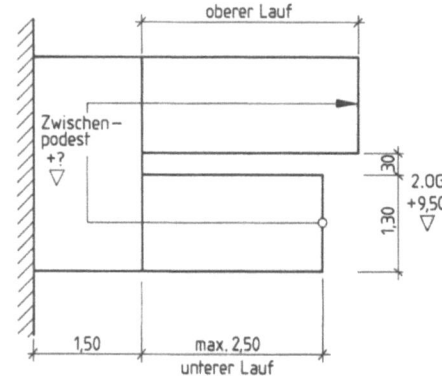

11.17 Zweiläufige Treppe (Maße in m/cm)

12. Das Treppenöffnungsmaß l_T für die gerade einläufige Treppe **11**.18 liegt mit 3,50 m fest. Zu berechnen sind:
    a) die Auftrittbreite, wenn die Steigungshöhe etwa 18 cm betragen und die Schrittmaßregel eingehalten werden soll;
    b) die Durchgangshöhe l_D, wobei mindestens 2,10 m einzuhalten sind;
    c) das Abstandsmaß a zwischen Treppenantritt und Treppenöffnung.

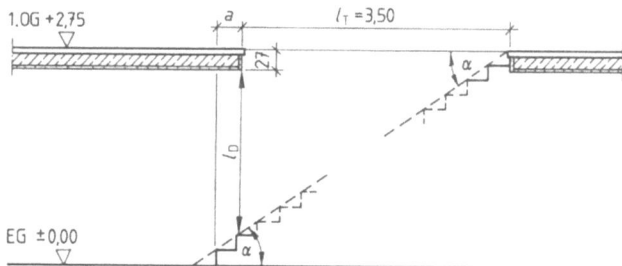

11.18 Gerade, einläufige Treppe (Maße in m/cm)

13. Für die gerade einläufige Leitertreppe **11**.19 zu der Schlafempore sind die Anzahl der Steigungen und das Steigungsverhältnis nach der Schrittmaßregel zu berechnen. Dabei soll die Auftrittbreite a nicht unter 10 cm liegen.

14. Für die Treppen in Bild **11**.20 sind zu berechnen:
    a) die Steigungswinkel α_1 und α_2,
    b) die Lauflänge der Treppe im 3. Obergeschoß,
    c) die notwendigen Treppenöffnungsmaße im Dachgeschoß l_{T1} und im 3. OG l_{T6}.

Da die beiden Treppen einen unterschiedlichen Steigungswinkel haben, muß das maximale Treppenöffnungsmaßen im Dachgeschoß und im 3. Obergeschoß) berechnet werden, damit im Treppenantritt und -austritt die Durchgangshöhe von 2,10 m gewährleistet ist.

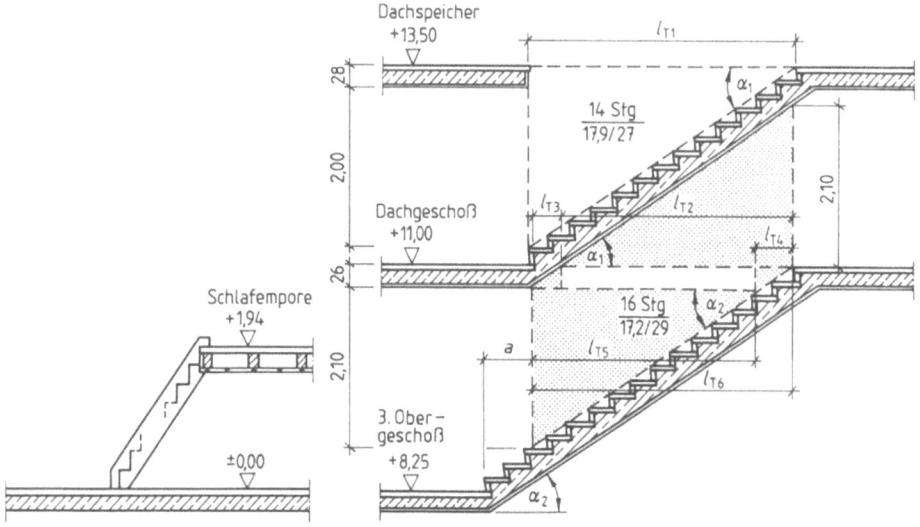

11.19 Leitertreppe (Maße in m)   **11**.20 Notwendige Treppenöffnungsmaße (Maße in m/cm)

15. Das Steigungsverhältnis einer im Antritt viertelgewendelten Treppe beträgt 17,9/27 cm bei einer Geschoßhöhe von 2,50 m (**11.21**).

Zu berechnen sind:
a) die Auftrittbreiten der gewendelten Stufen ⓐ bis ⓓ an der Treppeninnenkante, wobei sie mindestens 10 cm breit im 15-cm-Abstand von der Innenwange sein sollen.

Verjüngungsteile der Auftritte:
1. und 3. Auftritt = 3 Teile
2. und 4. Auftritt = 4 Teile
5. Auftritt = 2 Teile
6. Auftritt = 1 Teil

b) die Anzahl der Steigungen und die Treppenlauflänge,
c) die Treppenmaße l_1 bis l_3.

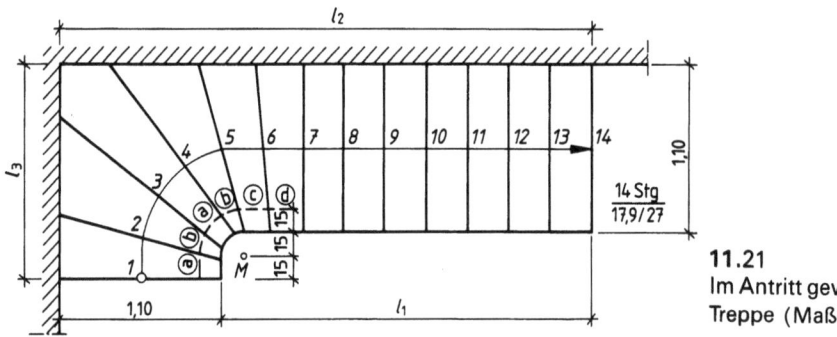

11.21
Im Antritt gewendelte Treppe (Maße in m/cm)

16. Für die viertelgewendelte Treppe 11.22 sind zu berechnen:
a) das Steigungsverhältnis nach der Schrittmaßregel bei 17 Steigungen und einer Geschoßhöhe von 3,00 m,
b) die Auftrittbreiten der sieben gewendelten Stufen ⑩ bis ⑯ im 15-cm-Abstand von der Innenwange,
c) die Lauflänge und die Treppenmaße l_1 bis l_3.
d) Die Treppe ist im Grundriß M 1:25 auf einem DIN A4-Blatt im Querformat zu zeichnen.

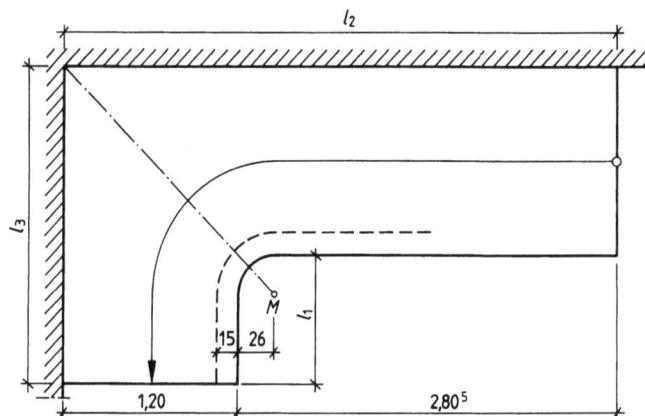

11.22
Viertelgewendelte Treppe (Maße in m/cm)

17. Berechnen Sie für die halbgewendelte Treppe **11**.11
    a) die Auftrittbreiten der halbgewendelten Stufen ③ bis ⑮ an der Innenwange, wobei das kleinste Maß mindestens 10 cm betragen soll,
    b) die Lauflänge,
    c) die Treppenmaße l_1 und l_2.
18. Durch die Spindeltreppe **11**.23 mit 12 Steigungen soll in einer Wohnung eine Geschoßhöhe von 2,50 m überwunden werden.
    Es sind zu berechnen:
    a) das Steigungsverhältnis nach der Gehsicherheitsregel,
    b) die Treppenlauflänge,
    c) das Gradmaß der Wendelung,
    d) die Auftrittbreiten an der Innen- und Außenwange,
    e) die Auftrittbreite im Abstand 15 cm von der Innenwange.
    f) Zeichnen und bemaßen Sie eine Spindeltreppenstufe mit Spindel im Grundriß M 1:10.
19. In einem Wochenendhaus soll bei Umbauarbeiten eine Holztreppe eingebaut werden. Die Geschoßhöhe beträgt 2,70 m. Für die Lauflänge der einläufigen, geraden Treppen stehen nur 2,90 m zur Verfügung.
    a) Wieviel Steigungen sind bei einer Steigungshöhe von 18 bis 19,5 cm anzunehmen?
    b) Wie groß sind Steigungshöhe und Auftrittsbreite?
    c) In welchem Winkel verläuft die Treppe? (Steigungswinkel)
20. Die viertelgewendelte Treppe **11**.24 ist zeichnerisch im M 1:20 so zu verziehen, daß vor und nach der schmalsten Stufe in der Ecke je 3 Stufen gewendelt werden. Die schmalste Stufe soll im 15-cm-Abstand von der Innenwange 10 cm breit sein. Vorweg sind die Lauflänge und die Treppenmaße l_1 bis l_3 zu ermitteln.
21. Für die viertelgewendelte Treppe **11**.24 sind die Auftrittbreiten der gewendelten Stufen ⑥ bis ⑪ im 15-cm-Abstand von der Innenwange zu berechnen. Die kleinste Auftrittbreite soll mindestens 10 cm betragen.

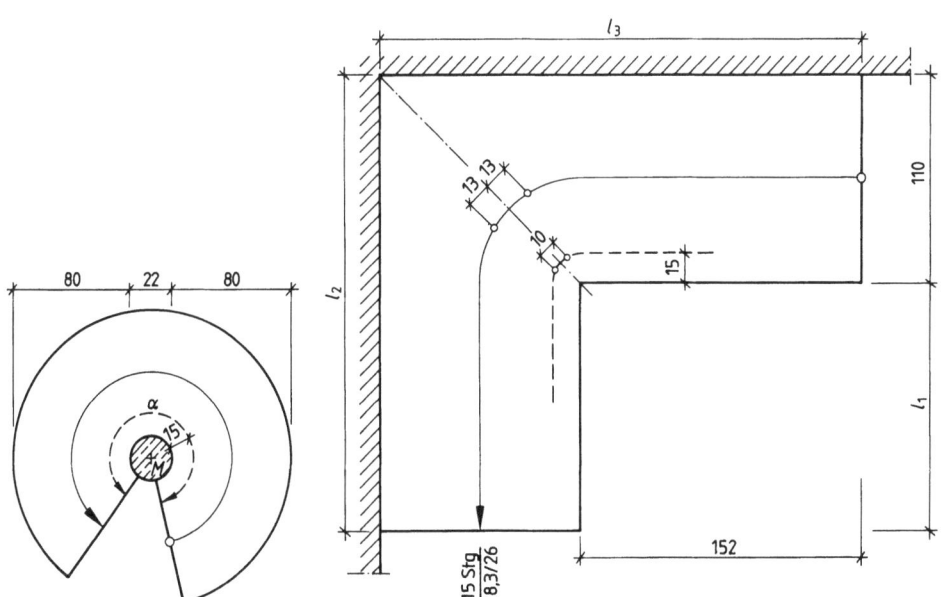

11.23 Spindeltreppe (Maße in cm) **11**.24 Viertelgewendelte Treppe (Maße in cm)

22. Die halbgewendelte Treppe **11**.25 ist zeichnerisch so zu verziehen, daß vor und nach der schmalsten Stufe je sechs Auftritte gewendelt werden. Die schmalste Stufe soll an der Innenwange mindestens 10 cm breit sein. Vorweg sind zu berechnen:
    a) das Steigungsverhältnis bei einer Geschoßhöhe von 2,80 m und 16 Steigungen nach der Bequemlichkeitsregel,
    b) die Lauflänge,
    c) die Treppenmaße l_1 bis l_3.

23. Für die halbgewendelte Treppe **11**.25 sind die Auftrittbreiten der gewendelten Stufen ③ bis ⑮ an der Innenwange zu berechnen.

24. Für die im Austritt viertelgewendelte Treppe **11**.26 sind die Auftrittbreiten der gewendelten Stufen an der Innenwange ⓐ bis ⓔ zu berechnen. Es sollen 9 Stufen verzogen werden, wobei die schmalste Stufe an der Innenwange 10 cm breit sein muß.

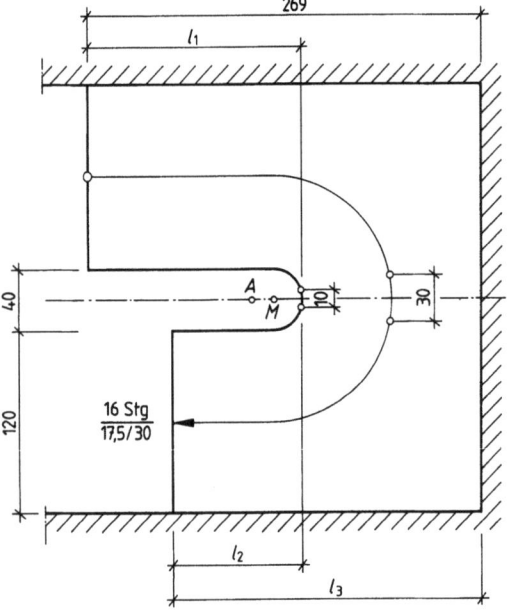

11.25 Halbgewendelte Treppe (Maße in cm)

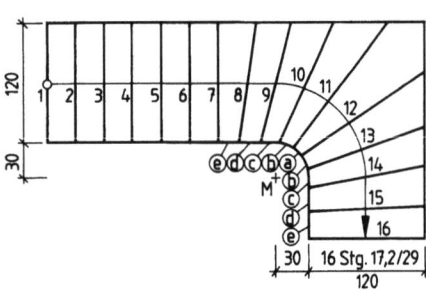

11.26 Treppe (Maße in cm)

12 Innenausbau

Die folgenden Aufgaben erstrecken sich auf einige ausgewählte Schwerpunkte des Innenausbaus. Es geht dabei vor allem um Massenermittlung (Werkstoffmengen), Preisberechnungen und Abrechnungsverfahren nach VOB. Grundlagen sind die Flächen- und Volumenberechnung des Baufachrechnens 1.

Berechnungshinweise

Nichttragende Trennwände nach DIN 4103 dienen der Raumteilung im Gebäudeinnern. Sie können fest eingebaut, umsetzbar oder beweglich sein. Als Materialien dienen Ziegel, Kalksandsteine, Leicht- oder Gasbeton, Gipsbauplatten und Glasbausteine.

Deckenbekleidungen können direkt am tragenden Bauteil aufgebracht oder mittels einer Unterkonstruktion abgehängt werden. Ihr maximales Flächengewicht beträgt 50 kg/m^2.

Bodenbeläge stellt man aus den verschiedensten Materialien her, mit oder ohne Unterkonstruktion, feuchtigkeitssperrend oder nicht, aus harten oder weichen Belägen. Die Massenermittlung und Abrechnung erfolgen nach der DIN 18365 – Bodenbelagsarbeiten – VOB. Bei der Abrechnung nach Flächenmaß werden Aussparungen bis 0,10 m^2 Einzelgröße nicht abgezogen. Muß der Untergrund vorbereitet werden, rechnet man diese Arbeiten nach Flächenmaß m^2 ab. Kanten, Abschlußschienen und Leisten werden im Längenmaß m ermittelt.

Fliesen- und Plattenarbeiten werden nach DIN 18352 VOB abgerechnet, Aussparungen bis 0,10 m^2 Einzelgröße nicht abgezogen. Binden Fliesentrennwände in Beläge ein, werden die Beläge durchgerechnet. Türen und Durchgänge werden mit lichten Öffnungsmaßen abgezogen. Das Vorbereiten von Untergrund (Ausgleichen, Auffüllen usw.) und Dämmlagen rechnet man getrennt nach Dicke in m^2 ab, ebenso Wand- und Bodenbeläge. Formstücke werden nach Anzahl als Zulage behandelt.

Anstricharbeiten nach DIN 18363 VOB werden vorwiegend nach Flächenmaßen m^2 abgerechnet. Öffnungen mit gestrichenen Leibungen, die bis 4 m^2 groß sind, werden nicht abgezogen, die Leibung nicht berücksichtigt. Bei Öffnungen über 4 m^2 sind die lichten Konstruktionsmaße abzuziehen und die Leibungsflächen zu berücksichtigen. Öffnungen mit ungestrichenen Leibungen >1 m^2 werden mit den lichten Maßen abgezogen. Alle Aussparungsflächen im Anstrich >1 m^2 werden berücksichtigt. Türen und Fenster rechnet man nach Stück (Anzahl) oder nach Flächenmaß ohne Abzug der Scheiben ab. Abweichungen der Maße nach Leistungsbeschreibung bis zu 5 cm bleiben unberücksichtigt. Größere Abweichungen werden gesondert durch Mehr- oder Minderleistung erfaßt. Bei Anstrichen auf Fachwerkfassaden werden die Fachwerke übermessen.

Für alle Abrechnungen gilt: Maße sind den Zeichnungen zu entnehmen. Ist dies durch Änderungen oder anderen Gründen nicht möglich, wird nach Aufmaß am Ort abgerechnet.

Aufgaben

1. Der Versammlungsraum **12**.1 soll durch eine Trennwand in Metallständerbauweise dauerhaft geteilt werden. Die Wandlänge beträgt 8,125 m, die Raumhöhe 4,00 m. Die Konstruktion soll mit doppeltem Ständerwerk, doppelt beplankt mit parallel angeordneten Ständerprofilen ausgeführt werden. Berechnen Sie die Mengen und den Materialpreis mit diesen Angaben:
C-Profile 6,45 DM/m, Gipskartonplatten 7,20 DM/m², Mineraldämmstoff 6,25 DM/m², Kleinmaterial (Schrauben, Kitte, Spachtelmasse usw.) pauschal 4,75 DM/m², Materialverschnitt bei GK-Platten Zuschlag 10%, bei Dämmstoff Zuschlag 5%.

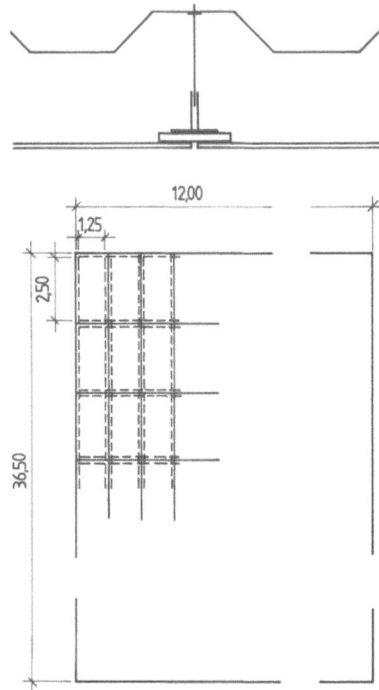

12.2 Trennwand in Metallständerbauweise (Schnitt)

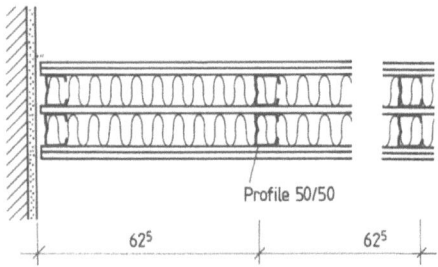

12.1 Anordnung der Feuerschutzplatten mit Hängekonstruktion

2. Das Trapezblechdach einer Industriehalle F 30-AB soll eine abgehängte Unterdecke aus Feuerschutzplatten erhalten (**12**.2). Die Feuerschutzplatten haben eine Größe von 1250/2500 mm mit einer Dicke von 12 mm. Die Fugen werden mit zugeschnittenen Streifen, 100 mm breit, 12 mm dick, aus den genannten Platten hinterlegt. Der Randbereich erhält umlaufend einen Streifen hochkant verarbeitet.
   a) Berechnen Sie die Anzahl der Platten.
   b) Wieviel Plattenverschnitt in m² ergibt sich?
   c) Wieviel m Streifen werden aus einer Platte geschnitten?

3. Der Fußboden im Wohn- und Arbeitszimmer des Hauses **12**.3 soll mit textilem Bodenbelag ausgelegt werden. Vor dem Kamin bleibt ein 1,00 m breiter Freiraum für eine spätere Verfliesung. Der Untergrund muß mit einer Grundierung vorbehandelt werden.
   a) Berechnen Sie die abzurechnende Fläche des Bodenbelags und der Vorbehandlung.
   b) Wieviel Bahnen mit welcher Länge und Breite werden zugeschnitten, wenn das Rollenmaß 20 m/4 m beträgt? (In der Länge werden je Bahn 5 cm für sauberen Beschnitt der Ware zugegeben; die Bahnen sollen von Fenster zu Fenster laufen.)
   c) Wieviel % Verschnitt ergeben sich?
   d) Berechnen Sie den Angebotspreis mit Mehrwertsteuer (z. Z. 14%). Belag 58,45 DM/m², Vorbehandlung 6,10 DM/m². (Der Verschnitt ist mit einzurechnen!)

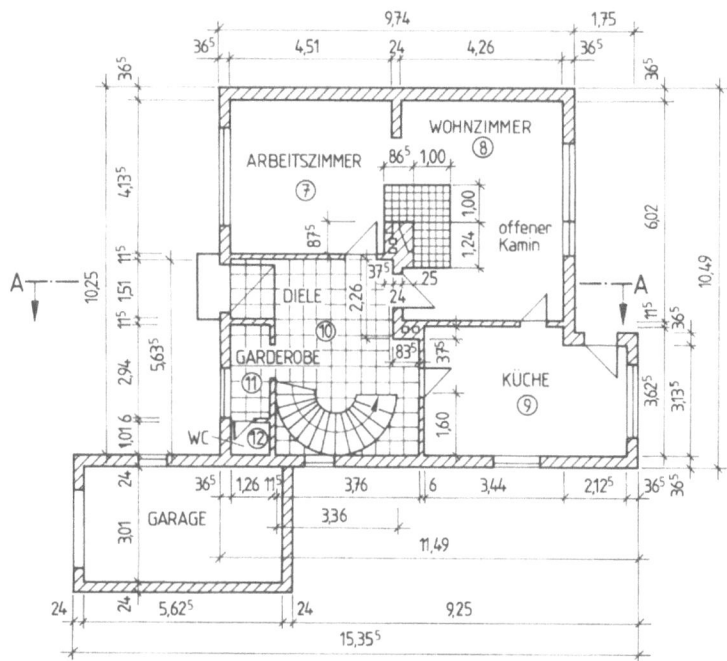

12.3
Erdgeschoß eines
Einfamilienhauses
(Kaminumrandung)

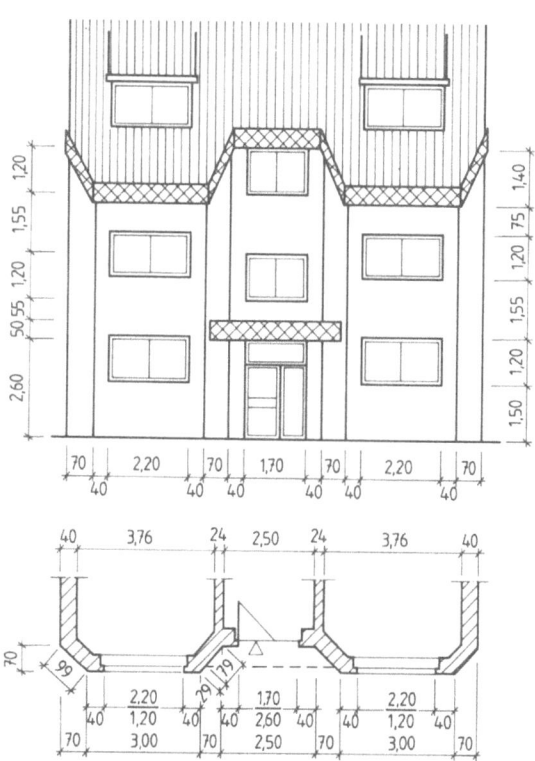

12.4
Giebelwand eines
Mehrfamilienhauses

4. Die Giebelseite des Wohnhauses **12.**4 erhält einen neuen Anstrich. Es sind die abzurechnenden Flächen zu ermitteln.

5. In einer Gartenanlage ist der überdachte Teil der Terrasse **12.**5 zu verfliesen. Der Randabschluß ist mit bogenförmigen Stücken an einem Gartenteich herzustellen. Zu berücksichtigen sind 2 Stützen (∅ 20 cm). Der Verschnitt liegt bei 20%.
   a) Berechnen Sie die abzurechnende Fläche.
   b) Wieviel m² Fliesenmaterial ist anzuliefern?

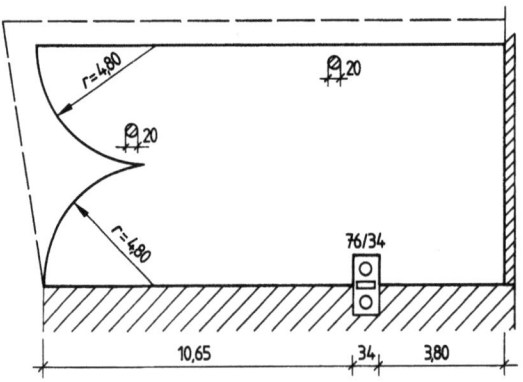

12.5 Terasse mit bogenförmigem Seitenabschluß

6. Die Fassade des Krankenhauses **12.**6 ist nach VOB abzurechnen. Die Flächen des Sockels und der waagerechten Streifen müssen einzeln ausgewiesen werden.

7. Die Estrichfläche der Werkhalle **12.**2 ist mit einer Betonfarbe anzustreichen, die Wände erhalten eine 1,60 m hohe Verfliesung. Ermitteln Sie die jeweiligen Flächen nach VOB (Hallentor 4,25 m Breite, 30 cm Wandstärke).

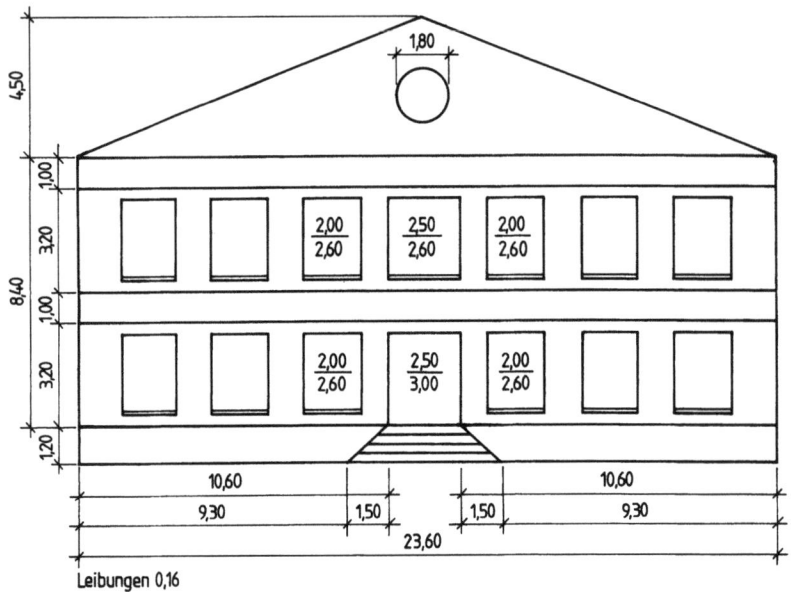

12.6 Fassade eines Geschäftshauses

13 Wasserentsorgung

In diesem Abschnitt geht es um Berechnungen des Bauzeichners für die Planerstellung und spätere Abrechnung von Kanalisationsarbeiten. Bevor der Ingenieur die Rohrquerschnitte festlegt, gibt es statistische Erhebungen (Einwohnerzahl, Besiedlungsdichte, Zahl der Gewerbebetriebe, Wasserverbrauch usw.), technische, geografische und klimatische Feststellungen und Überlegungen (Bodenverhältnisse, Regenspenden, Abflußbeiwerte usw.) sowie hydraulische Berechnungen (Abflußmengen, Summenlinien, Abflußgeschwindigkeiten usw.). Wenn schließlich die Einzugsgebiete festgelegt, die Leitungsquerschnitte und Gefälle berechnet sowie die Höhenverhältnisse aufgenommen sind, können Bauausführungszeichnungen berechnet und erstellt werden.

Gefälle. Das Sohlengefälle wird in Lage- und Höhenplänen meist als Verhältnis $1:n$, manchmal aber auch in % oder ‰ angegeben (**13.1**). Häufig ist eine Umrechnung von $1:n$ in die lasergerechte %-Angabe erforderlich.

Tabelle 13.1 **Sohlengefälle von Entwässerungsleitungen**

Leitungen (DN = lichte Weite in mm, auch x)	Gefälle (J)		
	kleinstes	größtes	günstigstes
Hausanschlüsse	1 : 100	1 : 10	1 : 50
DN 200 bis 300	1 : 200 bis 1 : 300	1 : 15	1 : 50 bis 1 : 200
DN 300 bis 600	1 : 300 bis 1 : 600	1 : 20	1 : 100 bis 1 : 300
DN 600 bis 1000	1 : 600 bis 1 : 1000	1 : 30	1 : 200 bis 1 : 400
DN 1000 bis 2000	1 : 3000	1 : 50	1 : 300 bis 1 : 1000

Es gilt auch die Faustformel: $\min J = 1:x$ (x = innerer Durchmesser der Leitung in mm).

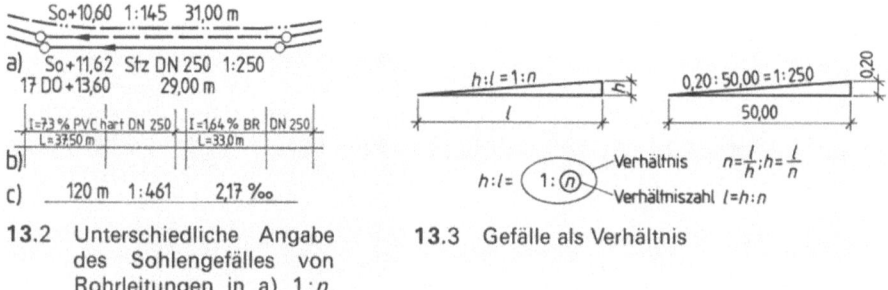

13.2 Unterschiedliche Angabe des Sohlengefälles von Rohrleitungen in a) $1:n$, b) % und c) ‰

13.3 Gefälle als Verhältnis

Wird das Gefälle (am Laser fast immer die Steigung eingestellt) als Verhältnis angegeben, ist es das Verhältnis von Neigungshöhe h : Grundlänge l, wobei die Neigungshöhe stets als 1 gesetzt wird (**13.3**).

Beispiel 1 Eine Rohrleitung hat auf einer Haltungslänge von 50,00 m 20 cm Gefälle. Das Neigungsverhältnis beträgt

$$h:l = 1:n = 0{,}20\text{ m} : 50{,}00\text{ m} \quad \left(\frac{0{,}20\text{ m}}{50{,}00\text{ m}} = \frac{1}{n}\right)$$

$$n = \frac{50{,}00\text{ m}}{0{,}20\text{ m}} = 250 \quad 1:n = \mathbf{1:250}$$

Werden statt n die Angaben h oder l gesucht, stellen wir die Gleichung entsprechend um (**13.3**).

Einige Planer geben das Gefälle der Rohrleitungen für die Bauausführung von vornherein (auch) in % oder ‰ an, weil das Lasergerät auf der Baustelle mit diesen Angaben eingestellt wird. Dafür ist von 1:n in % bzw. ‰ umzurechnen.

$1:n = x\% : 100\%$ oder $1:n = p:100$

Darin sind x die unbekannte %-Zahl und p der Prozentsatz.

$$x(p) = \frac{100}{n}$$

Bei der Umrechnung in ‰ setzt man entsprechend 1000 ein.

Beispiel 2 Das Neigungsverhältnis 1:250 soll in % und ‰ umgerechnet werden.

Lösung $\quad x = \dfrac{100}{250} = \mathbf{0{,}4\%} \quad x = \dfrac{1000}{250} = \mathbf{4\text{‰}}$

> Das Rohrleitungsgefälle wird als 1:n, in % oder ‰ angegeben. Oft ist es in eine andere Gefälleangabe umzurechnen.

Rohrsohlenhöhe. Mit dem Gefälle und der Länge einer Haltung lassen sich die Rohrsohlenhöhen (wie sie in den Plänen angegeben sind) berechnen. Dazu ermittelt man zunächst die Neigungshöhe h. Sie entspricht bei einer %-Angabe dem Prozentwert w. h wird als Steigung zum tiefsten Punkt addiert bzw. als Gefälle vom höchsten Punkt subtrahiert (**13.4**).

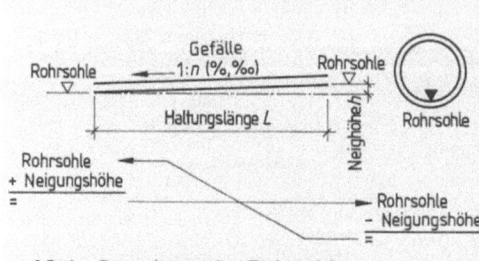

13.4 Berechnen der Rohrsohle

Beim Planerstellen nimmt das Berechnen der Sohlhöhen in/an den Schächten der einzelnen Haltungen breiten Raum ein. Dabei wird – unter Berücksichtigung der Gelände- und Straßenhöhen – sowohl von der höchstmöglichen (aber frostfreien!) Tiefe „nach unten" als auch von der tiefsten Stelle des Einzugsgebiets (dem Sammelpunkt und evtl. Standort der Pumpstation) aus „nach oben" gerechnet.

Beispiel 3 Eine SW-Leitung von 110 m Länge (1. Haltung = 60 m, 2. Haltung = 50 m) und einem Gefälle von 1:300 beginnt an der tiefsten Stelle mit einer Rohrsohlenhöhe von +12,46 m NN. Welche Sohlhöhe liegt nach 60 m und nach 110 m vor?

Lösung

Rohrsohle Station 0 (Schacht 1)	=	+12,460 m NN
Steigung auf 60 m: $h = \dfrac{60,00 \text{ m}}{300} = 0,20$ m	+	0,200 m
Rohrsohle Station 60 (Schacht 2)	=	+12,660 m NN
Steigung auf 50 m: $\dfrac{50,00 \text{ m}}{300} = 0,167$ m	+	0,167 m
Rohrsohle Station 110 (Schacht 3)	=	+12,827 m NN

Die Höhen der Rohrsohlen werden der geringen Neigung wegen oft in mm-Genauigkeit angegeben. Die Stationierung erfolgt meist nach den Schachtnummern.

> Die Höhen der Rohrsohle werden haltungsweise für die Schächte festgelegt. Vom tiefsten Punkt aus erhöht sich die neue Rohrsohle jeweils um die Neigungshöhe der Haltung.

Die Baugrubentiefe ergibt sich aus den Höhen der Baugrubensohle und der Straßen- bzw. Geländeoberfläche. Dabei wird oft vereinfachend die Wanddicke der Rohre nicht berücksichtigt, also nur bis zur Rohrsohle gerechnet.

Beispiel 4

			oder vereinfacht:		
Geländehöhe	=	+70,35 m NN	Geländehöhe	=	+70,35 m NN
− Baugrubensohle	=	+68,22 m NN	− Rohrsohlenhöhe	=	+68,24 m NN
= Baugrubentiefe	=	**2,13 m**	= Baugrubentiefe	=	**2,11 m**

(+ ... m NN mitschreiben, damit NN-Höhen und „m Tiefe" nicht verwechselt werden!)

Statt der Baugrubentiefe sind manchmal auch die Rohrsohlen- und Geländehöhen zu berechnen.

Geländehöhe	oder Baugrubensohle
− Baugrubentiefe	+ Baugrubentiefe
= Baugrubensohle	= Geländehöhe

> Die ermittelten Baugrubentiefen braucht man für die Massenangaben im Leistungsverzeichnis sowie zur Abrechnung und Bestandserfassung.

Leitungslänge. Haltungs- und Leitungslängen sind nicht identisch! Während die Haltungslänge von Mitte Schacht bis Mitte Schacht gerechnet wird, darf die Rohrleitung nur in ihrer wahren Länge, also von Innenfläche Schachtwand bis Innenfläche Schachtwand abgerechnet werden.

Beispiel 5 Wenn die Haltungslänge 39,00 m beträgt und die Kontrollschächte im Unterteil eine lichte Weite von 1,00 m haben, ergibt sich die Länge der abzurechnenden Rohrleitung zu

39,00 m − 2 · 0,50 m = **38,00 m.**

> Die Baugrubentiefe berechnet man meist vereinfacht von der Geländeoberfläche bis zur Rohrsohle. Die Leitungslänge zählt bis zur Innenwand der Schächte.

Die Abrechnung der Arbeiten im Zusammenhang mit dem Bau von Schmutz-, Regen- oder Mischwasserleitungen nimmt oft der Bauzeichner vor. Wie abgerechnet wird, schreibt die VOB Teil C in DIN 18300 (Erdarbeiten) und DIN 18306 (Entwässerungskanalarbeiten) allgemein vor (**13.5**). Diese Bedingungen werden meist in den verbindlichen Vorbemerkungen der Ausschreibungstexte ergänzt. Sie sind deshalb unbedingt zu beachten. Die größten Unterschiede bestehen in der Abrechnung der Erdarbeiten.

Tabelle 13.5 Abrechnung von Erdarbeiten und Entwässerungskanalarbeiten

DIN 18300 Erdarbeiten
5.2 Es werden üblicherweise abgerechnet:
- Abtrag, Aushub, Einbau nach Raummaß (m^3) oder nach Flächenmaß (m^2).
- Steinpackungen, Steinwürfe und dergleichen nach Raummaß (m^3), Flächenmaß (m^2) oder Gewicht (t).
- Verdichten nach Flächenmaß (m^2) oder Raummaß (m^3).
- Beseitigen von Hindernissen, z.B. Mauerresten, Baumstümpfen, nach Raummaß (m^3) oder nach Anzahl (Stück).
- Beseitigen einzelner Bäume, Steine und dergleichen nach Anzahl (Stück) oder Raummaß (m^3).

DIN 18306 Entwässerungskanalarbeiten
5.2 Es werden üblicherweise abgerechnet, getrennt nach Art, Ausführung und Abmessungen:
- Entwässerungskanäle und -leitungen nach Längenmaß (m).
- Schutz- und Dichtungsanstriche, Beschichtungen nach Flächenmaß (m^2).
- Schachtaufsätze, Formstücke nach Anzahl (Stück) als Zulage.
- Fertigteile wie Schachtsohlen, Schachtringe, Übergangsstücke, Ausgleichsstücke usw., Einzelteile wie Schachtabdeckungen, Steigeisen, Steigtritte, soweit nicht bereits im Lieferumfang der Fertigteile enthalten, nach Anzahl (Stück).
- Schächte nach Raummaß der Wandungen (m^3), Längenmaß (m) oder Anzahl (Stück).
- Sohlschalen, Platten nach Längenmaß (m) oder Flächenmaß (m^2).

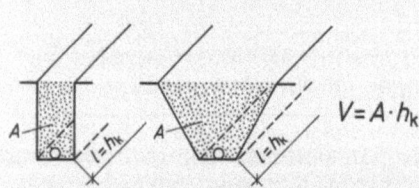

13.6 Abrechnung von Rohrgräben als Prisma mit rechteckigem oder trapezförmigem Querschnitt

Erdarbeiten. Für ihre Abrechnung sind neben den Höhen der Rohrsohle (bzw. der Baugrubensohle) des Geländes und (evtl.) der Straße die Wanddicke der Rohre, die Dicke der Bettung (Sauberkeitsschicht) und die Breite des Rohrgrabens (Leitungs-, Kanalgraben) erforderlich. Aus Haltungslänge, Rohrgrabentiefe und Grabenbreite lassen sich die Bodenmassen als Prisma mit rechteckiger oder trapezförmiger Grund- oder Querschnittsfläche berechnen (**13.6**).

$V = A \cdot h_k$

Die Länge der Rohrgräben entspricht meist der Haltungslänge. Verbreiterungen im Schachtbereich werden gesondert zugerechnet oder pauschal mit dem Bau des Kontrollschachts abgerechnet.

Die Tiefe des Rohrgrabens ergibt sich vereinfacht (wie oben gesagt) aus Gelände-/Straßenhöhe minus Rohrsohlenhöhe. Oft wird die Rohrwandung, in jedem Fall aber die Konstruktionsdicke einer Bettungsschicht zugerechnet.

Die Abrechnungsbreite der Rohrgräben ergibt sich – wenn im Vertrag nichts anderes vereinbart ist – aus den in DIN 4124 vorgeschriebenen Mindestbreiten betretbarer Arbeitsräume zuzüglich der Maße flächenartiger Verkleidung aus Holzbohlen, Kanaldielen usw. („waagerecht gemessener Abstand der Schalaußenseiten", **13.7**).

Tabelle **13.7** Grabenbreiten nach DIN 4124

Äußerer Leitungs- bzw. Rohrschaftdurchmesser d in mm	Lichte Mindestbreite b in mm			
	Verbauter Graben		Nicht verbauter Graben	
	Regelfall	Umsteifung	$\beta \leq 60°$	$\beta > 60°$
$\leq 0{,}40$	$d + 0{,}40$	$d + 0{,}70$	$d + 0{,}40$	$d + 0{,}40$
$> 0{,}40$ bis $0{,}80$	$d + 0{,}70$			
$> 0{,}80$ bis $1{,}40$	$d + 0{,}85$		$d + 0{,}40$	$d + 0{,}70$
$> 1{,}40$	$d + 1{,}00$			

Unabhängig vom Durchmesser der Leitung bzw. des äußeren Rohrschafts sind bei Gräben mit senkrechten Wänden diese lichten Mindestbreiten (Arbeitsräume) einzuhalten:
$b = 0{,}70$ m bei Grabentiefen bis $1{,}75$ m
$b = 0{,}80$ m bei Grabentiefen von $1{,}75$ bis $4{,}00$ m
$b = 1{,}00$ m bei Grabentiefen von mehr als $4{,}00$ m

Beispiel 6 Eine Steinzeugrohrleitung DN 300 mit Rohrwandungen 2,5 cm in einem mit Holzbohlen im waagerechten Normverbau verbauten Rohrgraben wird mit folgenden Breiten abgerechnet:
lichte Mindestbreite $b = 0{,}30$ m $+ 2 \cdot 0{,}025$ m $+ 0{,}40$ m $= 0{,}75$ m
Abrechnungsbreite $= 0{,}75$ m $+ 2 \cdot 0{,}05$ m $= \mathbf{0{,}85}$ **m**

Bei einer Verlegetiefe über $4{,}00$ m müßte die lichte Mindestbreite allerdings $1{,}00$ m betragen. Die Abrechnungsbreite wäre dann $1{,}10$ m.

Tabelle **13.8** Ausschachtungsarbeiten für Rohrgräben nach den Sielbauvorschriften der Freien und Hansestadt Hamburg

DN	a in cm	b in cm	c in cm
150	100	*)	*)
200	110	30	55
250	110	30	55
300	120	35	60
400	140	45	70
500	150	50	75
600	165	58	82
700	190	70	95
800	205	78	102
900	220	85	110
1000	230	90	115
1100	260	105	130
1200	270	110	135
1300	285	118	142
1400	300	125	150
1500	310	130	155

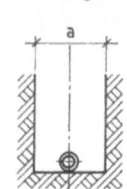 Einzelbaugrube

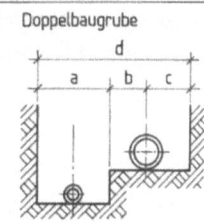 Doppelbaugrube

$b = \frac{1}{2} \times a$ für hochliegendes Siel – 25 cm
$c = \frac{1}{2} \times a$ für hochliegendes Siel
$d = a + (a$ für hochliegendes Siel – 25 cm)

Um die Abrechnung zu vereinfachen, haben viele große Städte, Gemeinden und Zweckverbände in eigenen technischen Vorschriften und Ausschreibungen Grabenbreiten für die einzelnen Nennweiten festgelegt (z. B. „Sielbauvorschriften der Freien und Hansestadt Hamburg", **13**.8). Bei Anwendung dieser Tafeln brauchen Wanddicken, Verbauart u. a. nicht mehr berücksichtigt zu werden (**13**.9).

Tabelle **13**.9 **Vereinfachte Festlegung der Rohrgrabenbreiten nach dem Beispiel eines Zweckverbandes**

DN (cm)	15	20	25	30	40	50	60
Baugrube (m)	0,90	1,00	1,00	1,10	1,20	1,40	1,60
DN (cm)	70	80	90	100	110	120	130
Baugrube (m)	1,70	1,90	2,00	2,10	2,20	2,30	2,50

Bei Doppelgräben werden die Baugruben auch wie Einzelrohrgräben abgerechnet, jedoch wird die Baugrubenbreite für den flacher liegenden Kanal um 20 cm vermindert.

Beispiel 7 Das vorige Beispiel hat unter Anwendung der Tabellen **13**.8 und **13**.9 folgende Abrechnungsbreiten:
nach **13**.8: DN 300 mm = **120 cm Ausschachtungsbreite**
nach **13**.9: DN 30 cm = **1,10 m Grabenbreite**

Für die Abrechnung der Rohr(Siel- oder Kanal-)gräben ergibt sich die Breite aus DIN 4124 oder aus gesondert vereinbarten Tabellen.

Doppelbaugruben, bei denen also Schmutz- und Regenwasserleitung nebeneinander in gemeinsamer Baugrube (wenn auch nicht auf gleicher Höhe) verlegt werden, haben besondere Abrechnungsbreiten (s. Tab. **13**.8 und **13**.9). Oft heißt es auch einfach nur: „Bei Doppelgräben werden die Baugruben wie Einzelgräben abgerechnet, jedoch wird die Baugrubenbreite für den flacher liegenden Kanal um 20 cm vermindert".

Beispiel 8 Eine SW-Leitung DN 200 (tieferliegend) und eine *RW*-Leitung DN 400 werden im Doppelgraben verlegt. Die Abrechnungsbreite beträgt nach Tab. **13**.8
$b = 1,10$ m $+ 0,45$ m $+ 0,70$ m $= $ **2,25 m**,
    (a)   (b)   (c)
bei vereinfachter Abrechnung nach Tab. **13**.9
$b = 1,00$ m $+ (1,20$ m $- 0,20$ m$) = $ **2,00 m**.

Unverbaute Rohrgräben müssen zur Sicherheit je nach Boden mit einem Winkel von 45°, 60° oder 80° abgeböscht werden. Abgerechnet wird meist nach senkrechten Wänden, auch wenn der Auftragnehmer mit geböschten Wänden gearbeitet hat. Ist grundsätzlich ein geböschter Rohrgraben vorgesehen, legt die VOB in DIN 18300 folgende Böschungswinkel für die Abrechnung fest:

– Bodenklasse 3 und 4: 40° (Böschungsbreite $b = 1,19\,h$)
– Bodenklasse 5:   60° (Böschungsbreite $b = 0,58\,h$)
– Bodenklasse 6 und 7: 80° (Böschungsbreite $b = 0,18\,h$)

Die Sohlbreite der geböschten Rohrgräben entspricht den lichten Mindestbreiten nicht verbauter Gräben.

Beispiel 9 Für einen geböschten Rohrgraben von 2,00 m Tiefe in Bodenklasse 5 ($\beta = 60°$), worin Rohre mit 50 cm Außendurchmesser verlegt werden sollen, betragen
die untere Grabenbreite $b = 0,50$ m $+ 0,40$ m $=$ **0,90 m**,
die obere Grabenbreite $b = 0,90$ m $+ 2 \cdot 0,58$ m $\cdot 2,00$ m $=$ **3,22 m**.

> Für die Abrechnung unverbauter, geböschter Rohrgräben legt die VOB Böschungswinkel für die einzelnen Bodenklassen fest.

Das Verfüllen von Rohrgräben (Überschütten der Rohrleitung) wird immer dann gesondert ausgeschrieben und abgerechnet, wenn ein Bodenaustausch notwendig ist. Auch bei loser (aufgelockerter) Anlieferung des Bodens erfolgt die Abrechnung nach fester (verdichteter) Masse. Dabei müssen Baukörper und Rohrleitungen (nur wenn ihr äußerer Querschnitt $> 0,1$ m² beträgt) mit ihrem Raummaß abgezogen werden.

Beispiel 10 Ein Rohrgraben ist auf 60 m Länge in einer Breite von 1,10 m und einer durchschnittlichen Tiefe von 2,20 m für eine Steinzeugrohrleitung DN 300 (Außendurchmesser 350 mm) auf 15 cm Sauberkeitsschicht aus Kiessand auszuheben. Der Graben muß mit Fremdboden verfüllt werden. Wieviel m³ Verfüllung können abgerechnet werden?

Lösung $A_{\text{Rohrleitung}} = (0,175 \text{ m})^2 \cdot \pi = 0,096$ m² (bleibt unberücksichtigt, da $< 0,1$ m²)
$A_{\text{Sauberkeitsschicht}} = 1,10$ m $\cdot 0,15$ m $= 0,165$ m²
$V = 60,00$ m $\cdot 1,10$ m $\cdot 2,20$ m $- 60,00$ m $\cdot 0,165$ m²
$V = 145,20$ m³ $- 9,90$ m³ $=$ **135,30 m³**

> Bei gesondert ausgeschriebenem Verfüllen von Rohrgräben werden Leitungen mit mehr als 0,10 m² äußerer Querschnittsfläche sowie Baukörper abgezogen.

Druckprüfung. Die verlegten Rohrleitungen werden nach verschiedenen Verfahren geprüft und kontrolliert. Dazu gehören immer das Durchfahren mit einem Kanalfernauge und die Prüfung auf Wasserdichtheit. Bei dieser Druckprüfung wird die Rohrleitung haltungsweise verschlossen, luftfrei mit Wasser gefüllt und in diesem Zustand 1 Stunde (bei Steinzeugrohren) bzw. 24 Stunden (bei Betonrohren) gehalten. Anschließend wird sie 15 min lang mit einem Wasserdruck von 5 m Wassersäule $= 0,5$ bar geprüft. Dabei wird die Wassermenge gemessen, die zur Aufrechterhaltung des Wasserdrucks erforderlich ist. Sie darf nach DIN 4033

– 0,1 l/m² benetzter Innenfläche bei Steinzeugrohren,
– 0,4 bis 0,2 l/m² benetzter Innenfläche bei Betonrohren nicht überschreiten.

Der Bauzeichner berechnet, beobachtet und protokolliert oft diese Prüfung.

Beispiel 11 Die 46,00 m lange Haltung einer SW-Leitung DN 200 aus Steinzeugrohren soll auf Wasserdichtheit geprüft werden. Wie groß darf die nachgefüllte Wassermenge maximal sein?

Lösung
$A_{\text{ben. Innenfläche}} = 0{,}20 \text{ m} \cdot \pi \cdot 46{,}00 \text{ m} = 28{,}90 \text{ m}^2$
$V_{\text{Wassermenge}} = 28{,}90 \text{ m}^2 \cdot 0{,}1 \text{ l/m}^2 = \mathbf{2{,}89\,l}$

Bei der Druckprüfung auf Wasserdichtheit dürfen bis zu 0,1 bis 0,4 l/m² benetzter Innenfläche zum Aufrechterhalten des Wasserdrucks nachgefüllt werden.

Aufgaben

1. Rechnen Sie die Gefälleangaben im Verhältnis, in %- und ‰-Angaben um.
   a) 1:100   f) 1:400
   b) 1:50   g) 1:500
   c) 1:20   h) 1:600
   d) 1:30   i) 1:1000
   e) 1:300   j) 1:3000

2. Berechnen Sie für folgende Rohrleitungen das Gefälle im Verhältnis, in % und in ‰.

	Rohrleitung Länge in m	Gefälle in cm
a)	50,00	14,00
b)	50,00	25,00
c)	20,00	8,00
d)	40,00	40,00
e)	40,00	50,00
f)	41,50	31,00
g)	25,30	65,00
h)	30,00	10,00

3. Berechnen Sie die Höhen der Rohrsohle an den Schächten **13.10**.

   S1 55,0 1:300 S2 45,0 1:250 S3 50,0 1:200 S4
   RS +20,155 m NN   RS...   RS...   RS...

   13.10

4. Die Rohrleitung der Aufgabe 3 liegt mit den Schächten S1 bis S4 in der Fahrbahn. Die Fahrbahnhöhe DO (Deckeloberfläche) liegt bei S1 auf +22,90 m NN, bei S4 +22,30 m NN. Berechnen Sie die
   a) Längsneigung der Fahrbahn,
   b) fehlenden DO-Höhen bei S2 und S3,
   c) Baugrubentiefen bis zur Rohrsohle (der Aufgabe 3).

5. Wieviel m Rohrleitung werden für die drei Haltungen der Aufgabe 3 abgerechnet, wenn der Anfangsschacht S1 eine lichte Weite von 1,25 m, der Endschacht S4 von 0,80 m und die Zwischenschächte S2 und S3 von je 1,00 m haben?

6. Im Lageplan **13.11** ist eine Schmutz- und Regenwasserleitung dargestellt.
   a) Welche mittleren, vereinfachten (DO-RS) Grabentiefen werden für die Abrechnung verwendet?

   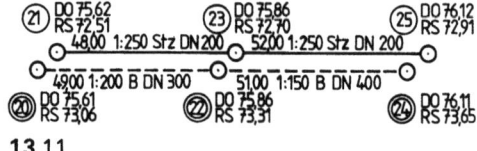

   13.11

   b) Welche mittleren Grabentiefen werden unter Berücksichtigung der Rohrwanddicke und einer 15 cm dicken Sauberkeitsschicht aus Kies angenommen? (Wanddicken: Bei Stz DN 200 = 20 mm, bei Beton DN 300 = 40 mm, bei Beton DN 400 = 45 mm Wanddicke.)
   c) Welche Grabenbreiten kommen für die Abrechnung als verbauter Graben mit 5 cm Holzbohlen in Frage als Einzelgraben nach DIN 4124 (**13.7**) sowie nach den Tab. **13.8** und **13.9**, als Doppelgraben nach Tab. **13.8** und **13.9**?

d) Wieviel m³ Bodenaushub werden für die einzelnen Haltungen als Einzelgräben mit den Baugrubentiefen nach a) und den Baugrubenbreiten nach c) im günstigsten bzw. ungünstigsten Fall abgerechnet?

e) Wieviel m³ Bodenaushub werden für die einzelnen Haltungen als Einzelgräben mit den Baugrubentiefen nach b) und den Grabenbreiten nach c) im günstigsten bzw. ungünstigsten Fall abgerechnet?

f) Wieviel m³ Bodenaushub werden mit den Baugrubentiefen nach a) als Doppelgraben im günstigsten bzw. ungünstigsten Fall abgerechnet?

g) Vergleichen und bewerten Sie die verschiedenen Abrechnungsmöglichkeiten aus der Sicht des Auftraggebers (Steuerzahler) und des Auftragnehmers (Baufirma).

7. In einem Erschließungsgebiet kann die Rohrleitung **13.**12 in „offener" Baugrube (also mit geböschten Grabenwänden) verlegt werden.

○──48,00 1:250 Stz DN 200──○──52,00 1:250 Stz DN 200──○
㉑ DO 75,62   ㉓ DO 75,86   ㉕ DO 76,12
   RS 72,51   RS 72,70   RS 72,91

13.12

a) Welche Sohlbreite (lichte Mindestbreite) hat der Rohrgraben nach DIN 4124 (Tab. **13.**7)?

b) Welche obere Grabenbreite liegt bei normaler Grabentiefe (DO–RS) in Bodenklasse 3 bzw. 5 vor?

c) Wieviel m³ Bodenaushub können bei Bodenklasse 3 bzw. 5 mit den Werten von a) und b) abgerechnet werden?

d) Um wieviel Prozent übersteigt der Bodenaushub bei geböschten Wänden den mit senkrechten Wänden bei gleichen Breiten und Tiefen?

8. Nach dem Verlegen der Regenwasserleitung **13.**13 soll der 1,10 m bzw. 1,20 m breite und normaltiefe Rohrgraben (DO–RS) mit verdichtbarem Fremdboden verfüllt werden. Wieviel m³ werden für die Rohrleitung ohne Berücksichtigung der Schächte abgezogen?

⑳ DO 75,61   ㉒ DO 75,86   ㉔ DO 76,11
   RS 73,06   RS 73,31   RS 73,65
○──49,00 1:200 B DIN 300──○──51,00 1:150 B DIN 400──○
Wanddicken: DN 300 = 40 mm; DN 400 = 45 mm

13.13

9. Die vier in Aufgabe 6 beschriebenen Haltungen sollen auf Wasserdichtheit geprüft werden. Wie groß sind die zulässigen Nachfüllmengen während der 15minütigen Prüfdauer? (Zul. Wasserzugabewert für Steinzeugrohre = 0,1 l/m², für Betonrohre DN 300 bis DN 600 = 0,3 l/m² benetzter Innenfläche.)

14 Straßenbau

14.1 Berechnungen zum Straßenentwurf

Dem Erstellen, d.h. Berechnen und Zeichnen der Bauentwurfspläne für eine Straße gehen ingenieurmäßige Überlegungen und Entscheidungen voraus, auf die der Bauzeichner keinen Einfluß nimmt. Zum Umsetzen dieser Entscheidungen, Skizzen und technischen Daten in verwendbare Pläne gehört jedoch nicht nur die Kenntnis der fachlichen Zusammenhänge, sondern auch die Fähigkeit, viele der notwendigen Daten zu berechnen bzw. den Tabellen zu entnehmen.

Daten für den Lageplan. Im Lageplan ist der Verlauf der Straße (Trasse) zu erkennen, wie er sich aus Geraden, (Teilen von) Kreisbögen und (Teilen von) Klotoiden zusammensetzt. Die Bezugslinie ist meist die Fahrbahnachse. Sie ist zur Beschreibung und Verständigung in „km + m" stationiert. Beim Einrechnen der Stationen ist sorgfältig zwischen Station und Längenmaß zu unterscheiden.

Beispiel 1 Ein nachträglich eingebauter Rohrdurchlaß liegt 12,65 m hinter Station 5 + 300. Mit welcher Station wird er in den Lageplan aufgenommen?

Lösung Station 5 + 300
  +   12,65 m
  = Station 5 + 312,65 (Rohrdurchlaß)

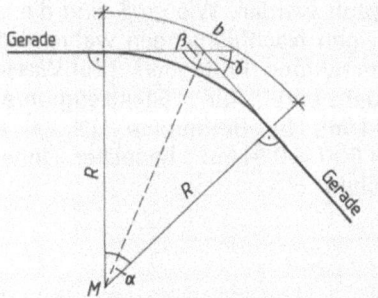

14.1 Verbindung zweier Geraden mit einem Kreisbogen

Kreisbögen. Im einfachsten Fall werden zwei gerade Straßen oder Straßenteile mit einem Kreisbogenstück verbunden. Die Länge des Kreisbogens hängt vom Winkel α bzw. γ und vom Radius R ab (**14.1**). Da der Verlauf der Geraden mit dem Tangentenschnittwinkel γ beschrieben wird, ist zunächst daraus der Mittelpunktswinkel zu berechnen:

$\sphericalangle \gamma + \sphericalangle \beta = 180°$
$\sphericalangle \beta/2 + \sphericalangle \alpha/2 + 90° = 180°$
$2 \cdot (\sphericalangle \beta/2 + \sphericalangle \alpha/2 + 90°) = 360°$
$\sphericalangle \beta + \sphericalangle \alpha + 2 \cdot 90° = 360°$
$\sphericalangle \alpha = \sphericalangle \gamma$

Die Kreisbogenlänge b, die zwischen die Geraden eingebaut wird, ergibt sich als Teil des Umfangs ($U = 2 \cdot R \cdot \pi$) aus R und $\sphericalangle \alpha$:

$$b = \frac{2 \cdot R \cdot \pi \cdot \alpha°}{360°} \quad \text{oder} \quad b = \frac{2 \cdot R \cdot \pi \cdot \alpha_{gon}}{400\,gon}$$

Beispiel 2 Die Richtungsänderung einer Wohnstraße (Tangentenschnittwinkel $\gamma = 55°$) soll mit einem Kreisbogen $R = 50$ m gebaut werden. Wie lang ist das Bogenstück?

Lösung $\quad b = \dfrac{2 \cdot 50{,}00 \text{ m} \cdot \pi \cdot 55°}{360°} = \mathbf{48{,}00\ m}$

Klotoiden. Nur selten werden zwei gerade Trassenelemente direkt und ausschließlich mit einem Kreisbogenstück verbunden. Üblich ist diese Folge: Gerade – Klotoide – Kreisbogen – Klotoide – Gerade. Um den Trassenverlauf kennen, stationieren und zeichnen zu können, muß man auch die Klotoidenlänge berechnen. Dazu müssen wir wiederum die Merkmale der Klotoide kennen (**14.2**).

Tabelle **14.2** **Merkmale der Klotoiden**

(Spirale)	Die Klotoide ist eine Spirale (hier im Vergleich zum Kreis).
(R=6, R=8, R=10, R=20)	Sie hat an jeder Stelle einen anderen Radius R.
(Klotoidenformen)	Alle Klotoiden sind einander ähnlich. Es gibt nur eine Form der Klotoide, aber verschiedene Größen.
(A=6, A=8, A=10)	Die Größe der Klotoide gibt man mit dem Parameter A an (para = gleich). Jede Klotoide hat einen bestimmten, gleichbleibenden Parameter A.
(R=8, R, L, A)	Für jede Stelle einer Klotoide gilt das Bildungsgesetz $R \cdot L = A^2$ (R = Krümmungsradius, L = Bogenlänge vom Anfangspunkt der Klotoide bis zu dieser Stelle)

Für die Entwurfsgestaltung stellen sich häufig diese Aufgaben:
– Zwischen Gerade und Kreisbogen soll eine Klotoide als Übergang eingebaut werden. Bekannt ist der Radius, gewählt ist ein Parameter. Wie lang ist das Klotoidenstück?

Beispiel 3 Wie groß ist L bei $A = 50$ m und $R = 65$ m? (A soll zwischen $R/3$ und R liegen.)

Lösung $\quad \boxed{R \cdot L = A^2} \quad L = \dfrac{A^2}{R}; L = \dfrac{(50{,}00 \text{ m})^2}{65{,}00 \text{ m}} = \mathbf{38{,}46\ m}$

– Zwischen einem Kreisbogen und einer Gerade stehen etwa ... m für eine Übergangs-Klotoide zur Verfügung. Welchen Parameter müßte sie haben?

Beispiel 4 Kreisbogen $R = 100$ m; Klotoidenlänge L zwischen 80 und 90 m

Lösung $R \cdot L = A^2$; $A = \sqrt{R \cdot L} = \sqrt{100{,}00 \text{ m} \cdot 90{,}00 \text{ m}}$

$A = 94{,}87$ m, gewählt $A = 90{,}00$ m. Dann:

$$L = \frac{(90{,}00 \text{ m})^2}{100{,}00 \text{ m}} = \mathbf{81{,}00 \text{ m}}$$

Konstruktionsdaten zum Zeichnen und Abstecken der Bögen als Kreis oder Klotoide sind außerdem notwendig. Sie lassen sich berechnen, Tabellenwerken entnehmen oder aus EDV-Programmen abrufen.

Die Tangentenlänge T bei Kreisbögen – also die Strecke zwischen dem Tangentenschnittpunkt TS und dem Berührungspunkt des Kreises an der Tangente (= Bogenanfang/Bogenende) – ergibt sich beim Kreisbogen aus der Winkelfunktion tan (**14.3**)

$$\tan\frac{\alpha}{2} = \frac{T}{R} \quad (\sphericalangle \gamma = \sphericalangle \alpha) \qquad \boxed{T = \tan\frac{\gamma}{2} \cdot R}$$

Beispiel 5 Wie groß ist die Tangentenlänge T bei $R = 50{,}00$ m und einem Tangentenschnittwinkel $\gamma = 70°$?

Lösung $T = \tan\dfrac{70°}{2} \cdot 50{,}00 \text{ m} = 0{,}7002 \cdot 50{,}00 \text{ m} = \mathbf{35{,}01 \text{ m}}$

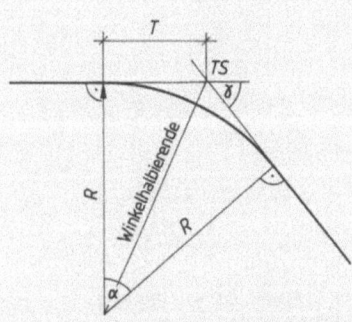 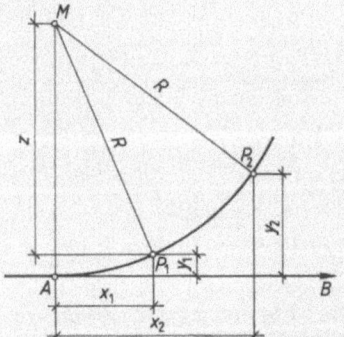

14.3 Berechnen der Tangentenlänge T aus der Winkelfunktion tan mit R und $\alpha/2$

14.4 Zum Abstecken der Bogenpunkte P_1, P_2 usw. müssen die y-Werte berechnet werden

Kreisbogenpunkte (P) werden z. B. durch rechtwinklige Ordinaten y von der Tangente (= Abszissenachse) aus mit gleichen Abszissenunterschieden x von BA/BE bestimmt und abgesteckt. Die Ordinaten y lassen sich entsprechend **14.4** so berechnen:

$y = R - z \qquad R^2 = z^2 + x^2 \qquad z^2 = R^2 - x^2 \qquad z = \sqrt{R^2 - x^2}$

$$\boxed{y = R - \sqrt{R^2 - x^2}} \qquad \text{bzw. mit der Näherungsformel} \quad y \approx \frac{x^2}{2R}$$

Beispiel 6 Wie groß ist die rechtwinklige Koordinate y für x = 2,50 m bei R = 7,50 m?

Lösung $y = 7{,}50\ m - \sqrt{(7{,}5\ m)^2 - (2{,}5\ m)^2} = 7{,}50\ m - 7{,}07\ m = \mathbf{0{,}429\ m}$

(mit der Näherungsformel $y \approx \dfrac{(8{,}5\ m)^2}{2 \cdot 7{,}50}$; $y \approx 0{,}417\ m$)

Konstruktionselemente der Klotoide, wie man sie zum Berechnen, Zeichnen und Abstecken kennen muß, zeigt Bild **14.5**. Das einzelne Berechnen der Absteckdaten soll hier nicht besprochen werden, da es heute üblich ist, sie einschlägigen Klotoidentafeln zu entnehmen. Die Tabellen sind so berechnet und aufgestellt, daß die Werte für einen Parameter A bis zu einem Radius R zu entnehmen sind (**14.7**). Das Abstecken mit den x- und y-Werten der Tabelle **14.7** für den Parameter $A = 50$ bis $R = 35$ m zeigt Bild **14.5**.

Die Tabellenwerte für $x = 44{,}685 / y = 6{,}185$ zeigt **14.6**.

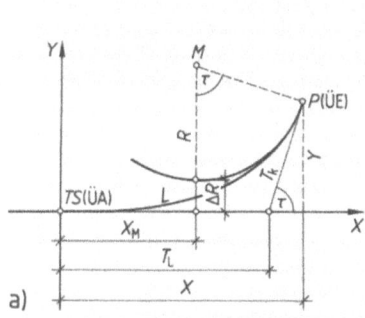
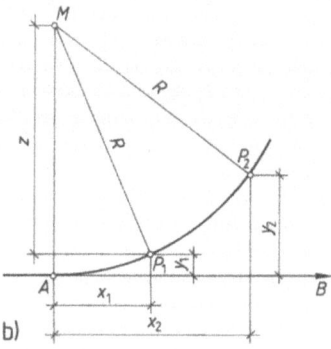

a) b)

14.5 a) Konstruktionswerte der Klotoide
b) Abstecken der Klotoide mit $A = 50$

ΔR = Tangentenabrückung (Einrückmaß)
X, Y = Koordinaten eines beliebigen Klotoidenpunkts
X_M, Y_M = Koordinaten Krümmungsmittelpunkt
T_K, T_L = kurze und lange Tangente an die Klotoide
τ = Tangentenwinkel Klotoide
L = Länge Klotoidenast
ÜA, ÜE = Übergangsbogen Anfang und Ende
R = Radius Hauptbogen
M = Mittelpunkt Hauptbogen

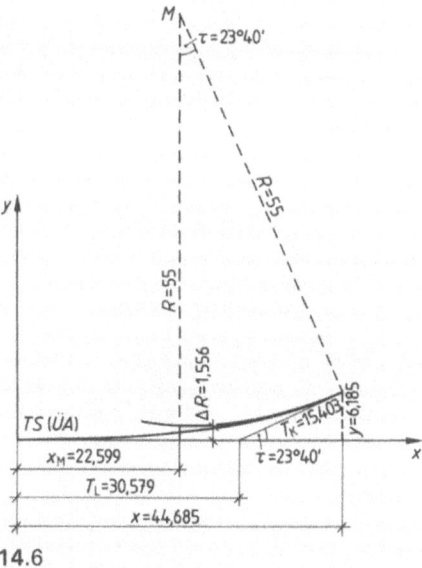

14.6

Tabelle 14.7 Klotoidentafel für den Parameter $A = 50$ (Auszug)

$A^2 = 2500$ $\quad\quad \dfrac{1}{A} = 0,020\,000\,000 \quad\quad A = 50$

L	τ^{gon}	τ^0	R	ΔR	X_M	X	Y	T_K	T_L	L
12,500	1,989	1 47 26	200	0,033	6,150	12,499	0,130	4,167	8,334	12,500
16,667	3,537	3 10 59	150	0,077	8,332	16,662	0,309	5,557	11,113	16,667
20,833	5,526	4 58 25	120	0,151	10,114	20,818	0,603	6,949	13,894	20,833
22,727	6,577	5 55 08	110	0,196	11,360	22,703	0,782	7,584	15,160	22,727
25,000	7,958	7 09 43	100	0,260	12,494	24,961	1,041	8,346	16,680	25,000
27,778	9,824	8 50 31	90	0,357	13,878	27,712	1,426	9,280	18,542	27,778
29,412	11,014	9 54 46	85	0,424	14,691	29,324	1,693	9,832	19,639	29,412
31,250	12,434	11 11 26	80	0,508	15,605	31,131	2,029	10,455	20,875	31,250
33,333	14,147	12 43 57	75	0,616	16,639	33,169	2,460	11,164	22,280	33,333
35,714	16,240	14 36 59	70	0,757	17,819	35,483	3,023	11,979	23,891	35,714
38,462	18,835	16 57 05	65	0,945	19,175	38,126	3,769	12,928	25,760	38,462
41,667	22,105	19 53 40	60	1,200	20,750	41,167	4,781	14,050	27,955	41,667
45,455	26,307	23 40 33	55	1,556	22,599	44,685	6,185	15,402	30,579	45,455
50,000	31,831	28 38 52	50	2,065	24,793	48,764	8,186	17,074	33,781	50,000
55,555	39,298	35 22 04	45	2,819	27,429	53,476	11,124	19,218	37,804	55,555
62,500	49,736	44 45 44	40	3,981	30,625	58,792	15,580	22,126	43,082	62,500
71,429	64,961	58 27 54	35	5,853	34,510	64,341	22,547	26,454	50,505	71,429
83,333	88,419	79 34 39	30	9,007	39,127	68,632	33,580	34,143	62,455	83,333
100,000	127,324	114 35 30	25	14,478	44,027	66,760	49,881	54,857	89,588	100,000

Um die Trasse einer Straße als Folge vieler Trassenpunkte zu planen und anschließend abzustecken, muß eine Reihe von Daten berechnet bzw. Tabellen entnommen werden.

Daten für den Höhenplan. Im Höhenplan (Längsschnitt) erscheinen alle auf NN gerechneten Höhen der Bezugslinie in der Fahrbahnachse. Diese Gradiente ist aus Geraden im Bereich gleichbleibender Steigung und aus Kreisbögen im Bereich der Kuppen- und Wannenausrundung zusammengesetzt. Wesentlich für die Bestimmung der Gradiente sind Stationen (Längen), Längsneigungen und Ausrundungshalbmesser. Für die Ermittlung der Gradientenhöhe im Bereich der Kuppen- und Wannenausrundung (mit den Halbmessern H) sind die Tangentenlängen T, der Bogenstich f und die Höhenordinaten y zu berechnen (**14.8**).

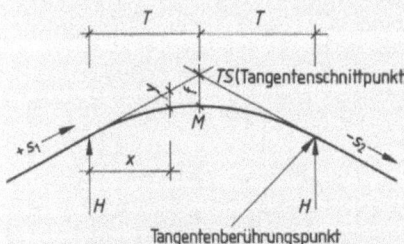

14.8 Im Bereich der Kuppen- und Wannenausrundungen müssen T, f und y berechnet werden

Die Gradientenhöhen ergeben sich aus der Länge L und der Längsneigung s. Die Länge L läßt sich aus der Stationierung rasch ermitteln, die Längsneigung s ist gegeben. Der Höhenunterschied Δh (= Steigungshöhe) für die Länge L berechnen wir so:

$s \; : \; 100 \; = \; \Delta h \; : \; L \quad\quad 100 \cdot \Delta h = s \cdot L \quad\quad \boxed{\Delta h = \dfrac{s \cdot L}{100}}$

(%) (%) (m) (m)

Beispiel 7 Bei Station 6 + 975 (**14.9**) beträgt die Gradientenhöhe +126,430 m NN. Es beginnt eine 625 m lange Steigung mit s = 0,8%. Welche Station und welche Gradientenhöhe liegen am Ende der Steigung vor?

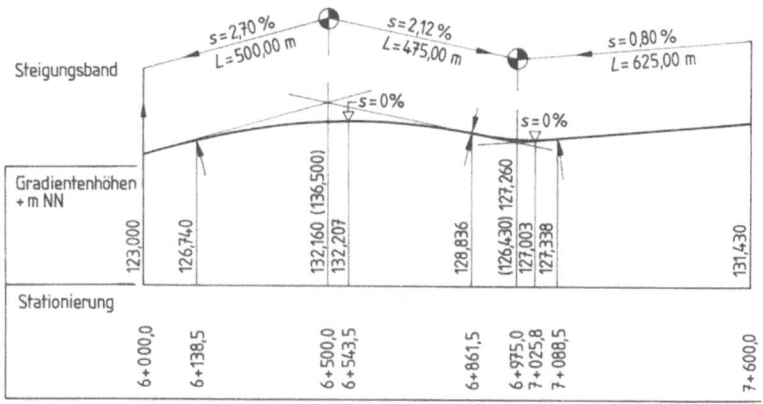

14.9 Gradiente mit Stationierung und Steigungsband

Lösung $\Delta h = \dfrac{0{,}8\% \cdot 625\,\text{m}}{100\%} = \mathbf{5{,}000\,m}$

$$
\begin{array}{llll}
\text{Station} & 6 + 975 & : & +126{,}430 \text{ m NN} \\
+ L = & 625 \text{ m} & : & + \Delta h \quad 5{,}000 \text{ m NN} \\
\hline
= \text{Station} & 7 + 600 & : & \mathbf{+131{,}430 \text{ m NN}}
\end{array}
$$

> Für den Höhenplan müssen die Gradientenhöhen aus den horizontalen Längen und bekannten Längsneigungen berechnet werden.

Kuppen- und Wannenausrundung. Erst wenn die Gradiente als eine Folge von Steigungen (Steigungsband, **14.9**) berechnet und erstellt ist, können die Kuppen- und Wannenausrundungen vorgenommen werden. Wenn H gegeben und die anschließenden Neigungen s bekannt sind, können wir nacheinander T und f berechnen.

T = waagerechte Tangentenlänge zwischen Beginn bzw. Ende der Kuppen-Wannenausrundung und dem Tangentenschnittpunkt in m.

$$\boxed{T = \dfrac{s_1 - s_2}{100} \cdot \dfrac{H}{2}}$$

f = Bogenstich (also die Abweichung zwischen „eigentlicher" Gradientenhöhe bei TS und der Kuppen- bzw. Wannenausrundung) in M.

$$\boxed{f = \dfrac{T^2}{2 \cdot H}}$$

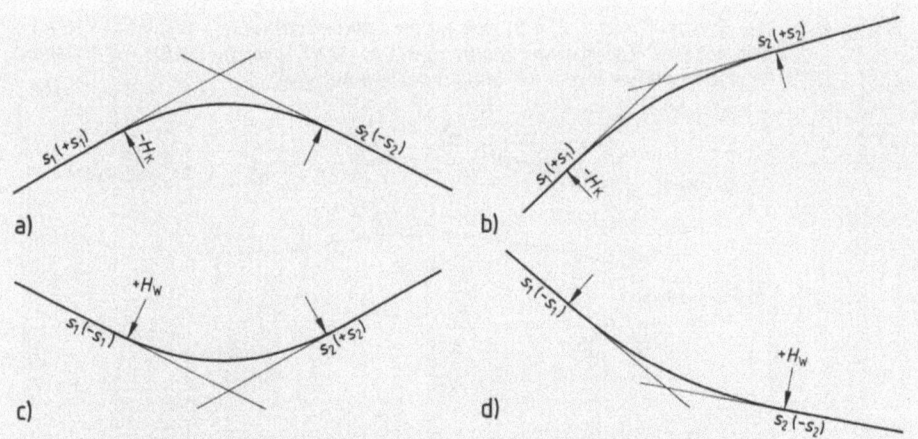

14.10 Kuppen- und Wannenausrundungen mit folgender Vorzeichenregel
1. Steigung positiv ($+s_1$, $+s_2$)
2. Gefälle negativ ($-s_1$, $-s_2$)
3. Wannenhalbmesser (H_w) positiv ($+H$)
4. Kuppenhalbmesser (H_k) negativ ($-H$)

Beispiel 8 Wie groß sind T und f für die geplante Kuppenausrundung **14.12**?

Lösung $T = \dfrac{1{,}5 - (-2{,}0)}{100} \cdot \dfrac{1500}{2}$

$T = \mathbf{26{,}25\ m}$

$f = \dfrac{(26{,}25\ m)^2}{2 \cdot 1500\ m} = \mathbf{0{,}23\ m}$

Im Fall der Kuppenausrundung wird der Bogenstich von der (eigentlichen) Höhe bei TS abgezogen.

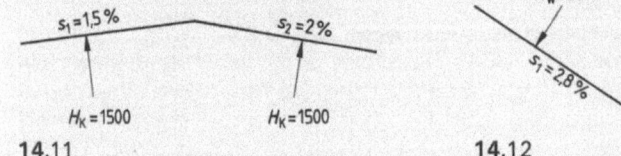

14.11   **14.12**

Beispiel 9 Wie groß sind T und f für die geplante Wannenausrundung **14.13**?

Lösung $T = \dfrac{-2{,}8 - (-1{,}4)}{100} \cdot \dfrac{5000}{2}$

$T = \mathbf{35{,}00\ m}$

$f = \dfrac{(35{,}00\ m)^2}{2 \cdot 5000\ m} = \mathbf{0{,}123\ m}$

Im Fall der Wannenausrundung wird der Bogenstich zur TS-Höhe addiert.

Liegt zwischen zwei Ausrundungen eine verhältnismäßig kurze Strecke, verzichtet man oft zugunsten größerer Halbmesser darauf. In diesen Fällen sind die Tangentenlängen T bekannt und der Halbmesser H so zu berechnen:

$$H = \frac{2 \cdot T \cdot 100}{s_1 - s_2}$$

Beispiel 10 Für die Kuppenausrundung **14.**13 steht eine Tangentenlänge von $T = 361{,}50$ m zur Verfügung, damit Kuppen- und Wannenausrundung unmittelbar anschließen. Welcher Halbmesser ist für die Kuppenausrundung zu wählen?

Lösung
$$H = \frac{2 \cdot 361{,}50 \text{ m} \cdot 100}{2{,}7 - (-2{,}12)}$$
$$H = \mathbf{15\,000\ m}$$

14.13 Kuppenausrundung

> Im Bereich der Kuppen- und Wannenausrundungen weicht die Gradiente maximal um den Bogenstich f von der „eigentlichen" Gradiente ab.

Zwischenhöhen im Bereich der Kuppen- und Wannenausrundungen lassen sich jederzeit für den Abstand x (von Beginn oder Ende der Ausrundung aus in Richtung TS) berechnen (**14.**14). Die zugehörige Höhenordinate y ist der Abstand zwischen der „eigentlichen" (geraden) Gradiente (mit bekannter Längsneigung s) und der ausgerundeten Kuppe/Wanne:

$$y = H - \sqrt{H^2 - x^2} \quad \text{bzw.} \quad y \approx \frac{x^2}{2 \cdot H}$$

Das Maß für y ist also bei Station ... der mit s berechneten Gradiente zu addieren (bei Wannenausrundung) bzw. zu subtrahieren (bei Kuppenausrundung).

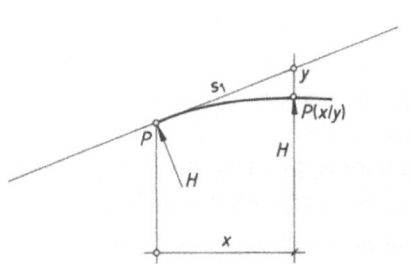

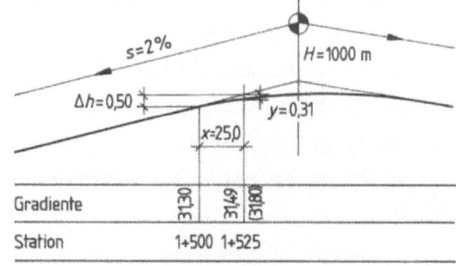

14.14 Für Kuppen- und Wannenausrundungen werden im Abstand x die zugehörigen y-Werte der Gradientenhöhe bestimmt

14.15 Kuppenausrundung

Beispiel 11 Wie groß ist y bei Station $1 + 525$, also im Bereich der Kuppenausrundung (**14.**15)? Welche Gradientenhöhe liegt vor?

Lösung $y = 1000\text{ m} - \sqrt{(1000\text{ m})^2 - (25\text{ m})^2} = 0{,}31\text{ m}$ $y \approx \dfrac{(25{,}00\text{ m})^2}{2 \cdot 1000\text{ m}} = 0{,}31\text{ m}$

$h = \dfrac{2\% \cdot 25\text{ m}}{100\%} = 0{,}50\text{ m}$

Station 1 + 500	= +31,30 m NN
+ h	= 0,50 m
= Station 1 + 525	= +31,80 m NN (ohne Ausrundung)
− y	= 0,31 m
= Station 1 + 525	= **+31,49 m NN** (ausgerundet)

> Für den Bereich der Kuppen- und Wannenausrundungen müssen die Höhenordinaten y als Abweichung von der „eigentlichen" Gradiente berechnet werden.

Aufgaben

1. Für den Neubau einer Straße ab Station 25 + 600 fügen sich folgende Trassierungselemente aneinander: Gerade von 225 m, Klotoide von 80 m, Kreisbogen von 120,60 m, Klotoide von 100 m, Gerade von 145,50 m und Klotoide von 90 m. Hier endet die Neubaustrecke. Wie lautet die neue Stationierung?

2. Berechnen Sie die Bogenlängen, wie sie an den Stellen **14.16** a bis d dieser provisorischen Umgehung eingebaut sind.

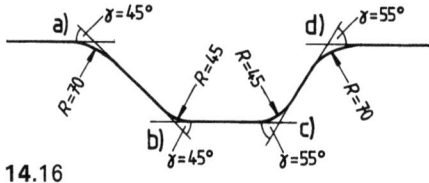

14.16

3. Welche Parameter haben die Klotoiden **14.17**?

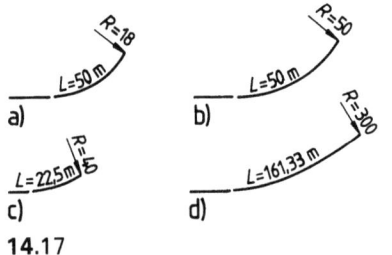

14.17

4. Berechnen Sie die Klotoidenlängen L bis zu den gekennzeichneten Radien (**14.18**).

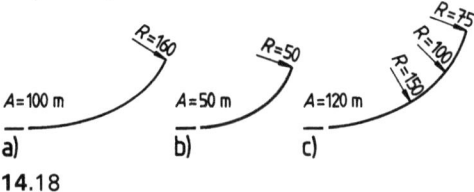

14.18

5. Wie groß sind die Radien, die sich an die Klotoiden **14.19** anschließen müssen?

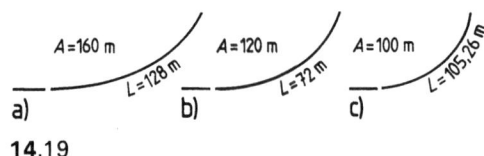

14.19

6. Stationieren Sie den Trassenverlauf **14.20** an den Stellen a) bis l)

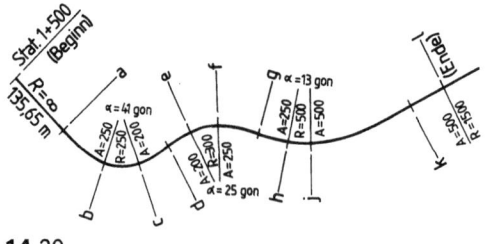

14.20

7. In den Situationen **14.**21 soll jeweils ein Kreisbogen eingebaut werden. Wie groß sind die Tangentenlängen?

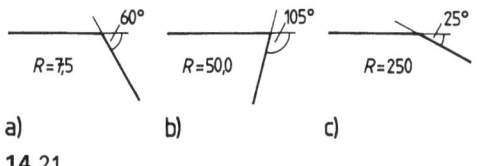

a) b) c)

14.21

8. Für den ungewöhnlichen Radius von $R = 11{,}00$ m liegen keine y-Werte zum Abstecken vor. Ermitteln Sie sie für die Abszissen $x = 1{,}00$ m, $2{,}00$ m, $3{,}00$ m, $4{,}00$ m und $5{,}00$ m.

9. Berechnen Sie die Gradientenhöhen für die Stationen und Daten **14.**22.

10. Berechnen Sie für die Kuppen- bzw. Wannenausrundungen **14.**23 die Werte T und f.

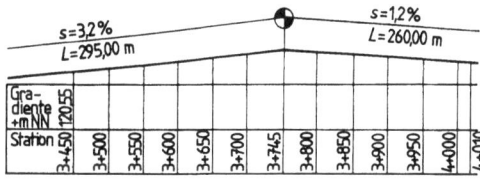

14.22

11. Wie groß ist die in Bild **14.**22 der Halbmesser H, wenn die Kuppenausrundung in Station $3 + 635$ beginnt und in Station $3 + 855$ endet?

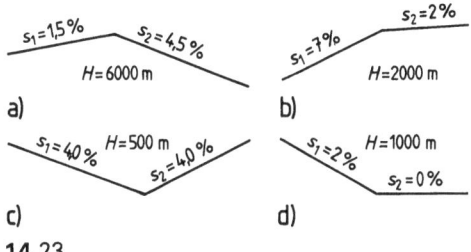

14.23

12. Berechnen Sie alle fehlenden Werte der Kuppen- und Wannenausrundung für die Gradiente **14.**24.

13. Berechnen Sie die Gradientenhöhen für die Stationen $2 + 900$, $2 + 950$, $3 + 000$, $3 + 100$, $3 + 150$, $3 + 200$, $3 + 302{,}50$ und $3 + 407{,}50$ in Bild **14.**24.

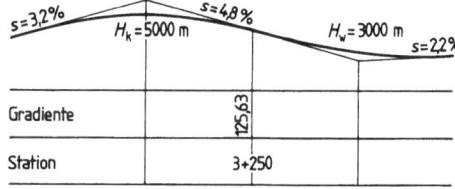

14.24

14.2 Massen- und Materialberechnung

Erdmassenberechnung. Im Straßenbau werden für Dämme, Rampen, Gräben, im allgemeinen Tiefbau für Baugruben usw. große Erdmassen abgetragen. Diese Massen müssen für Planung und Ausschreibung vorher annähernd berechnet, nachher für Abrechnung und Bestandsaufnahme genau abgerechnet werden. Die Berechnung (Abrechnung) erfolgt:

- bei kurzen, regelmäßigen Erdkörpern nach den Formeln für die prismatischen Körper Würfel und Quader oder nach den Formeln für Zylinder, Pyramide und Kegel, Pyramiden- und Kegelstumpf;
- bei langen Erd- und Aushubkörpern mit komplizierten Querschnittsflächen nach Querprofilen, die rechtwinklig zur Längsachse (Aufnahmeachse) „gelegt" und aufgemessen werden und mit den Abständen zwischen den Profilen multipliziert das Volumen ergeben.

Einfache gedrungene, regelmäßige Erdkörper lassen sich nach den folgenden Volumenformeln berechnen (**14.25**).

Tabelle **14.25** Volumenformeln

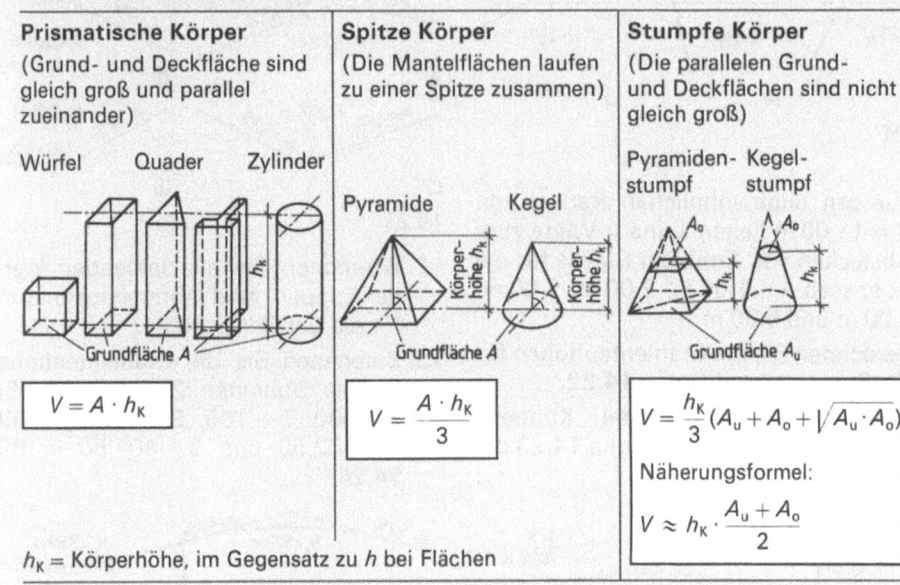

Prismatische Körper (Grund- und Deckfläche sind gleich groß und parallel zueinander)	Spitze Körper (Die Mantelflächen laufen zu einer Spitze zusammen)	Stumpfe Körper (Die parallelen Grund- und Deckflächen sind nicht gleich groß)
Würfel, Quader, Zylinder	Pyramide, Kegel	Pyramidenstumpf, Kegelstumpf
$V = A \cdot h_K$	$V = \dfrac{A \cdot h_K}{3}$	$V = \dfrac{h_K}{3}(A_u + A_o + \sqrt{A_u \cdot A_o})$ Näherungsformel: $V \approx h_K \cdot \dfrac{A_u + A_o}{2}$

h_K = Körperhöhe, im Gegensatz zu h bei Flächen

Dämme, Deiche, Gräben, Lärmschutzwälle, Leitungsgräben u.a. mit gleichbleibendem Querschnitt lassen sich als prismatische Körper nach der Formel $V = A \cdot h_K$ berechnen. Dabei entspricht die Länge der Körperhöhe h_K.

Beispiel 12 Ein Entwässerungsgraben von 120,00 m Länge und dem Querschnitt **14.26** ist ausgehoben worden. Wieviel m³ Boden (feste Masse) werden abgerechnet?

Lösung $A_{(des\ Querschnitts)}$
$= \dfrac{0,80\,m + (0,80\,m + 2 \cdot 1,20\,m)}{2} \cdot 1,20\,m = 2,40\,m^2$
$V = 2,40\,m^2 \cdot 120,00\,m = \mathbf{288,00\,m^3}$

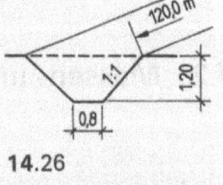

14.26

Spitze Körper wie Pyramide und Kegel kommen im klassischen Erdbau als Einzelkörper kaum vor. Ausnahmsweise entstehen sie in Kiesgruben und Mischwerken durch Abkippen, Ausbaggern und Lagern.

Beispiel 13 Wieviel m³ enthält der durch Ausbaggern entstandene Bodenkegel **14.27** mit einem Durchmesser von 15,00 m und einer Höhe von 5,00 m?

Lösung $A = 7,50\,m^2 \cdot \pi = 176,72\,m^2$
$V = \dfrac{176,72^2\,m^2 \cdot 5,00\,m}{3} = \mathbf{294,52\,m^3}$

14.27

Oft sind im Erdbau Baugruben oder Bodenmieten abzurechnen, die die Form eines (umgekehrten) Pyramidenstumpfes haben. Neben der Näherungsformel und der genauen Formel steht dafür auch die Simpsonsche Formel zur Verfügung. A_m muß dafür aus den gemittelten Längen (in halber Baugrubentiefe) berechnet werden.

Näherungsformel	$V \approx h_K \cdot \dfrac{A_u + A_o}{2}$	
genaue Formel	$V = \dfrac{h_K}{3} \cdot (A_u + A_o + \sqrt{A_u \cdot A_o})$	
Simpsonsche Formel	$V = \dfrac{h_K}{6} \cdot (A_u + 4A_m + A_o)$	

Beispiel 14 Wie groß ist die Baugrube 14.28 in ebenem Gelände, berechnet
a) nach der Näherungsformel,
b) nach der genauen und
c) nach der Simpsonschen Formel für stumpfe Körper?

Lösung
$A_u = 8{,}00\text{ m} \cdot 10{,}00\text{ m} = 80{,}00\text{ m}^2$
$A_o = 10{,}40\text{ m} \cdot 12{,}40\text{ m} = 128{,}96\text{ m}^2$
$A_m = 11{,}20\text{ m} \cdot 9{,}20\text{ m} = 103{,}04\text{ m}^2$

a) $V \approx h_K \cdot \dfrac{A_u + A_o}{2}$

$V \approx 2{,}00\text{ m} \cdot \dfrac{80{,}0\text{ m}^2 + 128{,}96\text{ m}^2}{2}$

$V \approx \mathbf{208{,}96\text{ m}^3}$

b) $V = \dfrac{h_K}{3} \cdot (A_u + A_o + \sqrt{A_u \cdot A_o})$

$V = \dfrac{2{,}00\text{ m}}{3} \cdot (80{,}00\text{ m}^2 + 128{,}96\text{ m}^2 + \sqrt{80{,}00\text{ m}^2 \cdot 128{,}96\text{ m}^2})$

$V = \mathbf{207{,}02\text{ m}^3}$

c) $V = \dfrac{h_K}{6} \cdot (A_u + 4A_m + A_o)$

$V = \dfrac{2{,}00\text{ m}}{6} \cdot (80{,}00\text{ m}^2 + 4 \cdot 103{,}04\text{ m}^2 + 128{,}96\text{ m}^2)$

$V = \mathbf{207{,}04\text{ m}^3}$

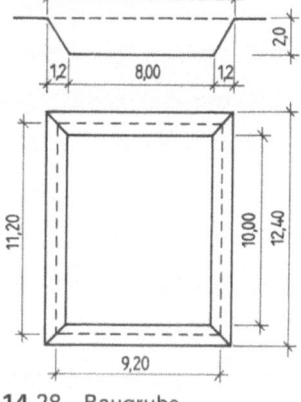

14.28 Baugrube

Erdkörper mit gleichbleibendem Querschnitt, spitze Erdkörper und geböschte Baugruben können nach den üblichen Volumenformeln für prismatische, spitze und stumpfe Körper berechnet werden.

Ist der Bodenaushub dagegen für eine ähnliche Baugrube in geneigtem Gelände ausgehoben, muß der Aushubkörper zunächst in 2 Teile (V_1 und V_2) zerlegt werden. Während sich V_1 (unterhalb der waagerechten Linie an der flachsten

Stelle) nach den bekannten Formeln $V = h_K/3$ ... oder $V = h_K/6$ ... ergibt, muß V_2 entweder in Prisma und Pyramiden zerlegt (**14.29**) oder als Keil (**14.30**) berechnet werden.

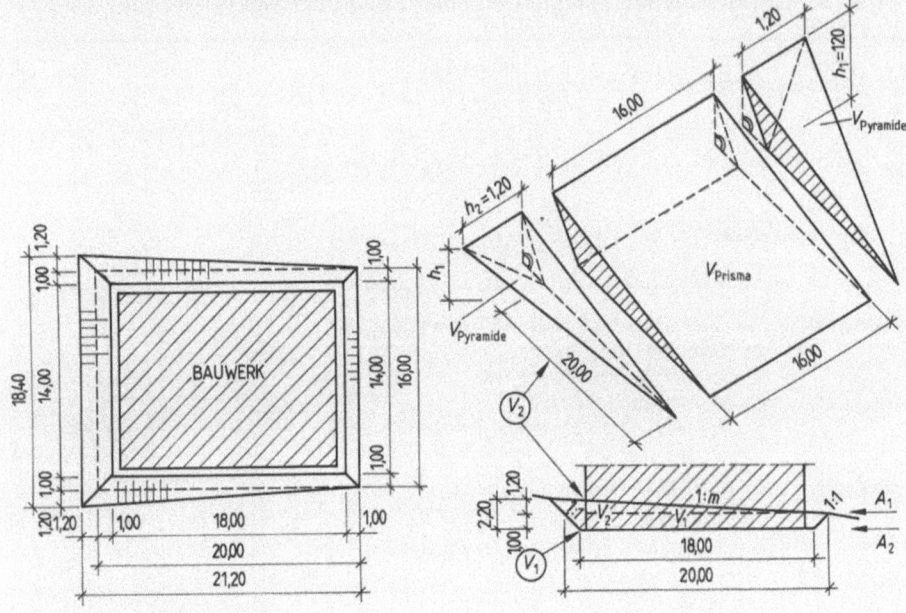

14.29 Pyramide und Prisma

Beispiel 15 $A_1 = 16{,}00 \text{ m} \cdot 20{,}00 \text{ m} = 320{,}00 \text{ m}^2$
$A_2 = 14{,}00 \text{ m} \cdot 18{,}00 \text{ m} = 252{,}00 \text{ m}^2$
$V_1 = \dfrac{1{,}00 \text{ m}}{3} \cdot (320{,}00 \text{ m}^2 + 252{,}00 \text{ m}^2 + \sqrt{320{,}00 \text{ m}^2 \cdot 252{,}00 \text{ m}^2}) = \mathbf{285{,}32 \text{ m}^3}$
$V_2 = V_{\text{Prisma}} + 2 \cdot V_{\text{Pyramide}}$
$V_2 = \dfrac{20{,}00 \text{ m} \cdot 1{,}20 \text{ m}}{2} \cdot 16{,}00 \text{ m} + 2 \cdot \dfrac{20{,}00 \text{ m} \cdot 1{,}20 \text{ m}}{2} \cdot \dfrac{1{,}20 \text{ m}}{3} = \mathbf{201{,}60 \text{ m}^3}$
$V = 285{,}32 \text{ m}^3 + 201{,}60 \text{ m}^3 = \mathbf{486{,}92 \text{ m}^3}$

Neben den „klassischen" Formeln für prismatische, spitze und stumpfe Körper werden Rampen z. B. auch nach der Keilformel als liegender Keil (**14.30a**) berechnet. Zu beachten ist dabei, daß l dem h_K einer „stehenden" Rampe entsprechen würde.

$$V = \frac{l}{6} \cdot h \cdot (l_1 + 2l_2) \quad (14.30\text{a}) \qquad V = \frac{l}{6} \cdot h \cdot (l_1 + l_2 + l_3) \quad (14.30\text{b})$$

Bleibt die Breite l_2 nicht durchgehend gleich, rechnet man mit $l_2 + l_3$ statt mit $2l_2$.

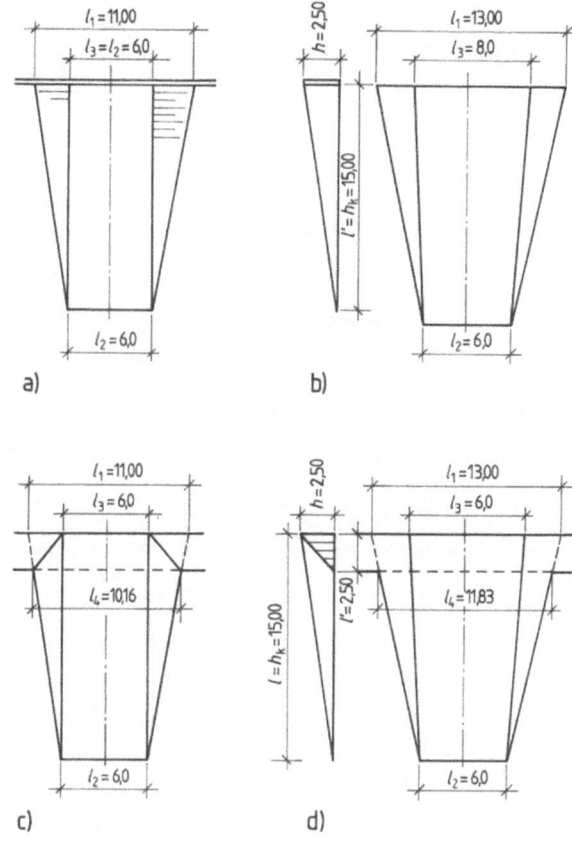

14.30 Keile

Bei beiden Formeln lehnt sich die Rampe an eine senkrechte Wand (z. B. eine Stützmauer) an. Schließt sie dagegen an einen Damm mit Böschungen an, muß der Rampen-Böschungsteil „R" mit den Werten l', l_1, l_3 und l_4 abgezogen werden.

$$V = \frac{l}{6} \cdot h \cdot (l_1 + 2l_2) - \frac{l'}{6} \cdot h \cdot (l_1 + l_3 + l_4) \qquad (14.30\,c)$$

oder

$$V = \frac{l}{6} \cdot h \cdot (l_1 + l_2 + l_3) - \frac{l'}{6} \cdot h \cdot (l_1 + l_3 + l_4) \qquad (14.30\,d)$$

Beispiel 16 Die Erdrampen **14.30** mit gleichbleibender bzw. breiter werdender Auffahrtsbreite, an eine senkrechte Wand, bzw. an eine Böschung anschließend, sollen berechnet werden.

Lösung a) $V = \dfrac{15{,}00\,\text{m}}{6} \cdot 2{,}50\,\text{m}\,(11{,}00\,\text{m} + 2 \cdot 6{,}00\,\text{m}) = \mathbf{143{,}75\,m^3}$

b) $V = \dfrac{15{,}00\,\text{m}}{6} \cdot 2{,}50\,\text{m}\,(13{,}00\,\text{m} + 6{,}00\,\text{m} + 8{,}00\,\text{m}) = \mathbf{168{,}75\,m^3}$

c) $V = \dfrac{15{,}00\,\text{m}}{6} \cdot 2{,}50\,\text{m}\,(11{,}00\,\text{m} + 2 \cdot 6{,}00\,\text{m}) - \dfrac{2{,}50\,\text{m}}{6} \cdot 3{,}60\,\text{m}$
$(11{,}00\,\text{m} + 10{,}16\,\text{m} + 6{,}00\,\text{m})$
$V = 143{,}75\,\text{m}^3 - 28{,}29\,\text{m}^3 = \mathbf{115{,}46\,m^3}$

d) $V = \dfrac{15{,}00\,\text{m}}{6} \cdot 2{,}50\,\text{m}\,(13{,}00\,\text{m} + 6{,}00\,\text{m} + 8{,}50\,\text{m}) - \dfrac{2{,}50\,\text{m}}{6} \cdot 2{,}50\,\text{m}$
$(13{,}00\,\text{m} + 8{,}00\,\text{m} + 11{,}83\,\text{m})$
$V = 168{,}75\,\text{m}^3 - 34{,}20\,\text{m}^3 = \mathbf{134{,}55\,m^3}$

Erdmassenberechnung nach Querprofilen. Bei den im Straßen- und Tiefbau häufig langen Erdkörpern wird nach Querprofilen („Querschnitten") ge- und abgerechnet. Dabei ist zu unterscheiden zwischen

- Erdkörpern mit regelmäßigen (d.h. gleichen oder ähnlichen Querprofilen) und
- Erdkörpern mit unregelmäßigen Querprofilen.

Während sich lange Körper mit regelmäßigen Querprofilen nach den bekannten Formeln berechnen lassen, müssen unregelmäßige Querprofile zunächst einzeln berechnet werden. Dazu gibt es vier Möglichkeiten.

1. Man zerlegt die unregelmäßige Fläche mit Hilfe von Koordinaten in berechenbare Flächen wie Dreiecke, Trapeze, Rechtecke usw.

Beispiel 17 Mit den bekannten Flächenformeln lassen sich die Einzelflächen **14.31** berechnen:

$A_1 =$ Dreieck; $A_1 = \dfrac{l \cdot h}{2}$ $A_2 =$ Trapez; $A = \dfrac{l_1 + l_2}{2} \cdot h$ usw.

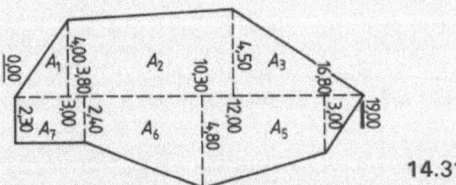

14.31

Vereinfachen läßt sich die Rechnung, wenn man nicht jeweils durch 2 dividiert, sondern zunächst $2 \cdot A$ berechnet.

$A_1 = 3{,}00\,\text{m} \cdot 4{,}00\,\text{m}$ $= 12{,}00\,\text{m}^2$
$A_2 = 9{,}00\,\text{m} \cdot (4{,}00 + 4{,}50)\,\text{m}$ $= 76{,}50\,\text{m}^2$
$A_3 = 7{,}00\,\text{m} \cdot 4{,}50\,\text{m}$ $= 31{,}50\,\text{m}^2$
$A_4 = 2{,}20\,\text{m} \cdot 3{,}00\,\text{m}$ $= 6{,}60\,\text{m}^2$
$A_5 = 6{,}50\,\text{m} \cdot (3{,}00 + 4{,}80)\,\text{m}$ $= 50{,}70\,\text{m}^2$
$A_6 = 6{,}50\,\text{m} \cdot (4{,}80 + 2{,}40)\,\text{m}$ $= 46{,}80\,\text{m}^2$
$A_7 = 3{,}80\,\text{m} \cdot (2{,}40 + 2{,}30)\,\text{m}$ $= 17{,}86\,\text{m}^2$
$2A = 241{,}96\,\text{m}^2$
$A = \mathbf{120{,}98\,m^2}$

2. Man zerlegt das Querprofil in einzeln berechenbare Flächen. Dabei müssen für jede Station 2 Höhen vorhanden sein.

Beispiel 18 Für das Beispiel **14.32** rechnet man für die Einzelflächen zunächst die l- und h-Werte aus.

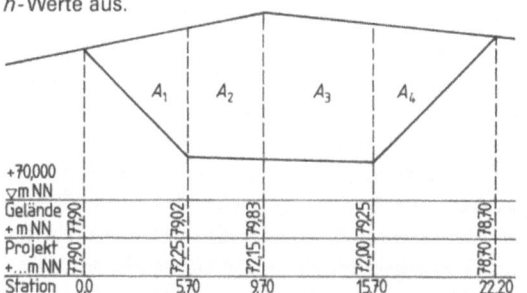

Für A_1 l: Station 0,0 bis Station 5,7 = 5,70 m
   h: H Gelände   = +79,02 m NN (Station 5,7)
        $-H$ Projekt   = +72,25 m NN
        $h =$ 6,77 m

Daraus ergeben sich die Einzelflächen

$A_1 = \dfrac{5{,}70 \text{ m} \cdot 6{,}77 \text{ m}}{2}$ = 19,30 m²

$A_2 = 4{,}00 \text{ m} \cdot \dfrac{6{,}77 \text{ m} + 7{,}68 \text{ m}}{2}$ = 28,90 m²

$A_3 = 6{,}00 \text{ m} \cdot \dfrac{7{,}68 \text{ m} + 7{,}25 \text{ m}}{2}$ = 44,79 m²

$A_4 = \dfrac{6{,}50 \text{ m} \cdot 7{,}25 \text{ m}}{2}$ = 23,56 m²

und die Gesamtfläche $A =$ **116,55 m²**.

Nicht für jede Station des Straßenprofils wird in der Praxis aber eine Höhe aufgenommen oder später eine Höhe zwischengerechnet. Deshalb ist das folgende Verfahren praxisnäher.

3. Die Profile werden über einer Bezugslinie aufgetragen. Aus den verfügbaren Höhenpunkten bildet man berechenbare Flächen (Dreiecke und Trapeze) und rechnet sie aus. Der Abtragsquerschnitt ergibt sich wie folgt:

  Querschnitt ($A_{\text{Gelände}}$) unter der Geländelinie
- Querschnitt (A_{Projekt}) unter der Projektlinie

= Querschnitt Abtrag

Beispiel 19 (**14.33**) $A_G : A_1 = 3{,}65 \text{ m} \cdot \dfrac{5{,}62 \text{ m} + 6{,}05 \text{ m}}{2} = 21{,}30 \text{ m}^2$

14.33 Querschnittsfläche

Beispiel 19, Vereinfacht läßt sich rechnen (jeweils beide Höhen der Fläche addiert):
Fortsetzung

$$
\begin{aligned}
A_1 &= 3{,}65 \text{ m} \cdot 11{,}67 \text{ m} &= 42{,}60 \text{ m}^2 \\
A_2 &= 4{,}00 \text{ m} \cdot 11{,}66 \text{ m} &= 46{,}64 \text{ m}^2 \\
A_3 &= 5{,}20 \text{ m} \cdot 10{,}59 \text{ m} &= 55{,}07 \text{ m}^2 \\
A_4 &= 1{,}40 \text{ m} \cdot 9{,}48 \text{ m} &= 13{,}27 \text{ m}^2 \\
& & \overline{2\,A_G = 157{,}58 \text{ m}^2}
\end{aligned}
$$

$$
\begin{aligned}
-A_P:\ A_5 &= 3{,}10 \text{ m} \cdot 6{,}01 \text{ m} &= 18{,}63 \text{ m}^2 \\
A_6 &= 3{,}50 \text{ m} \cdot 3{,}11 \text{ m} &= 10{,}89 \text{ m}^2 \\
A_7 &= 3{,}50 \text{ m} \cdot 3{,}11 \text{ m} &= 10{,}89 \text{ m}^2 \\
A_8 &= 4{,}15 \text{ m} \cdot 7{,}13 \text{ m} &= 29{,}59 \text{ m}^2 \\
& & \overline{2\,A_P = 70{,}00 \text{ m}^2} \\
= 2A & & = 87{,}58 \text{ m}^2 \\
A & & = \mathbf{43{,}79\ m^2}
\end{aligned}
$$

4. Eine verbreitete Methode der Querschnittsflächenberechnung von Straßen, Wasserläufen usw. geschieht nach der Gaußschen Summenformel. Dabei müssen alle Eckpunkte der zu berechnenden Fläche nach Koordinaten (x/y) in einem System bekannt sein. Zur Berechnung der doppelten Querschnittsfläche dient die Formel

$$\boxed{2A = \sum_{i=1}^{n} x_i (y_{i-1} - y_{i+1})}$$

Beispiel 20 Die Querschnittsfläche **14.33** ist mit ihren Maßen in ein Koordinatensystem eingebaut (**14.34**).

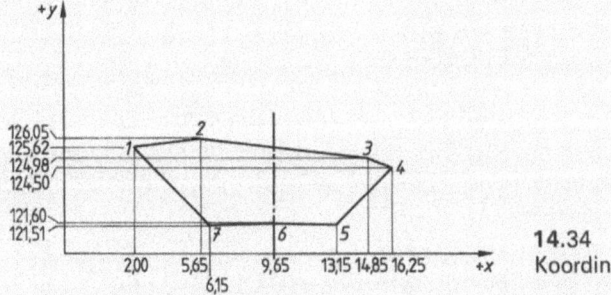

14.34 Koordinatensystem

In einer Tabelle zusammengefaßt ergibt sich nach Elling folgende Rechnung:

Pkt. Nr.	x_i	y_i	$y_{i-1} - y_{i+1}$	$= \Delta y_i$	$\Delta y_i \cdot x_i =$
1	2,00	125,62	121,51 − 126,05 =	−4,54	−9,08
2	5,65	126,05	125,62 − 124,98 =	0,64	3,62
3	14,85	124,98	126,05 − 124,50 =	1,55	23,02
4	16,25	124,50	124,98 − 121,51 =	3,47	56,39
5	13,15	121,51	124,50 − 121,60 =	2,90	38,14
6	9,65	121,60	121,51 − 121,51 =	0	0
7	6,15	121,51	121,60 − 125,62 =	−4,02	−24,72
				$2A =$	87,37
				$A =$	**43,685 m²**

Bei dieser Rechnung werden also Punkte mit ihren x- und y-Werten im Uhrzeigersinn aufgeführt und berechnet. Für Δy_1 ist dabei zu rechnen:

$\Delta y_1 = y_7 - y_2$, also z. B. $\Delta y_1 = 121{,}51 \text{ m} - 126{,}05 \text{ m} = -4{,}54 \text{ m}$

Die Rechnung läßt sich vereinfachen, wenn die x-Werte über die Bezugslinie angenommen werden. Also z. B. 125,62 m − 120,00 m = 5,62 m statt 125,62 m.

Das Rechenschema nach Elling („Ellingsche Verfahren") geht auf die Gaußsche Summenformel zurück. Dabei werden die x- und y-Werte der Punkte kreuzweise multipliziert. Dann werden die Produkte aufsteigender Richtung addiert, fallender Richtung substrahiert. Das Ergebnis (da $2A$) wird durch 2 dividiert:

Pkt. Nr.	x_i	y_i	↗ (+ Werte)	↘ (− Werte)
1	2,00	125,62	709,753	
2	5,65	126,05	1871,843	252,100
3	14,85	124,98	2030,925	706,137
4	16,25	124,50	1637,175	1848,825
5	13,15	121,51	1172,572	1974,538
6	9,65	121,60	747,840	1599,040
7	6,15	121,51	243,020	1172,572
1	2,00	125,62		772,563
			+ 8413,128	− 8325,775 = 87,35 (2A)
				$A = \mathbf{43{,}675 \text{ m}^2}$

Bei allen vier Verfahren haben wir zunächst nur die Querschnittsflächen berechnet. Das Volumen ergibt sich in jedem Fall aus

$$V = \frac{A_{\text{Station}\ldots} + A_{\text{Station}\ldots}}{2} \cdot l$$

d. h., der Abstand zwischen 2 Profilen wird mit dem gemittelten Querschnitt multipliziert.

> Wenn Erdkörper mit unregelmäßigen und stark wechselnden Querschnittsflächen zu berechnen sind, müssen die Querschnitte einzeln berechnet werden. Dafür bieten sich verschiedene Verfahren an. Häufig wird das Elling-Verfahren nach der Gaußschen Summenformel angewendet.

Aufgaben

1. Ein Lärmschutzwall in völlig waagerechtem Gelände wird auf 85 m Länge parallel zur Autobahn gebaut. Die Höhe beträgt 4,80 m, die Wallkrone ist 1,20 m breit, die Böschungen haben eine Neigung von 1:1,5. Wieviel m³ Festboden enthält der Wall?

2. Die Erdmulde **14.35** zur seitlichen Versickerung des Oberflächenwassers der Straße hat die dargestellten Maße. Wieviel Bodenaushub fällt auf 1,250 km an? (Näherungsformel anwenden!)

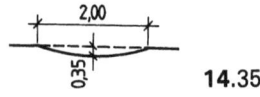
14.35

3. Auf 52,00 m Länge hat der Hanggraben **14.36** die gezeigte Querschnittsform. Berechnen Sie sein Volumen.

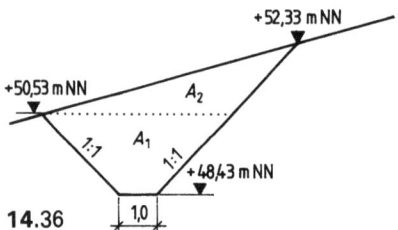
14.36

4. Die Erdrampe **14.37** an einer senkrechten Verladerampe hat die abgebildeten Maße. Berechnen Sie das Volumen als Prisma + Pyramiden.

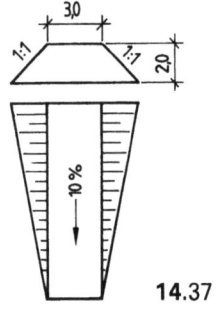
14.37

5. Berechnen Sie die Erdrampe **14.37** nach der Keilformel.

6. Der Vorfluter **14.38** soll bei den gezeigten Höhenverhältnissen mit gleichbleibendem Profil (Sohlbreite = 0,60 m, Böschungsverhältnis 1:1,25) ausgebaut werden. Wieviel Bodenaushub kann abgerechnet werden?

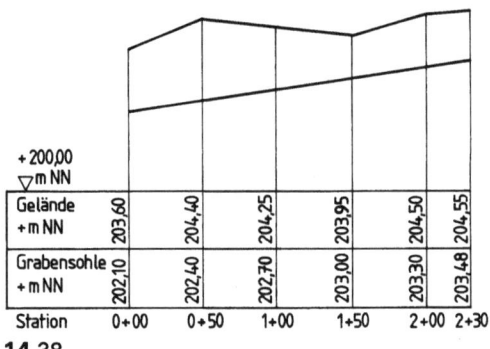

+200,00 ∇m NN						
Gelände +m NN	203,60	204,40	204,25	203,95	204,50	204,55
Grabensohle +m NN	202,10	202,40	202,70	203,00	203,30	203,48
Station	0+00	0+50	1+00	1+50	2+00	2+30

14.38

7. Für ein Brückenpfeilerfundament wird die in Bild **14.39** gezeigte Baugrube in stark geneigtem Gelände ausgehoben.
   a) Ermitteln Sie die Körpermaße l_1 und l_2.
   b) Berechnen Sie den Bodenaushub.

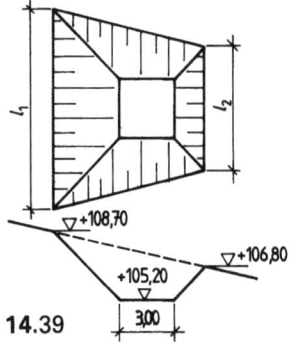
14.39

8. Die altägyptische Cheopspyramide hat bei quadratischer Grundfläche eine Seitenlänge von 233 m und ist 146 m hoch. Wieviel m³ Steinblöcke waren zur Errichtung (ohne Berücksichtigung der Kammern!) erforderlich?

9. Zerlegen Sie die Erdrampe **14**.40, die zur Brücke hinaufführt, in Prisma, Pyramiden und Kegel und berechnen Sie die Bodenmassen.

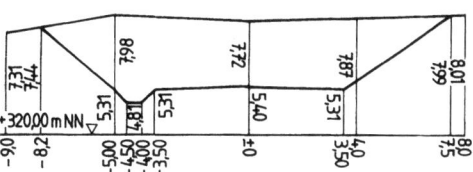

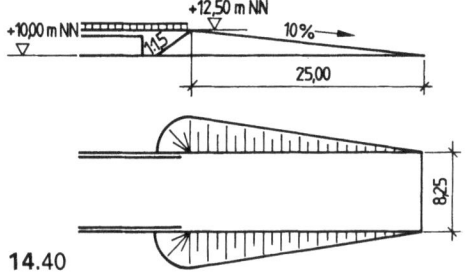

14.40

10. Berechnen Sie die Querschnittsflächen **14**.41 in 10 Einzelflächen.

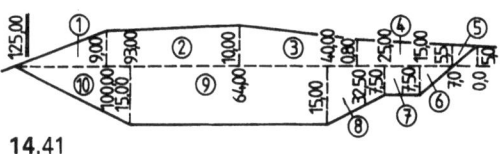

14.41

11. Berechnen Sie die Querschnittsfläche **14**.42 als Teilfläche über der Bezugslinie +320,00 m NN.

14.42 Querschnittsfläche

12. Berechnen Sie die Aushub-Querschnittsfläche **14**.43 nach dem Prinzip „Gelände–Projekt".

13. Berechnen Sie den Querschnitt **14**.43 nach dem Elling-Verfahren und der Gaußschen Summenformel. Nehmen Sie dazu die Station $-10,0$ als $x=0$ an.

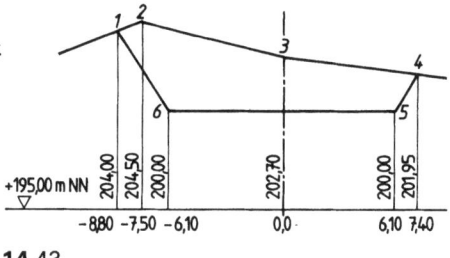

14.43

14.3 Berechnen des Materialbedarfs

Bordsteine werden nach Stück oder m („lfd. m") bestellt. Nach Stück können nur Betonbordsteine mit gleichbleibender Länge unter Angabe der Steinlänge (1,00 m, 0,50 m oder 0,78 m) bestellt werden, z. B.

120 Stück Bordsteine H 15 × 30, 1,00 m Länge, nach DIN 483.

Die Zahl der Bogenbordsteine mit 0,78 m Länge ($\pi/4$!) ergibt sich aus der Bogenlänge.

Bogenlänge: 0,785 m ($\pi/4$, bestehend aus 78 cn Steinlänge + 0,5 cm Fuge)

Beispiel 21 Für eine rechtwinklige Einmündung mit dem Radius $r = 8,00$ m sind erforderlich:

$$b = \frac{2 \cdot 8,00 \text{ m} \cdot \pi \cdot 90°}{360°} = 12,57 \text{ m}$$

12,57 m : 0,785 m/Stück = **16 Stück Bordsteine**

Naturbordsteine werden wegen der unregelmäßigen Längen nur nach m bestellt und gehandelt.

Pflaster. Auch bei Pflaster unterscheidet man Natursteinpflaster und künstliches Pflaster.

- Natursteinpflaster wird nach t (manchmal nach m²) gehandelt,
- Betonpflaster, Klinker und Schlackensteine werden nach Stück oder m² gehandelt.

Für die Bedarfsberechnung sind je nach Gestein und genauen Steinmaßen zu veranschlagen:

Großpflaster/Naturstein = 2,5 bis 3,0 m²/t	Betonpflaster 16/16 = 36 St./m²
Kleinpflaster/Naturstein = 4,5 bis 5,5 m²/t	Betonpflaster 16/24 = 25 St./m²
Mosaik/Naturstein = 8,0 bis 9,0 m²/t	Betonpflaster 20/10 = 48 St./m²

Bei quadratischen und rechteckigen künstlichen Steinen läßt sich der Steinbedarf leicht von der regelmäßigen Kopffläche her ableiten und ausrechnen. Etwas schwieriger ist es bei Gehwegplatten und Verbundpflastersteinen, da die erforderlichen Formsteine immer in einem bestimmten Verhältnis vorhanden sein müssen, um einen Verband zu ergeben.

Bei Gehwegplatten bezieht man den Bedarf am besten jeweils auf 1 m oder eine andere Längen„einheit" (bei Platten 35/35 z. B. auf 0,7 lfd. m).

Beispiel 22 Für 80 m des 1,75 m breiten Gehwegs **14.44** aus Betonplatten 50/50 cm und 75/50 cm sind erforderlich:
Platten 50/50: 80 m · 4 Stück/m = **320 Stück**
Platten 75/50: 80 m · 2 Stück/m = **160 Stück**
Die Bestellung erfolgt nach Stück oder m².

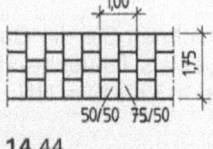

14.44

Verbundpflaster besteht je nach Sorte (Fabrikat) aus 3 bis 4 verschiedenen Formsteinen. Die Daten der Hersteller müssen für die Materialberechnung, aber auch für die Planung (Breiten!) bekannt sein (**14.45**).

Tabelle **14.45** Verbundpflaster

Pos.	Maße			Bedarf		Gewicht	
	Breite in cm	Länge in cm	Höhe in cm	Stück/m²	Stück/m	in kg/Stück	in kg/m²
1	8,6/11	21,8	6,5	45	–	3,3	150
			8			4,0	180
			10			5,0	225
2	19,7	18,8	s.o.	37	5		
3	7,8/9	21,8	s.o.	51	4,5		

1 Normalstein 2 Randstein 3 Endstein
Bemerkungen: 10 Reihen ≙ 1 lfd. m
Kurvensatz: $\alpha = 4°$; 22 Teile (13 Größen); 0,55 m²; $b = 2{,}86$ m

Da sich je nach der Flächenform eine unterschiedliche Zahl von Normal-, Rand-, End- oder Schlußsteinen ergibt, muß man bei der Bestellung die genaue Stückzahl oder die Fläche mit Bemaßung angeben.

Beispiel 23 Für eine 22,00 m lange und 2,75 m breite Hofzufahrt (die genauen Maße weichen bei allen Verbundpflastersorten um wenige cm davon ab) soll HBI-Verbundpflaster nach Stück bestellt werden (**14.45**).

Lösung Gesamtfläche: $A = 22{,}00 \text{ m} \cdot 2{,}75 \text{ m}$ $= 60{,}50 \text{ m}^2$
– Randsteine: $2 \cdot 22{,}00 \text{ m} \cdot 5 \text{ St./m} =$ **220 St.**: $37 \text{ St./m}^2 = 5{,}95 \text{ m}^2$
– Endsteine: $2 \cdot 2{,}75 \text{ m} \cdot 4{,}5 \text{ St./m} =$ **25 St.**: $51 \text{ St./m}^2 = 0{,}49 \text{ m}^2$
$= 54{,}06 \text{ m}^2$

$=$ Normalsteine: $54{,}06 \text{ m}^2 \cdot 45 \text{ St./m}^2 =$ **2433 Stück**

Bordsteine werden nach Stück oder m gehandelt und nach m abgerechnet.
Pflaster wird nach Stück, m^2 oder t gehandelt und nach m^2 abgerechnet.

Ungebundene Materialien (wie Sand, Kies, Splitt, Schotter, Grand/Geröll) werden nach aufgelockertem Volumen (m^3) oder nach Masse (Gewicht in t) gehandelt. Die Ausschreibungsunterlagen geben die Oberbauschichten aus diesen Materialien meist in cm (verdichteter Zustand!), seltener in kg/m^2 an. Bei der Materialberechnung und -bestellung muß also bedacht, berechnet und umgerechnet werden

– von m^3 loser Masse in m^3 verdichteter Masse;
– von t in m^3 verdichteter Masse;
– von kg/m^2 in cm verdichteter Schichtdicke.

Als Anhaltswerte der Umrechnung gelten die Werte der Tabelle **14.46** für Rohdichte (manchmal auch ungenau als Raumdichte bezeichnet) und Schüttdichte. Bei wichtigen Berechnungen oder großen Mengen muß die Dichte genau bestimmt werden.

Tabelle **14.46** **Dichte von Tragschichtmaterialien**

Tragschichtmaterial	Rohdichte (verdichtet)	Schüttdichte (unverdichtet)
Kiessand 0 bis 32 mm	2,05 t/m³	1,72 t/m³
Mineraltragschicht 0 bis 56 mm	2,15 t/m³	1,80 t/m³
Kalksteinschotter 32/45 mm	1,75 t/m³	1,52 t/m³

Beispiel 24 Tabelle **14.47** zeigt den Zusammenhang zwischen Einbaumasse (Einbaugewicht), Einbauvolumen und Schütthöhe an Tragschichtmaterialien. Das Verdichtungsmaß ist bei diesen Beispielen mit $\approx 20\%$ angenommen, bezogen auf die lose Schütthöhe = 100%.

Tabelle 14.47 Einbaudaten für Tragschichtmaterialien in Beispielen

	Tragschichten aus		
	25 cm Kiessand 0/32 mm	25 cm Kalksteinschotter 32/45 cm	25 cm Mineraltragschicht 0/56 mm
Einbaumasse	512,5 kg/m²	437,5 kg/m²	537,5 kg/m²
Einbauvolumen (fest)	0,25 m³/m²	0,25 m³/m²	0,25 m³/m²
Einbauvolumen (lose)	0,30 m³/m²	0,29 m³/m²	0,30 m³/m²
Schütthöhe (lose)	30 cm	29 cm	30 cm

> Bei ungebundenen Tragschichtmaterialien ist zwischen der (verdichteten) Rohdichte und der (unverdichteten) Schüttdichte zu unterscheiden.
> Zum Umrechnen des Einbaugewichts in die Schichtdicke und umgekehrt dient die Rohdichte.

Asphaltmischgut wird als Asphaltbeton, -binder, -tragschicht usw. nach Masse (t) auf die Baustelle geliefert. Ausgeschrieben sind die Oberbauschichten aus diesem Mischgut nach Einbauhöhe (cm verdichteter Schicht) oder nach Einbaumasse (kg/m²). Die Rohdichte der einzelnen Mischgutrezepte gibt das Werk an, z. B. 2,40 g/cm³ ($\triangleq$ 2,4 t/m³) für einen Asphaltbeton 0/5 mm. Daraus läßt sich die Schichtdicke berechnen, wenn die Einbaumasse (das Einbaugewicht) bekannt ist, z. B. wie dick ist eine Asphaltbetondeckschicht 0/5 mm von 60 kg/m²?

2400 kg/m² $\triangleq$ 100 cm Schichtdicke
60 kg/m² $\triangleq$ x cm

$$\text{Schichtdicke} = \frac{100 \text{ cm} \cdot 60 \text{ kg/m}^2}{2400 \text{ kg/m}^2} = 2,5 \text{ cm}$$

$$\text{Schichtdicke (m)} = \frac{\text{Einbaumasse}}{\text{Rohdichte}} \quad \left(\frac{\text{kg} \cdot \text{m}^3}{\text{kg} \cdot \text{m}^2}\right)$$

Es läßt sich aber auch die Einbaumasse berechnen, wenn nach Schichtdicke ausgeschrieben wurde:

$$\text{Einbaumasse (kg/m}^2\text{)} = \frac{\text{Rohdichte}}{\text{Schichtdicke}} \quad \left(\frac{\text{kg} \cdot \text{m}}{\text{m}^3}\right)$$

In der Praxis wird gern mit einem „Umrechnungsgewicht" in kg/m² Einbaufläche/cm Schichtdicke – also mit $1/100$ m³ – gerechnet. Bei einer Raumdichte von z. B. 2,48 g/cm³ (= 2,48 t/m³) beträgt es dann 24,8 kg/m² je cm Schichtdicke.

Beispiel 25 In Bild **14**.48 wird der nach Schichtdicke ausgeschriebene Asphaltoberbau in die Einbaumassen umgerechnet.

Asphaltbeton
(2,43 g/cm³): $4 \cdot 24,3 = 97,2$ kg/m²

Asphaltbinder
(2,38 g/cm³): $8 \cdot 23,8 = 190,4$ kg/m²

Asphalttragschicht
(2,30 g/cm³): $14 \cdot 23,0 = 322,0$ kg/m²

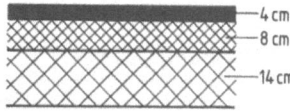

14.48

Wenn die genauen Rohdichten für Asphaltmischgüter nicht angegeben und bekannt sind, kann man mit diesen Näherungswerten rechnen:

– Asphaltdeckschicht   2,5 g/cm³ ≙ 25 kg/m²/cm Schichtdicke
– Asphaltbinderschicht   2,4 g/cm³ ≙ 24 kg/m²/cm Schichtdicke
– Asphalttragschicht   2,3 g/cm³ ≙ 23 kg/m²/cm Schichtdicke

> Für die Umrechnung von Schichtdicke in Einbaumasse und umgekehrt braucht man die von den Mischwerken angegebene Rohdichte.

Aufgaben

1. Berechnen Sie den Bedarf an Bogenbordsteinen aus Beton in m und Stück (0,78 m Länge) für die Einmündung **14.49**.

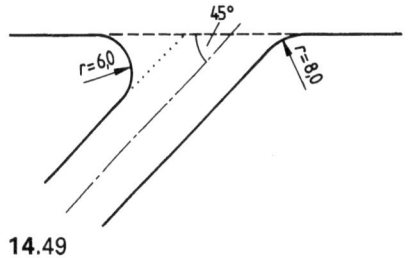

14.49

2. Welche Einbaumassen in kg/m² liegen bei den Oberbau-Beispielen **14.50** vor?

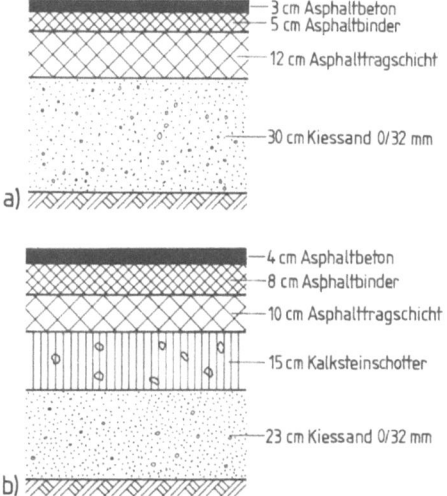

14.50 a) Parkfläche, b) Fahrbahn

3. Berechnen Sie den Bedarf an Pflastersteinen für die Stadtstraße **14.51**, und zwar a) je lfd. m Straße, b) für die Ausbaulänge von 335 m.

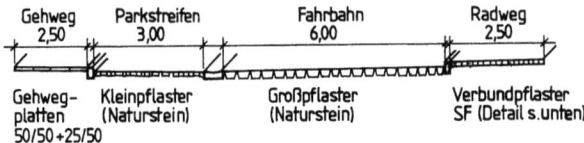

14.51 Stadtstraße

SF-Vollverbund (ESKOO)

Pos.	Maße			Bedarf		Gewicht	
	Breite in cm	Länge in cm	Höhe in cm	Stück/ m²	Stück/ m	in kg/ Stück	in kg/ m²
1	~10	~19	–	49	–		
			8			3,9	190
			10			4,9	240
2	~20	22	s.o.	27	4,75		
3	~9	19	s.o.	44	5,2		

1 Normalstein
2 Randstein
3 Schlußstein

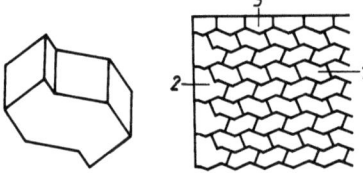

Bemerkungen: 10 Reihen ≙ 1 lfd. m
kleinste Verlegebreite: 0,34 m (2 Randsteine)
Verlegebreiten: $b = 0,34 + n \cdot 0,095$ (m)
Kurvensatz: $\alpha = 2°$; 15 Teile; 0,45 m²
$b = 2,70$ m

14.4 Aufmaß und Abrechnung von Flächen

Die beim Straßenbau hergestellten Flächen werden nach VOB Teil C, Straßenbauarbeiten (Verkehrswegebauarbeiten) aufgemessen und abgerechnet

– nach DIN 18315: Oberbauschichten ohne Bindemittel;
– nach DIN 18316: Oberbauschichten mit hydraulischen Bindemitteln;
– nach DIN 18317: Oberbauschichten aus Asphalt;
– nach DIN 18318: Pflasterdecken, Plattenbeläge, Einfassungen.

Abgerechnet wird üblicherweise nach Flächenmaß (m²). Das Profilieren (Angleichen, Ausgleichen) von Flächen mit Asphaltmischgut sowie das Ansprühen (Anspritzen) mit bituminösen Bindemitteln kann nach Masse (t) abgerechnet werden. Fugenherstellung und Fugenverguß werden nach m abgerechnet. Aussparungen bis zu 1 m² Einzelgröße sowie Fugen, Schlitze und Schienen werden nicht abgezogen. Einzelflächen unter 0,5 m² werden als 0,5 m² abgerechnet.

Beim Aufmaß der Flächen wird bereits berücksichtigt, daß sich die Flächen mit den üblichen Flächenformeln berechnen lassen. Näherungsformeln (z.B. für den Kreisflächenabschnitt) sind genauso üblich wie die vereinfachte Unterteilung in Trapeze (z.B. bei Einmündungen). Die üblichen Formeln und häufig wiederkehrende Situationen beim Flächenaufmaß sind in Tabelle **14.52** mit Beispielen zusammengestellt.

Tabelle 14.52 **Aufmaße und Formeln**

Aufmaß	Formeln	Beispiele
(Quadrat mit Viertelkreis, Maße 6,00 / 10,00 / r=6,00)	A_I = Quadrat $A = l \cdot l$	$A_I = 6{,}00\,m \cdot 6{,}00\,m = \mathbf{36{,}00\,m^2}$ $A_{II} = 10{,}00\,m \cdot 6{,}00\,m = \mathbf{60{,}00\,m^2}$
	A_{II} = Rechteck $A = l \cdot h$	$A_{III} = \dfrac{12{,}00^2\,m^2 \cdot \pi}{4 \cdot 4} = \mathbf{28{,}27\,m^2}$
	A_{III} = Viertelkreis $A = \dfrac{d^2 \cdot \pi}{4 \cdot 4}$ oder $A = \dfrac{r^2 \cdot \pi}{4}$	$A_{IV} = 36{,}00\,m^2 - 28{,}27\,m^2$ $A_{IV} = \mathbf{7{,}73\,m^2}$
	A_{IV} = Quadrat – Viertelkreis	
(Parallelogramm, 16,00 / 4,50)	A_I = Parallelogramm (Rhomboid) $A = l \cdot h$	$A_I = 16{,}00\,m \cdot 4{,}50\,m = \mathbf{72{,}00\,m^2}$
(Dreieck/Kreisabschnitt, 4,00/6,00/7,20)	A_I = Dreieck $A = \dfrac{l \cdot h}{2}$	$A_I = \dfrac{6{,}00\,m \cdot 4{,}00\,m}{2} = \mathbf{12{,}00\,m^2}$
	A_{II} = Kreisabschnitt $A_{II} \approx \dfrac{2}{3} \cdot s \cdot h$ (Näherungsformel)	$A_{II} \approx \dfrac{2}{3} \cdot 7{,}20\,m \cdot 0{,}90\,m \approx \mathbf{4{,}32\,m^2}$
($\alpha=90°$, 6,00 / 8,49 / h=1,76)	A_I = Dreieck	$A_I = \dfrac{6{,}00\,m \cdot 6{,}00\,m}{2} = 18{,}00\,m^2$
	A_{II} = Kreisabschnitt $A_{II} = \dfrac{r^2 \cdot \pi \cdot \alpha}{360°} - \dfrac{s(r-h)}{2}$	$A_{II} = \dfrac{6{,}00^2\,m^2 \cdot \pi \cdot 90°}{360°} - \dfrac{8{,}49\,m^2\,(6{,}0-1{,}76)}{2}$ $A_{II} = \mathbf{10{,}27\,m^2}$
(Kreis d=10,00, Kreisring)	A_I = Kreis A_{II} = Kreis $A = \dfrac{d^2 \cdot \pi}{4}$ oder $A = r^2 \cdot \pi$	$A_I = \dfrac{10{,}00^2\,m^2 \cdot \pi}{4} = \mathbf{78{,}54\,m^2}$
	A_{III} = Kreisring $A = \dfrac{D^2 \cdot \pi}{4} - \dfrac{d^2 \cdot \pi}{4}$ $A = (R^2 - r^2) \cdot \pi$	$A_{II} = \left[\dfrac{(10{,}00\,m - 2 \cdot 0{,}3\,m)}{2}\right]^2 \cdot \pi$ $A_{II} = \mathbf{69{,}40\,m^2}$ $A_{III} = (5{,}00^2\,m^2 - 4{,}7^2\,m^2) \cdot \pi = \mathbf{9{,}14\,m^2}$
(Trapez, 5,00 / 8,50 / 3,00 / 3,00)	A_I = Rechteck $A_{II} = l \cdot h$	$A_I = 15{,}00\,m \cdot 3{,}00\,m = \mathbf{15{,}00\,m^2}$
	A_{II} = Trapez $A = \dfrac{l_1 + l_2}{2} \cdot h$	$A_{II} = \dfrac{8{,}50\,m + 5{,}00\,m}{2} \cdot 3{,}0\,m$ $A_{II} = \mathbf{20{,}25\,m^2}$

Fortsetzung s. nächste Seite

Tabelle **14**.52, Fortsetzung

Aufmaß	Formeln	Beispiele
	A_I = Parallelogramm $A_I = l \cdot h$ (oder als Rechteck mit der Achslänge = 24,04 und der Wegbreite = 3,00 m)	$A_I = 4{,}24$ m $\cdot$ 17,00 m = **72,12 m²** oder $A_I = 24{,}04 \cdot 3{,}00$ m = **72,12 m²**
	A_I = aus mehreren Trapezen zusammengesetzt $A_I = \dfrac{l_1 + l_2}{2} \cdot h + \dfrac{l_2 + l_3}{2} \cdot h \ldots$ $A_I = \dfrac{h}{2}(l_1 + l_2 + l_2 + l_3 + l_3 \ldots)$	$A_I = \dfrac{2{,}00 \text{ m}}{2}(7{,}05 + 6{,}85 + 6{,}85$ $+ 6{,}60 + 6{,}60 + 6{,}35 + 6{,}35$ $+ 6{,}20 + 6{,}20 + 6{,}08 + 6{,}08$ $+ 6{,}00)$ m $A_I = $ **77,21 m²**
Einmündung	A_I = Kreisausschnitt $A = \dfrac{r^2 \cdot \pi \cdot \alpha}{360°}$ A_{II} = Trapez $A = \dfrac{l_1 + l_2}{2} \cdot h$ A_{III} = Dreieck A_{IV} = Kreisabschnitt $A_V = A_{III} - A_{IV}$	$A_I = \dfrac{4{,}00 \text{ m}^2 \cdot \pi \cdot 150°}{360°} = $ **20,94 m²** $A_{II} = \dfrac{5{,}50 \text{ m} + 8{,}00 \text{ m}}{2} \cdot 2{,}0$ $A_{II} = $ **13,50 m²** $A_{III} = \dfrac{15{,}00 \text{ m} \cdot 2{,}20 \text{ m}}{2} = $ **16,50 m²** $A_{IV} \approx \dfrac{2}{3} \cdot 15{,}00$ m $\cdot 1{,}00$ m $A_{IV} \approx $ **10,00 m²** $A_V = 16{,}50$ m $- 10{,}00$ m $= $ **6,50 m²**

Flächenaufmaße müssen im Straßenbau oft unter widrigen Umständen als Handskizzen erstellt werden.
Dabei vereinfacht man, wo immer es geht.

– Ohne Maßlinien wird nur das Längenmaß an die gemessene Seite geschrieben;
– Längenmaße in der Mitte der Fläche gelten als Achsmaß;
– leicht gekrümmte Seiten werden als Gerade betrachtet;
– wechselnde Breitenmaße werden gemittelt;
– Einmündungen („Trompeten") werden in Trapeze gleicher Höhe unterteilt;
– die Seiten leicht verschobener Rechtecke und Quadrate werden gemittelt;
– die Materialien werden abgekürzt vermerkt (z. B. Rb = Rasenbord, usw.)

Straßenbauflächen werden nach VOB Teil C aufgemessen und nach m² abgerechnet.

Aufgaben

1. Berechnen Sie die trapezförmige Fahrbahnaufweitung **14.53**.
2. In den befestigten Flächen befinden sich die unterschiedlichsten runden Schächte. Von welchem Durchmesser ab müssen sie als Einzelgröße abgezogen werden?
3. An Einmündungen ist die stark umrandete Pflasterfläche **14.54** aufgemessen worden. Berechnen Sie a) die vergessene Seite l, b) die stark umrandete Pflasterfläche.
4. Berechnen Sie die 24 Einzelflächen des Originalaufmaßes **14.55**.

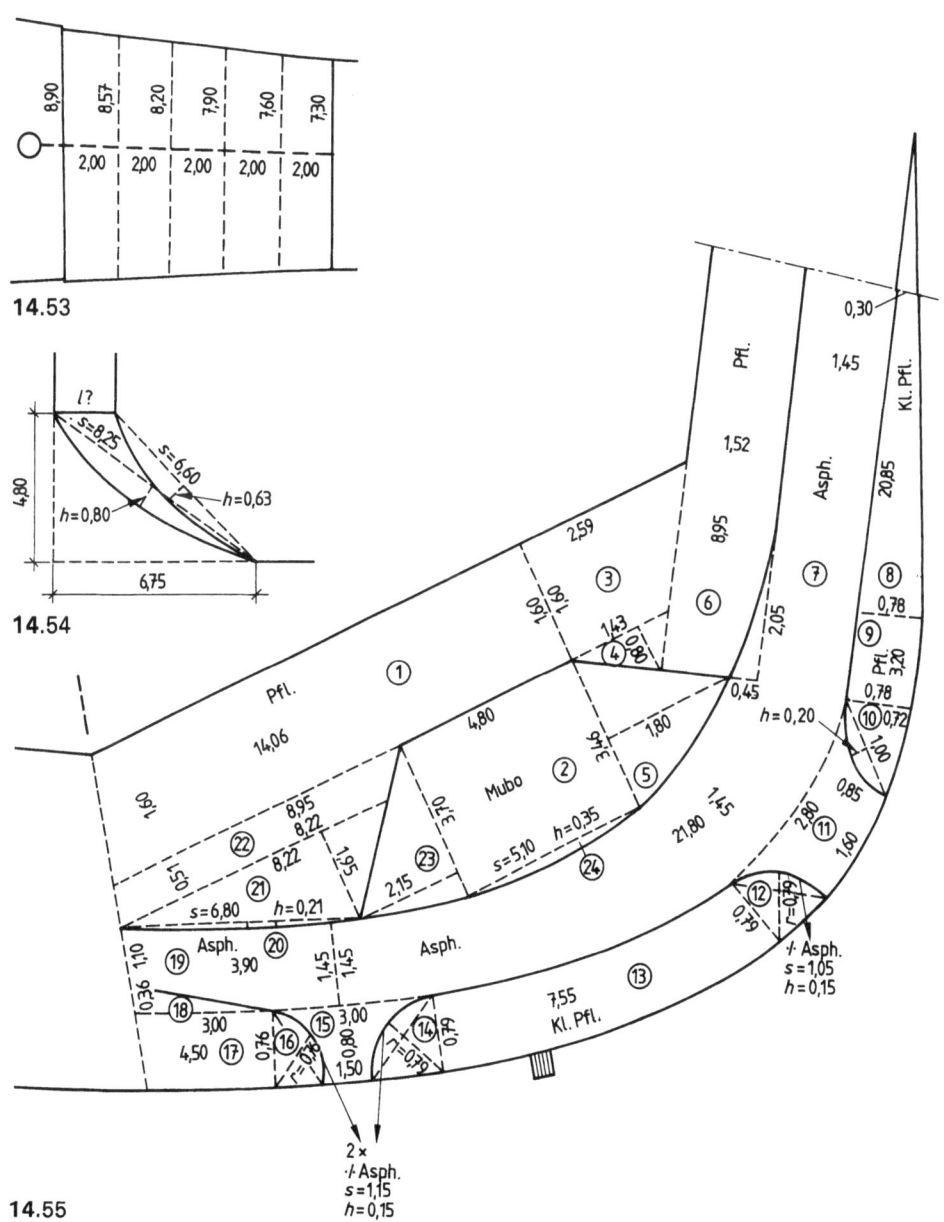

14.53

14.54

14.55

15 Zusammengesetzte Aufgaben/Übungsaufgaben

1. Berechnen Sie zum Grundstück **15.1**
   a) die Gesamtzaunlänge in m,
   b) die bebaute Fläche in m²,
   c) die unbebaute Fläche in m².

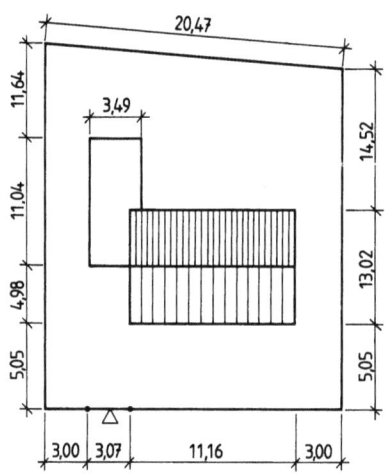

15.1 Grundstück (Maße in m)

2. Für die Bewehrung eines Stahlbetonbalkens $b/d = 28/50$ sind in Balkenmitte 8 Tragstäbe $\varnothing$ 18 mm erforderlich (**15.2**). Bügeldurchmesser 8 mm, Mindestabstand der Tragstäbe 2 cm, Betondeckung der Bügel 2 cm.
   a) Berechnen Sie den Achsabstand a zwischen den beiden äußeren Tragstäben in mm.
   b) Wieviel Tragstäbe können höchstens in der ersten (unteren) Lage verlegt werden?

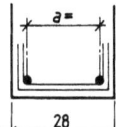

15.2 Stahlbetonbalken (Maß in cm)

3. Balken sollen über einen Raum von 5,76 m Breite verlegt werden (**15.3**). Die Balken $b/h = 16/24$ sollen 4 cm von den Wänden entfernt liegen und gleichmäßige Achsabstände von maximal 65 bis 70 cm aufweisen.

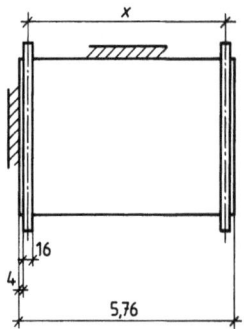

15.3 Raum (Maße in m/cm)

a) Wie groß ist das Maß x?
b) Wieviel Balken werden verlegt?
c) Wie groß ist der Achsabstand der Balken untereinander?

4. Die Skizze **15.4** zeigt ein Eckgrundstück. Berechnen Sie
   a) die Länge der Strecke a in m,
   b) die Grundstücksfläche A in m².
   Beide Ergebnisse sind als ganze Zahlen anzugeben.

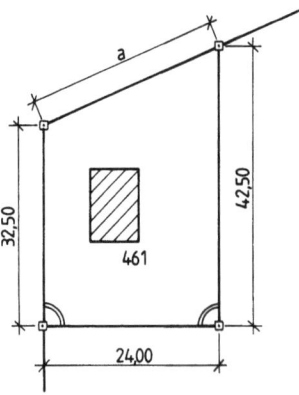

15.4 Eckgrundstück (Maße in m)

5. Durch eine Hilfsmessung soll die Strecke $\overline{AB}$ ermittelt werden (**15.5**).
   a) Wie lang ist die Strecke $\overline{CE}$ in m?
   b) Mit welcher Formel berechnen Sie die Strecke $\overline{AB}$?

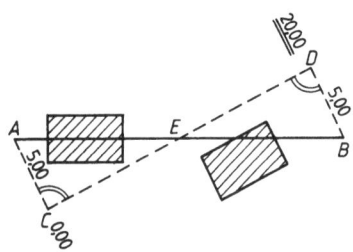

15.5 Grundstück (Maße in m)

6. Berechnen Sie von der Pyramide **15.6**
   a) die Höhe s_h in der Dreieckfläche in m,
   b) den Flächeninhalt der Dreieckfläche ABS in m².

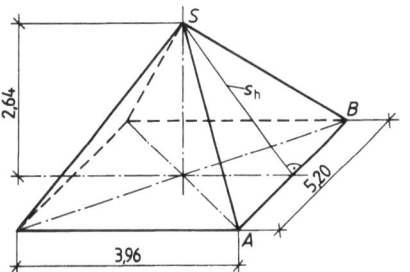

15.6 Pyramide (Maße in m)

7. Die Siebprobe nach DIN 1045 ergibt nach dem Sieben einer Gesamtzuschlagmenge von 5000 g folgende Werte:

Siebweite in mm	0,25	0,50	1,0	2,0	4,0	8,0	16,0	32,0	63,0
Gesamtrückstand in g	4700	4420	4200	3600	3020	2480	1420	180	0

Berechnen Sie
a) den Durchgang in % für die aufgeführten Siebweiten und
b) die Körnungsziffer.

8. In dem gegebenen Teilstück **15.7** eines Kanallängsschnitts sind folgende fehlende Maße nach den vorhandenen Maßangaben zu berechnen:
   a) die NN-Höhe der Schachtsohle A,
   b) die NN-Höhe der Schachtsohle B,
   c) die Tiefe des Schachtes B (t) in m.

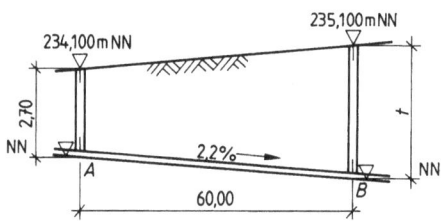

15.7 Teilstück (Maße in m)

9. Ein Damm ist gemäß der Handskizze **15.8** anzulegen. Berechnen Sie
   a) das Neigungsverhältnis der Böschung (1 : c),
   b) die Höhe der Böschung (Neigungsverhältnis 1 : 4),
   c) den Rauminhalt für 12,00 m Dammlänge.

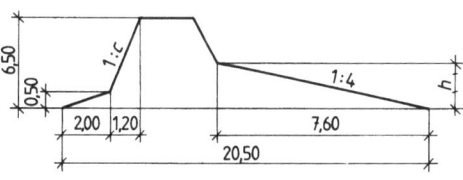

15.8 Damm (Maße in m)

10. Eine Kelleraußentreppe ist für einen Höhenunterschied von 1,40 m zu berechnen. Die Steigung soll auf das nächstkleinere Maß unter 18 cm festgelegt werden.
    a) Berechnen Sie die Steigungshöhe h in cm.
    b) Wie groß ist die Lauflänge bei einer Auftrittsbreite von 28 cm in m?

11. Die Skizze **15**.9 zeigt ein Flächenaufmaß. Berechnen Sie
    a) die Länge der Strecken $\overline{AB}$, $\overline{BC}$, CD, DE, EA,
    b) den Flächeninhalt der schraffierten Teilfläche, gerundet auf ganze m².

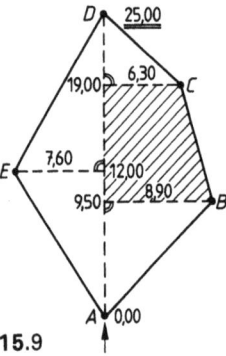

15.9

12. Der Giebel **15**.10 ist zu verputzen. Berechnen Sie die Teilflächen A_1, A_2 und A_3 in m² auf 2 Stellen genau.

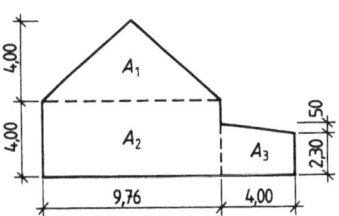

15.10   Giebel (Maße in m)

13. Das Volumen des mittleren, schraffierten Teilstücks in Bild **15**.11 (quadratischer Pyramidenstumpf) ist nach der genauen Formel

$$V = \frac{h}{6}(A_{oben} + A_{unten} + 4 A_m)$$

zu ermitteln. Berechnen Sie dazu in cm², cm³, a) A_{oben}, b) A_{unten}, c) $4A_m$, d) Volumen in Liter.

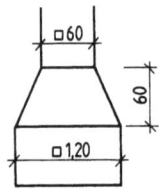

15.11
Teilstück
(Maße in m/cm)

14. Für den aufgebogenen Tragstab **15**.12 sind die Maße a und c in cm zu berechnen.

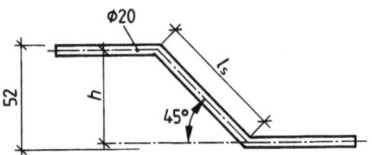

15.12   Tragstab (Maße in cm)

15. Das im Grundriß **15**.13 skizzierte Betonfundament für eine Freitreppe ist 0,80 m tief.
    a) Wieviel m³ Fundamentbeton sind herzustellen? (bis 3 Stellen hinterm Komma),
    b) wieviel kg Zement (ganze Zahl),
    c) wieviel kg Zuschlag (ganze Zahl) und
    d) wieviel l Wasser sind erforderlich?

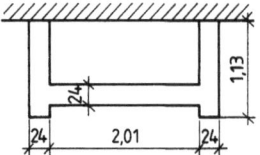

15.13   Grundriß (Maße in m/cm)

16. Das Betonfertigteilrohr **15**.14 soll mit einem Kran vom Spezialtransporter in eine Baugrube gehoben werden. Dazu ist das Gewicht zu ermitteln. Berechnen Sie
    a) die schraffierte Querschnittsfläche des Betonfertigteilrohrs in m²,
    b) die Länge der Mittellinie in m,
    c) das Volumen in m³,
    d) das Gewicht in t.

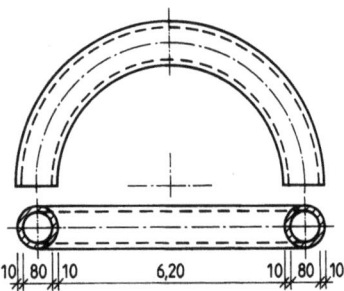

15.14   Betonfertigteilrohr (Maße in m/cm)

17. Berechnen Sie die Resultierende aus den Kräften F_1 und F_2 (**15.15**).

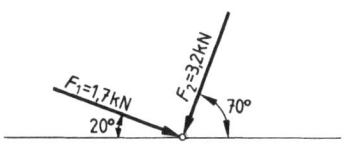

15.15 Kräfte

18. Berechnen Sie die Druckspannung σ_{vorh} für das Auflager **15.16** in N/cm².

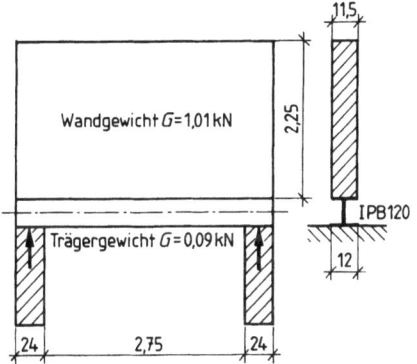

15.16 Auflager (Maße in m/cm)

19. Am einseitigen Hebel soll Gleichgewicht herrschen. Wie groß ist die Gleichgewichtskraft F_2 in N (**15.17**)?

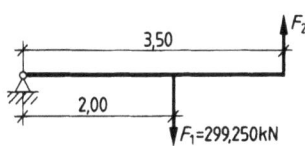

15.17 Kräfte (Maße in m)

20. Ermitteln Sie die Bodenpressung für das Einzelfundament **15.18**. Berechnen Sie dazu

a) den Rauminhalt des Fundaments in m³,
b) die Gewichtskraft F_2 des Fundaments in kN,
c) die Summe $(F_1 + F_2)$ in N,
d) die Fundamentgrundfläche in cm²,
e) die Bodenpressung σ in N/cm².

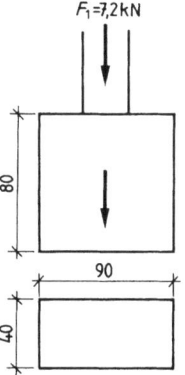

15.18 Einzelfundament (Maße in cm)

21. Für den im System dargestellten Belastungsfall **15.19** für einen Träger auf zwei Stützen ist die Auflagerkraft in A zu berechnen (kN).

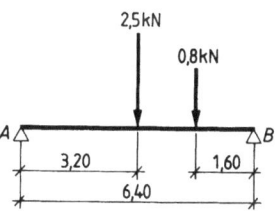

15.19 Belastungsfall (Maße in m)

22. Für den im System dargestellten Belastungsfall **15.20** für einen Träger auf zwei Stützen mit Kragarm ist die Auflagerkraft in A zu ermitteln (kN).

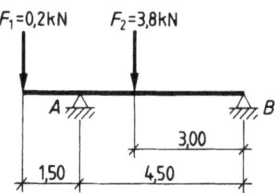

15.20 Belastungsfall (Maße in m)

Sachwortverzeichnis

Abrechnungsformular 119
Absolutkoordinate 19
Abszisse 19
Achteckkonstruktion 11
Akkordlohn 73
Altgradteilung 27
Ankathete 14, 25
Anstricharbeiten 211
Arbeitsraum 91
– verfüllung 94
Asphaltmischgut 246
Aufbiegungslänge, Betonstabstahl 150
Auflager 33
– kraft 34
– tiefe 34
Auftrittbreite 196, 198
Aussparung im Mauerwerk 114f.
– in Schalungen 136, 138f.
– in Stahlbetonwänden 133

Balkenschalung 138
Bau|absteckung 80
– – prüfen 81
– grube 91
– grubenaushub in horizontalem Gelände 93
– – in geneigtem Gelände 97, 235
– grubentiefe 217
– nutzung 60
– teilverfahren 185, 189f.
– vermessung 80
Bequemlichkeitsformel, Treppen 198
Beton 132
– decke 134
– deckung 136
–, Massenermittlung 132
– pflaster 244
– schalung 136
– stabstahl 150
–, Aufbiegungslänge 150

–, Gewicht 156
–, Schnittlänge 154
– stahlmatte 161
– wand 133
Bewehrung von Stahlbeton 150
Bewehrungs|plan 150
– querschnitt 170
– umrechnung 170
Biegerollendurchmesser 154
Boden|arten 92
– aushub 91
– belag 211
– klassen 92
– pressung, zulässige 97
Böschungsbreite 92
Böschungswinkel 92
Bogen|formen 124f.
– kräfte 125
– leibung 125, 127
– rücken 125, 127
– stich 228
– teile 125
Bordstein 243
Brettschichtholz 103
Brutto|angebotspreis 74
– grundrißfläche 64
– lohn 73
– rauminhalt 64

Dach|fläche 109
– neigung 109
Decken in Beton 134
– bekleidung 211
– schalung 136
Definitionsbereich 21
Dezimalsystem 18
Doppelbaugrube 220
doppelter Versatz 106
Drehpunkt, Momentengleichung 35
Dreieck 249
–, rechtwinkliges 14
Dreieckslast 41
Druckspannung 44, 129
Dualsystem 18

durchbindende Bauteile im Mauerwerk 114, 115

Eigenlast 31
Einbaumasse 246, 247
einfacher Versatz 106
Einheitspreis 75
Einzel|baugrube 219
– fundament 100
Ellingsches Verfahren 241
Ellipsenkonstruktion 12
Entwässerungskanal 218
Erd|arbeiten 91, 218
– masse von Rampen 236f.
– massenberechnung 91, 233
– – nach Querprofilen 238
Euklid, Höhensatz 15
–, Kathetensatz 14

Fehlerverteilung, Nivellement 86
Feldbuch, Nivellement 85
Fertigteilschornstein 117
Fersenversatz 105
Festpunktnivellement 85
First|höhe 109
– winkel 109
Flächen|abrechnung 248
–, bezogene Masse 184
Flächenermittlung 190
Fliesenarbeiten 211
Freibetrag 72
Fundament 97
Funktion 21

Gebäudeflächenverfahren 185f.
Gefälle 215
Gegenkathete 14, 25
Geh|sicherheitsformel 198
– wegplatte 244
Gemeinkosten 75
gerade Treppe 196
Gerätekosten 74

Gesamtlast 31
Geschoß|flächenzahl 57
– höhe 64 f., 197
gewendelte Treppe 201
Gleichgewichts-
 bedingung, Momente 33
Gon 27 f.
Grabenbreite 219
Gradientenhöhe 228
Gründungen 91
Grund|bau 91
– flächenzahl 57

Hakenausbildung,
 Bewehrung 154
halbgewendelte Treppe
 201, 203
Haltungslänge 217
Herstellungskosten 69 f.
Höhen|festpunkt 85
– messung 85
– plan 28
– satz des Euklid 15
Holz|bau 103
– verbindung(smittel) 105
Horizontalkraft 33
Hypotenuse 14, 25

Innenausbau 211
interne Wärmegewinne
 188

Jahres-Heizwärmebedarf
 187

Kalkulation 69
Kathete 14
Kathetensatz des Euklid 14
Kegel 234
– stumpf 234
Keil 236
Kirchensteuer 70, 72
Klinker 244
Klotoide 225
Klotoiden|konstruktion
 227
– tafel 228
K-Matte 164
Koordinaten|system 19
– ursprung 19
Kosinus 25

Kotangens 26
Kräfte 33 f.
Kreis 249
– abschnitt 249
– ausschnitt 250
– bogen 224
– – anschluß 10
– –, Mittelpunkt
 konstruieren 9
– –, Tangentenlänge 226
– – verbindung 9, 224
– ring 249
Kuppenausrundung 229

Lagermatte 162
Lastannahme 31
Lauflinie 196
Leistungslohnverzeichnis
 73 f.
Leiter 199
Leitungslänge 217
lineare Funktion 21
Lohn|kosten 69
– struktur 70
– verrechnungssatz 70
Lot fällen 7
Lüftungswärmebedarf 188

Masse, flächenbezogene
 184
Massenermittlung 91
– von Beton 132
– von Betonschalung 136
– von Betonstabstahl
 150 f.
– von Betonstahl 150 f.
– von Betonstahlmatten
 163
– von Mauerwerk 113
Material|bedarfs-
 berechnung im
 Straßenbau 243
– kosten 75 f.
Matten|liste 151
– schneidemaße 165
– verlegeplan 161
Mauerbogen 124
–, Fugendicke 125
–, Schichtenzahl 125
Mauerwerk 113
Mittellohn 70

mittlerer Wärmedurchgang
 185
Momente 33, 45 ff.
Momentenfläche 49 f.
Montagestahl 150

Nagelverbindung 106
Natursteinpflaster 243
Neigung 215
Netto|angebotspreis 75
– einheitspreis 75
– grundrißfläche 64
– lohn 70
– rauminhalt 64
Neugradteilung 27
Nischen im Mauerwerk
 114 f., 118
– in Stahlbetonwand 133
Nivellement über Höhen-
 unterschied 87
Nivellement über Ziellinie
 86
N-Matte 164
Nutzfläche 60

Öffnung im Mauerwerk
 114 ff.
– in Schalungen 136
– in Stahlbetonwand 133
Ordinate 19

Parabelkonstruktion 13
Parallele konstruieren 8
Parallelogramm 249 f.
Plattenarbeiten 211
Pflaster 244
Polarkoordinatensystem
 19
Potenzfunktion 24
prismatische Körper 234,
 236
Proportionalitätsteilung
 zur Stufenverziehung
 201
Pyramide 234, 236
Pyramidenstumpf 234
Pythagoras, Lehrsatz 14,
 155

Quader 234
Quadrat 249

Quer|fläche 50
- kraft 49
- profil 238
Q-Matte 164

Radien 126
Rampe 199
Rand|bewehrung aus Betonstahlmatten 165
- schalung 136
Raum|höhe 64f.
- inhalt von Hochbauten 64
Recht|eck 249
- winkligkeit 80
- winkliges Dreieck 14
rechten Winkel dritteln 8
Relation 21
Relativkoordinate 19
Rhomboid 249
R-Matte 164
Roh|baufläche 60
- dichte 174
Rohrgraben 218
- ausschachten 219
- breite 219
-, unverbaut 220
- verfüllen 221
Rohr|leitung, Druckprüfung 221
- leitungsgefälle 216
- sohlenhöhe 216
Rückversatz 105f.
Rundbogen 124

Schalung 136
scheitrechter Bogen 124
Scherkraft, Holz 103
Schichtdicke, Mischgut 246
- nach Wärmeschutz 178
Schlackensteine 243
Schlankheit 129
Schleifennivellement 85
Schlitz in Mauerwerk 115
- in Stahlbetonwand 133
Schneideskizze für Betonstahlmatten 162
Schnittlänge, Betonstabstahl 154
Schornstein 117

Schritt|längenmaß 198
- maßregel, Treppe 198
Schubkraft, Holz 103
Sechseckkonstruktion 11
Segmentbogen 124
- konstruktion 9
Selbstkosten 70
Senkrechte errichten 7
Simpsonsche Regel 94, 235
Sinus 25
Sohlengefälle 215
solare Wärmegewinne 188
Sozialversicherungsbeiträge 70, 72
Spindeltreppe 201, 204
spitze Körper 234
ständige Lasten 31
Stahl|auszug 150
- beton 132
- liste 150, 155
statische Berechnung 31
Steigung 215
Steigungs|anzahl 197
- höhe 196, 197, 215
- verhältnis 196, 199
- winkel 199
Stirnversatz 106
Strahlensätze 16
Straßen|bau 224
- lageplan 224
Strecken|halbierung 7
- teilung 7
Streifenfundament 97
Stützenschalung 138
Stützweite, Träger 34
Stufenverziehung 201
stumpfe Körper 234

Tangens 25
Temperaturverlauf mehrschichtiger Bauteile 182
Träger auf 2 Stützen 34
- - mit Einzellast 49
- - mit gleichmäßig verteilter Last 35
- - mit Gleichstreckenlast 47
- - mit Gleichstrecken- und Einzellast 49
- - mit Kragarm 37

- - mit Kragarm und gemischter Belastung 42
- - mit Teilstreckenlast 39
Tragschichtmaterial 245
Transmissionswärmebedarf 187
Trapez 249
Traufwinkel 109f.
Trennwand, nichttragende 211
Treppen 196
- auftritt 197
- durchgangshöhe 200
- laufbreite 197
- lauflänge 196, 199
- öffnungslänge 200
trigonometrische Funktion 25

Übergreifungslänge für Mattenstöße 165
umbauter Raum 63
Unterstützungskorb 165

Verblendmauerwerk 118
Verbundpflaster 244
Verhältnisteilungsverfahren zur Stufenverziehung 201
Verjüngungsmaß 202
Verkehrslast 31
Versatz 105
Vertikalkraft 33
Verziehung, Treppenstufen 201
viertelgewendelte Treppe 201, 202
Viertelkreis 249
VOB 91
Voll|geschoß 58
- holz 103
Volumenformeln 234
Vorzeichenregelung 45

Wärme|dämmfähigkeit 174
- durchgang 180
- durchgangskoeffizient 177, 180, 184

Wärme|durchgangs-
widerstand 180
- durchgangszahl 180
- durchlaß 176
- durchlaßkoeffizient 176
- durchlaßwiderstand
176 ff.
- - von Luftschichten 183
- leitfähigkeit 174
- leitzahl 174
- schutz 174
- - bei leichten Bauteilen
184
- - bei schweren Bau-
teilen 178
- -, Berechnungsformular
191
- schutznachweis für
Gebäude 187
- schutzverordnung 174
- übergang 179
- übergangskoeffizient
179
- übergangswiderstand
179
wärmeübertragende Um-
fassungsflächen 189
Wagnis und Gewinn 76
Wand in Beton 133
- schalung 138
Wannenausrundung 229
Wasserentsorgung 215
Wechselpunkt, Nivelle-
ment 88

Wendeltreppe 204
Winkel|ausrundung 11
- funktion 25, 105, 157
- halbierung 8
- übertragung 9
Winkligkeit von Gebäuden
80
Wohnfläche 60
Würfel 234

Zahlensystem 18
zeichnerisches Stufenver-
ziehen 203
Zeitlohn 73
Zylinder 234

MIX
Papier aus verantwortungsvollen Quellen
Paper from responsible sources
FSC® C105338

If you have any concerns about our products,
you can contact us on
ProductSafety@springernature.com

In case Publisher is established outside the EU,
the EU authorized representative is:
**Springer Nature Customer Service Center GmbH
Europaplatz 3, 69115 Heidelberg, Germany**

Printed by Libri Plureos GmbH
in Hamburg, Germany